高等职业教育优质校建设轨道交通通信信号技术专业群系列教材

通信原理

（第2版）

主　编　黄根岭
副主编　谢　娟　吴振国
主　审　卜爱琴

西南交通大学出版社
·成　都·

内容简介

本书是国家级职业教育铁道通信与信息化技术专业教学资源库配套教材，从信号和频谱开始，以通信系统模型为主线，介绍了模拟通信系统和数字通信系统的基本模型、原理、分析方法以及传输过程中涉及的若干关键技术。

全书按照项目化教学方式编写，包括走进通信、信号分析利器——傅里叶变换、信道与噪声、模拟信号传输机理、数字信号传输机理、信源编码与信道编码、信号传输中的关键技术 7 个项目，每个项目由若干典型工作任务组成。

本书内容紧贴工程实际，概念表述通俗易懂，理论分析由浅入深，尽量减少冗长的数学推导，重在突出公式背后的物理意义，可读性强，可作为高等职业院校通信原理课程教学用书，也可供从事通信领域工作的工程技术人员和科研人员参考。

图书在版编目（CIP）数据

通信原理 / 黄根岭主编. —2 版. —成都：西南交通大学出版社，2023.1（2024.1 重印）
ISBN 978-7-5643-9023-5

Ⅰ. ①通… Ⅱ. ①黄… Ⅲ. ①通信原理－高等职业教育－教材 Ⅳ. ①TN911

中国版本图书馆 CIP 数据核字（2022）第 216692 号

Tongxin Yuanli
通 信 原 理
（第 2 版）

主　编 / 黄根岭
责任编辑 / 梁志敏
封面设计 / 吴　兵

西南交通大学出版社出版发行
（四川省成都市金牛区二环路北一段 111 号西南交通大学创新大厦 21 楼　610031）
营销部电话：028-87600564　　028-87600533
网址：http://www.xnjdcbs.com
印刷：四川森林印务有限责任公司

成品尺寸　185 mm × 260 mm
印张　15　　字数　376 千
版次　2020 年 4 月第 1 版　　2023 年 1 月第 2 版
印次　2024 年 1 月第 4 次

书号　ISBN 978-7-5643-9023-5
定价　39.00 元

课件咨询电话：028-81435775

第 2 版前言

通信是人类社会传递信息、交流思想、传播文化知识、促进科技发展和人类文明的重要手段。当科技发展的列车驶入 21 世纪第二个十年，以“大智移云物区”为代表的新一代信息通信技术正深刻改变着传统产业形态和人们的生活方式，而这些新兴技术的基础是互联网，互联网的基石是通信技术，通信技术的入门课程是通信原理。

通信原理主要介绍以调制、编码、复用、同步为主要特征的物理层的信号传输原理，属于专业基础课程，起承上启下的作用。若把通信专业比作一棵参天大树，前期学习的先修课程，如电路类课程（电工电子技术）、信号分析类课程（信号与系统、数字信号处理）和随机分析类课程（概率论、随机信号分析）就是这棵大树发达的根系。后续课程，如数据通信、交换技术、光纤通信、微波通信、卫星通信和移动通信等，就是这棵大树结出的累累硕果。而通信原理就是这棵大树的主干，吸收根系的营养、支撑枝干的生长。因此，学完本课程，应掌握运用先修课程的理论来分析通信系统的方法和思路，建立起有关通信的一系列基本概念和系统模型，为后续课程的学习打下坚实的理论基础。

通信原理课程具有理论抽象、系统性强、物理概念和数学分析多、与先修课程联系紧密的特点。针对这些特点，本书在编制过程中做了如下尝试：

（1）构建“立体教材 + 多媒体平台”的新形态一体化教材体系。本书依托国家级职业教育铁道通信与信息化技术专业教学资源库项目，配套开发了微课视频、动画、试题库、富媒体等颗粒化资源，实现了知识点全覆盖并发布在智慧职教 MOOC 学院（https://www.icve.com.cn/），满足网络学习和线上线下混合教学的需要；为使阅读更立体，在教材中增加二维码，帮助学生理解教材中的重难点。新的教材体系较好地实现了“便于教、易于学”的目的。

（2）支撑项目化教学改革。目前市面上的通信原理教材大多按章节的体例进行编写，重在知识的讲解和系统性。本书按照项目化教学进行编写，将课程分为 7 个项目，每个项目分解成若干典型工作任务，项目中编写了项目导引、学习目标、学习内容、考核标准和试题库，明确了为什么学、有什么用、学什么和考什么等问题。

（3）引入可视化仿真软件。利用 MATLAB 的图形绘制、信号处理和系统仿真等功能，对课程中的基本原理和关键系统进行建模仿真。仿真不仅加深了对理论的理解和信号变换的认识，而且使枯燥的数学表达式变成了鲜活的二维或三维曲线，抽象变为具象，这种新鲜感会促使学生进一步去学习和探究，真正实现从“要我学”到“我要学”的转变。另外，仿真也节省了构建实际通信系统的资金和周期，在参数调整、运行结果显示和存储等方面比传统的实验箱（台）教学也有很大优势。实践证明：每个仿真模型从构思、搭建、代码调试到结果输出，都是一次对所学内容的复习、巩固、完善和提高。

（4）选重点，讲清楚。内容选取上，按照“必须、够用”的原则，删除了目前通信技术中陈旧、与工程实际脱节的内容，另一方面，由于学时限制，高职院校在开设“通信原理”课程前，一般不开设“信号与系统”和“数字信号处理”这两门先修课程，造成学习难度加大。本书在精选课程所需内容的基础上，增加了信号分析内容；表述方式上，尽量采用类比、图示和动画等手法进行讲述，力求通俗易懂；尽量少引用公式，但也不拒绝公式，不得不引用公式时，力求讲清楚隐藏在公式背后的本质。总之，每句话都是为了一个目的——讲清楚。

本书由郑州铁路职业技术学院黄根岭担任主编并编写项目一～项目三，广州铁路职业技术学院谢娟担任副主编并编写项目五，武汉铁路职业技术学院吴振国担任副主编并编写项目四和项目六，中国铁路郑州局集团有限公司郑州通信段芦瑞波编写项目七和附录。本书由天津铁道职业技术学院卜爱琴担任主审。

鉴于编者学识水平有限，书中疏漏和不妥之处在所难免，敬请同行和读者批评指正。

编　者

2022 年 7 月于郑州

第 1 版前言

通信是人类社会传递信息、交流思想、传播文化知识、促进科技发展和人类文明的重要手段。当科技发展的列车驶入 21 世纪 20 年代，以云计算、物联网、大数据、人工智能、移动互联网为代表的新一代信息通信技术正深刻改变着传统产业形态和人们的生活方式，而这些新兴技术的基础是互联网，互联网的基石是通信技术。

总体上看，通信技术主要涉及传输、复用、交换和网络等内容。通信原理课程主要讲述以调制、编码为主要特征的物理层的信息传输原理，属于专业基础课程，起着承上启下的作用。打个比方，如果把通信专业比作一棵大树的话，那么我们前期学习的先修课程，如电路类课程（电工电子技术）、信号类课程（信号与系统、数字信号处理）和随机分析类课程（概率论、随机信号分析），就是这棵大树发达的根系。后续课程，如数据通信、交换技术、光纤通信、微波通信、卫星通信和移动通信（GSM、CDMA、3G/4G/5G）等，就是这棵大树结出的累累硕果。而通信原理就是这棵大树的主干，吸收根系的营养、支撑枝干的生长。学完本课程，应掌握运用先修课程的理论解决通信问题的方法和思路，建立起有关通信的一系列基本概念和数学模型，为后续课程的学习打下坚实的理论基础。

针对通信原理课程理论性和实践性强、物理概念和数学表述多、理论抽象以及与先修课程联系紧密的特点，本书以“必须、够用”为原则，以“明概念、熟模型、会分析、能应用”为主线，弱化数学推导，注重物理概念的理解和直观的图形分析，充分利用 MATLAB 的可视化仿真功能，对各种不同的通信系统进行仿真，实现概念、原理和信号可视化。可视化仿真不仅节省了构建实际通信系统的资金和周期，而且在系统参数调整、运行结果显示和存储等方面比传统的实验箱教学有很大优势。实践证明：每个仿真模型建立的过程，从构思、构建到调试通过，直到最后得到结果，都是一次对先修课程的复习、巩固、完善和提高。同时，枯燥的数学公式在这里变成了鲜活的图片，变抽象为具象，这种新鲜感促使实践者进一步去学习和探究，其创造性、想象力也可以在仿真平台上得到发挥与施展。关于学习方法，建议读者在学习时不仅要注意数学分析方法的应用，更要注意数学分析所得结论的物理概念、物理意义。同时要善于运用系统的观点、模型的观点、工程的观点、辩证的观点来思考问题、分析问题、解决问题。最后就是每学完一个模块都要全面回顾梳理、理清知识的脉络。

本书由郑州铁路职业技术学院黄根岭担任主编并编写第 1 章～第 7 章，广州铁路职业技术学院谢娟担任副主编并编写第 8 章～第 10 章，郑州铁路职业技术学院朱彦龙编写了 MATLAB 仿真实验部分，天津铁道职业技术学院卜爱琴担任主审。

鉴于编者学识水平有限，书中疏漏和不妥之处在所难免，敬请同行和读者批评指正。

编　者

2020 年 1 月于郑州

目　录

备注：若先修课已学过《信号与系统》和《数字信号处理》，项目二可不讲；若学过《高频电子线路》，项目四可少讲或不讲。

秉纲而目自张，执本而末自从。

——（西晋）傅玄《傅子》

《通信原理》导学图

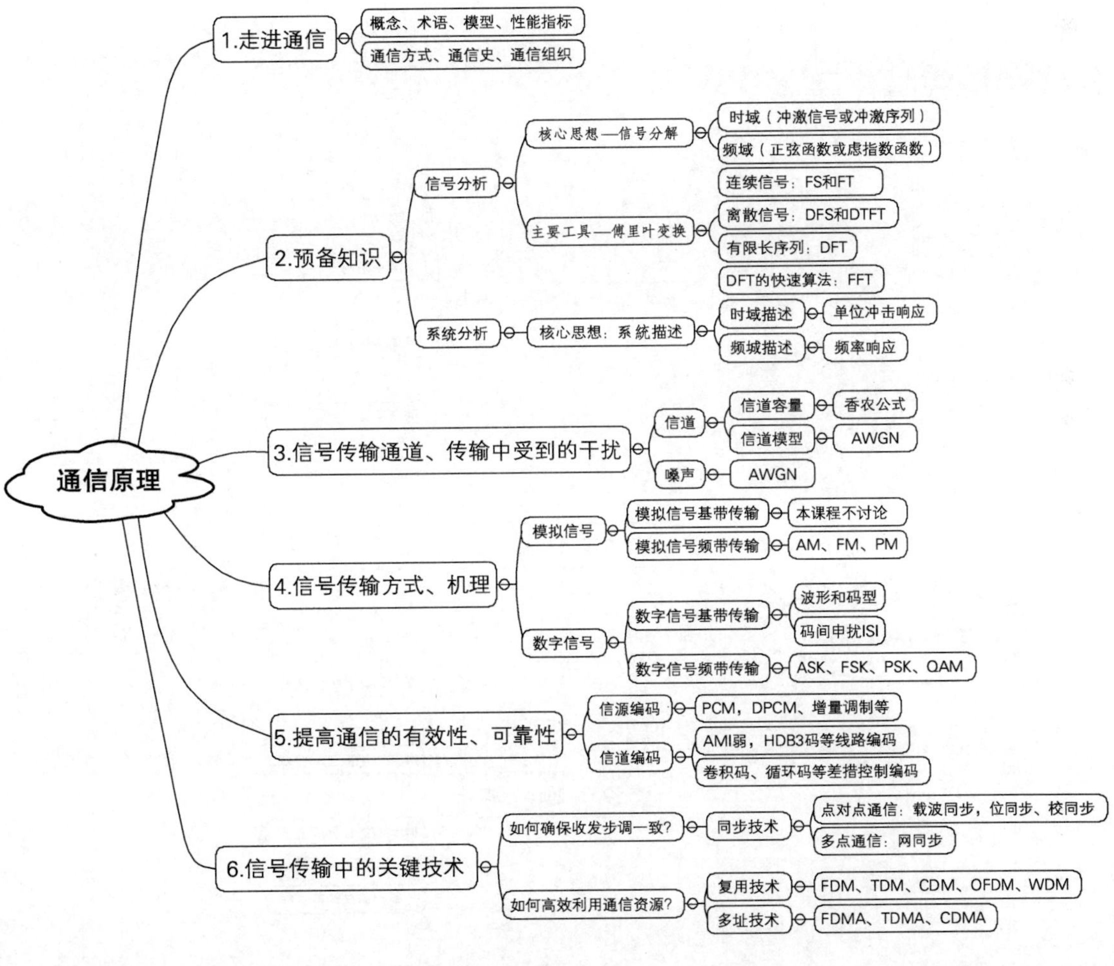

目的：① 梳理知识结构，构建全局体系。

② 一图在手，胸有成竹。

自然界三要素：物质、能量、信息。

项目一　走进通信

项目导引

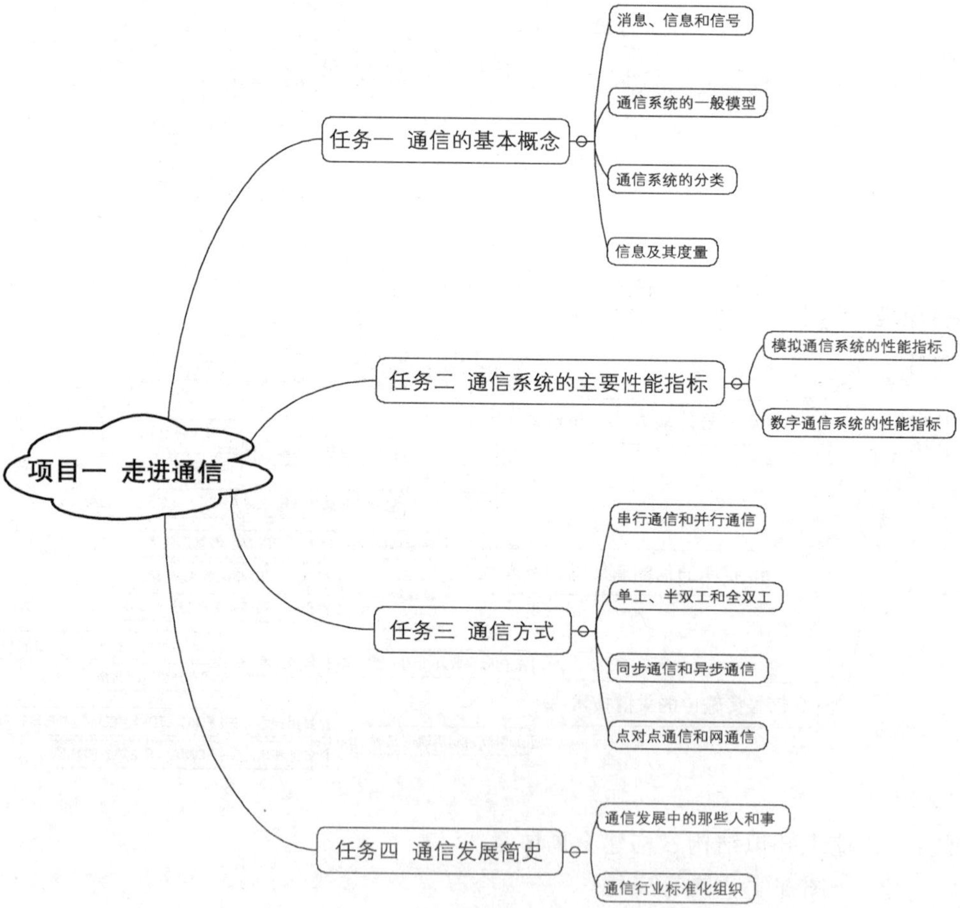

任务一　通信的基本概念

学习目标

- 掌握信息、消息和信号之间的关系。
- 掌握通信系统的一般模型。
- 掌握通信系统的分类。
- 掌握信息量、信源熵的概念并会进行相关计算。

学习内容

一、消息、信息和信号

学习通信原理，首先要弄清一个问题，什么是通信？简单地说，通信（communication）就是互通信息；具体地说，通信就是利用电信号（signal）来传递消息（message）中包含的信息（information）。将定义中的消息、信息和信号称为“信使三兄弟”，让我们从“三兄弟”的关系说起吧！

首先来看消息与信息之间的关系。可以说，信息无所不在，万事万物都在传递着各种各样的信息。例如：树叶发芽，传递着“春天来了”的信息；树叶落下，传递着“秋天来了”的信息；交通灯向行人传递着“停和行”的信息。但是大家想一想，这些信息你能看得见摸得着吗？是的，这些信息是无形的、抽象的，它必须依附于某种物质实体才能表现出来，如语音、文字、图像、数据、符号等，把承载信息的这些物质称为消息。可见，消息是信息的外在物理表现形式，是信息的载体，通信是通过传递消息来传递信息的，信息蕴含在消息中，是消息中的有效内容。同一信息可用不同形式的消息来传达，例如，天气信息可用语音来播报，也可以用文字来表达。

消息的传递一般都不是直接的，而需借助某种物理量作为载体，将传递消息的载体称为信号。例如：两人之间的面对面交流；古代的烽火通信以及当今的电话通信分别通过声、光、电的形式来表示和传递消息。可见，信号是消息的表现形式和传输载体。

在可以作为信号的诸多物理量中，电是应用最广的物理量。因为电最易产生与控制，传输速度快，也容易实现与非电量的相互转换。因此，本课程中，若无特殊说明，信号一词均指电信号，通信一词均指电通信。

基于上述三者之间的关系，可用图 1-1 来描述信息、消息和信号三者之间的关系。

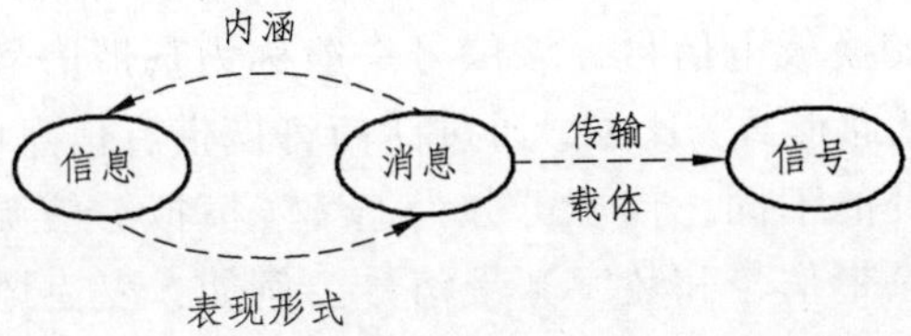

图 1-1　信息、消息和信号三者之间的关系

二、信号与函数

在现实的物理世界中，虽然信号的种类千差万别，但从数学上看，信号都可以看成是一个或多个自变量的函数（function）。例如，语音信号是空气压力随时间 t 变化的函数 $f(t)$，是一个单变量函数。静止单色图像是一个亮度随空间位置 (x,y) 变化的函数 $f(x,y)$，是一个双变量函数。可见，函数是信号的数学模型。因此，在电学中，“信号”与“函数”这两个词不加以区分，函数即信号，信号即函数。

知识卡片

在描述某信号时，通常书写为 $s(t)$ 或 $f(t)$，其中，s 是英文单词 signal 的首字母，f 是英文单词 function 的首字母。

三、通信系统的一般模型

通信就是信息的传输，那么人们会问，靠什么来实现传输呢？举一个例子，物质、能量和信息是构成自然界的三要素，其价值在于流通或传播。大家思考一下，物质是靠什么来传输的？物质是靠交通网（系统）来传输的；能量呢？能量是靠电力网（系统）来传输的。那么今天讨论的信息呢？信息是靠通信网（系统）来传输的。

所谓通信系统，是指完成信息传递的传输媒介和全部设备。通信系统各种各样，以最简单的点对点通信为例，通信系统的一般模型如图 1-2 所示。

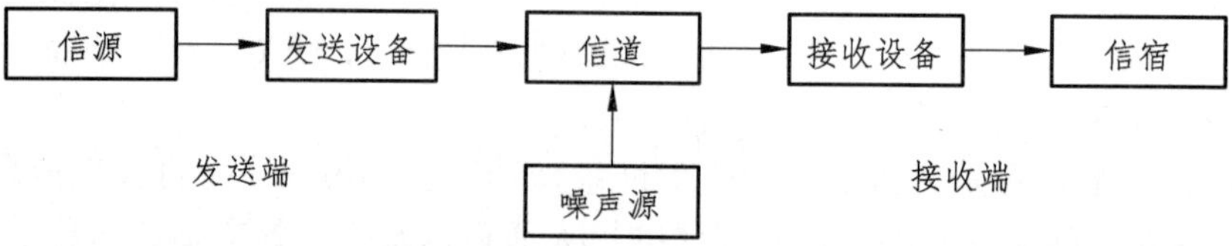

图 1-2　通信系统的一般模型

各模块的功能如下。

（一）信　源

输出消息的装置称为信源。由于消息携带有信息，因此，信源就是信息的来源。一般地，信源输出的消息由传感器转换成电信号，该信号一般称为基带信号，其特点是频率较低，频谱从零频附近开始，具有低通形式。比如，通过话筒将携带有信息的话音信号转换为电信号。

根据信源输出消息特征的不同，信源可分为连续（模拟）信源和离散（数字）信源，对应的基带信号可分为模拟基带信号和数字基带信号。例如：麦克风、话筒、摄像机等，输出的是模拟基带信号；电报机、计算机等，输出的是数字基带信号。

常见的模拟基带信号有话音信号和图像信号，话音信号的频率分布为 300 ~ 3400 Hz，图像信号的频率分布为 0 ~ 6 MHz。

（二）发送设备

发送设备的功能是将基带信号变换成适合在信道上传输的信号，使发送信号的特性与信道特性相匹配。发送设备可能是调制电路、编码电路或滤波电路等。

（三）信道和噪声源

信道是信号的传输媒介，如双绞线、电缆、光缆、自由空间等。将信道中存在的有害干扰信号统称为噪声（noise），噪声源是通信过程中各处干扰的集中表示。

关于信道与噪声的详细内容将在后面的项目中讨论。

（四）接收设备

接收设备的功能是对接收信号进行处理和反变换，接收设备可能是解调电路、译码电路或滤波电路等，其目的是从受到减损的接收信号中正确恢复出原始电信号。

（五）信　宿

信宿的功能与信源相反，即将原始电信号恢复为相应的消息，如扬声器等。

图 1-2 所示的通信系统模型高度概括了各种通信系统传递信息的全过程和各种设备的工作原理，反映了通信系统的共性，本书的讨论也是围绕通信系统的模型展开的。

这里强调以下三点：

（1）关于噪声。噪声在通信系统中客观存在，且处处存在，为分析方便，在通信系统模型中，将各种噪声集中由一个噪声源来表示并指示在信道位置，但这并不说明只有信道中存在噪声。另外，这里的噪声是电气噪声，是一种干扰信号，而不是生活中的声学噪声，声学噪声不会对电通信系统造成影响。

（2）信号的变换和反变换。通过上述分析，大家可能会问，信号在传输过程中为什么要变换和反变换呢？这是因为，原始的电信号不能够直接在信道上进行传输，只有通过变换以后才适合在信道上传输，也就是说，变换的目的是传输。

（3）系统设计。在上述模型中，大家要知道，哪些模块是可以设计、人为改变的，哪些是客观、不能改变的。例如，信道的物理特征、噪声等因素是不可改变的，需要想办法去设计相应的发射或接收技术来对抗这些不利因素的影响。

四、通信系统的分类

（一）模拟通信系统和数字通信系统

按照传输信号特征的不同，通信系统分为模拟通信系统和数字通信系统。所谓模拟通信系统，是指利用模拟信号传输信息的系统，其模型如图 1-3 所示。与图 1-2 比较不难发现，模拟通信系统是在通信系统一般模型的基础上略加改变而成的，这里的发送设备是调制器，接收设备是解调器。

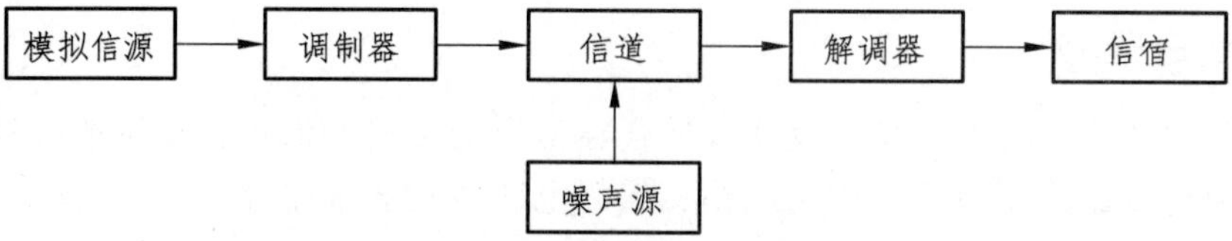

图 1-3　模拟通信系统模型

模拟通信系统主要研究两方面的变换。首先是连续消息与电信号之间的转换，该功能是由相应的传感器来实现的。基带信号只能在低通型信道中传输（如有线信道），而大多数信道的传输特性为带通型，因此，还要进行第二种变换，即基带信号与带通信号的变换，该功能是由调制器和解调器来完成的。

应该指出，除上述两种主要变换外，模拟通信系统中可能还有滤波、放大、天线辐射等信号处理过程。但是，上述两种变换起主要作用，其他处理只是对信号进行波形或性能上的改善，不会使信号发生质的变化。

利用数字信号来传输信息的系统称为数字通信系统。图 1-4 所示为一个较完善的数字通信系统模型。

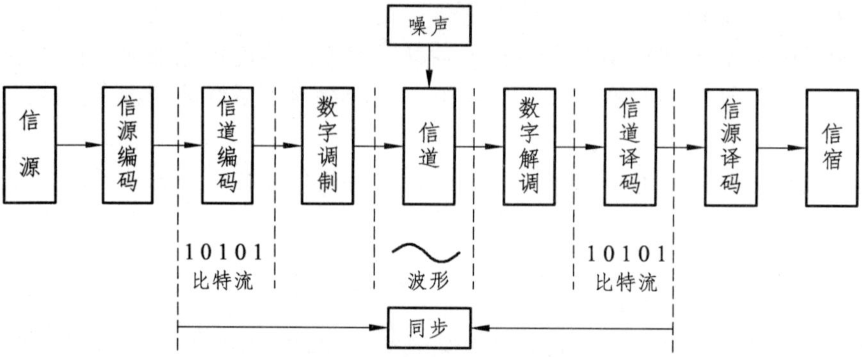

图 1-4　数字通信系统模型

各模块的功能如下。

信源编码：信源编码的功能是对数字信号进行压缩编码，即用尽可能少的比特数来表示数字信号，其目的是提高通信系统的有效性。若信源为模拟信源，则必需先对其进行数字化（即 A/D 转换）。

信道编码：在信源编码后的二进制序列（信息码元）中加入冗余码元（监督码元），使信息码元和监督码元构成某种制约关系，其目的是提高通信系统的可靠性。

数字调制：将信道编码后的二进制序列映射为相应的脉冲波形。通过信道传输，将信号波形从发端传到收端，在收端依次进行反变换。

目前，数字通信已经占据主导地位，模拟通信已经衰落，数字通信之所以战胜模拟通信，主要有以下几个优势：

（1）数字通信系统有较强的抗干扰能力。这是因为，数字信号只有有限种状态，可以通过抽样判决中继等再生技术来消除噪声的积累，真正做到传输距离与质量无关。

（2）数字信号天然便于加密。现在有很多数字加密算法，窃取方即使接收到信号也很难进行解密处理，而模拟通信就做不到，只能用暗语来加密。比如在电影《淮海战役》中，通信双方只能通过“黄河黄河，我是长江”这样的暗语来通信。

（3）数字通信系统便于利用现代数字信号处理技术对数字信号进行处理，使得数字通信系统实现起来非常方便、容易。

当然，数字通信系统也有缺点，主要有两点：一是占用频带宽，例如，一路模拟话音仅需 4 kHz 的带宽，而一路数字话音需要的频带宽度为 20 ~ 60 kHz；二是对同步系统要求高，设备复杂。

（二）有线通信和无线通信

按照传输媒介的不同，通信系统可分为有线通信和无线通信。有线通信是利用看得见、摸得着的电缆或光纤作为传输媒质，如有线电视、固定电话等；无线通信则是利用无线电波在自由空间中传输信息，如无线电广播、手机等。

随着 ICT（Information and Communications Technology，信息与通信技术，是计算机为代表的 IT 技术与通信为代表的 CT 的融合）技术的发展，单纯的有线或无线通信已越来越少，常常是“有线”中有“无线”，“无线”中有“有线”。

（三）基带传输系统和频带传输系统

若按照系统是否采用调制技术来实现信息传输，通信系统可分为基带传输系统和频带传输系统。不采用调制技术，信号直接通过低通型信道来传输信息的系统称为基带传输系统；采用调制技术，将基带信号加载到高频载波信号之上进而通过带通型信道来实现信息传输的系统称为频带传输系统，也称带通传输系统或调制传输系统。

由于信号有模拟信号和数字信号之分，信道有低通信道（基带信道）和带通信道之分，因此组合起来就有四种传输方式：模拟基带传输系统、模拟频带传输系统（模拟调制系统）、数字基带传输系统和数字频带传输系统。例如：从手机的耳机插孔把音频信号（模拟信号）通过导线（基带信道）送到耳塞，这就是模拟基带传输；从手机通过无线信号把音频直接发到无线耳机，这就是模拟频带传输；把音频信号数字化后通过蓝牙发到蓝牙耳机，这就是数字频带传输；用网线把计算机连到路由器，这就是数字基带传输。由于模拟基带传输主要涉及电路方面的知识，没有太多通信的原理问题，因此本书重点讲解后面三种系统的的传输机理。

通信系统还有其他一些分类方法，例如：按照通信业务可分为电报、电话、数据和图像通信等，其中电报业务已经退出历史舞台；按照工作波段可分为长波、中波、短波、微波、紫外线、可见光通信等；按照复用方式可分为频分复用、时分复用和码分复用；按照用户类型可分为公用通信和专用通信等，在此不再赘述。

需要说明的是，针对同一个通信系统，可以分属于不同的分类，比如 AM 广播系统，它属于模拟、中短波、频带传输系统。

五、信息及其度量

生活中，人们经常遇到“信息量大小”的问题。比如现在给你三条消息：“太阳从东方升起”“郑州下雨了”和“吐鲁番下大雨了”。大家直观感觉一下，哪条消息的信息量大？很明显，“吐鲁番下大雨了”这条消息的信息量比较大，为什么呢？因为按照统计，吐鲁番不下雨的概率为 98%，“郑州下雨了”这条消息有一定的信息量，但不足为奇，而“太阳从东方升起”这条消息就没有信息量，因为太阳从东方升起的概率为 1（百分之百发生）。

可见，信息量与消息发生的概率有关，是概率的函数，概率越大，信息量越小，概率越小，信息量越大。信息量与消息发生的概率之间到底是一个什么样的定量关系呢？在学习信息量计算之前，先了解一个通信术语——码元。

（一）码　元

在数字通信中，常用时间间隔相同的符号（电平或脉冲波形）来表示抽象的二进制 0 或 1，这个符号称为码元，时间间隔称为码元周期（也称码元长度，用 T_s 表示）。

例如，二进制数字通信中，可以采用 3.6 V 和 0.3 V 两种电平来携带二进制数 0 或 1，也可以采用极性相反的 3.6 V 和 – 3.6 V 两个电平来携带 0 或 1，还可以采用相位相反的 2 个正弦波来携带 0 或 1；四进制数字通信中有 4 种码元，每个码元可携带两位二进制信息（00、01、10 或 11）。

可见，码元是承载信息的基本单位。码元与信息的关系类似于交通运输中卡车与货物的关系。在二进制数字通信中，一辆卡车装载一件货物；在四进制数字通信中，一辆卡车可以装载两件货物。

（二）离散信源的信息量

假设某离散信源输出消息 x_i 发生的概率为 $P(x_i)$，则信息量 I 可表示为

$$I = \log_a \frac{1}{P(x_i)} \tag{1-1}$$

信息量的单位和式（1-1）中对数的底 a 有关。如果 $a = 2$，则信息量的单位为比特（bit）；如果 $a = \mathrm{e}$，则信息量的单位为奈特（nat）；如果 $a = 10$，则信息量的单位为哈特（hat）。

通常 a 的取值都是 2，即用比特（bit）作为信息量的单位。

【例 1-1】 二进制信源（0，1），试求当等概独立发送符号时，每个符号的信息量。

【解】 在求解信息量时要注意“等概”和“独立发送”的含义。“等概”的含义是每个码元发生的概率相同。“独立发送”的含义是各码元发生的概率之和为 1。

由于只有 0 和 1 两种码元，则发“0”和发“1”的概率均为 1/2。代入公式得

$$I_0 = I_1 = 1\,\text{bit}$$

【例 1-2】 四进制信源（0，1，2，3），试求当等概独立发送符号时，每个符号的信息量。

【解】 根据“等概”和“独立发送”的含义，则各码元发生的概率均为 1/4。代入公式得

$$I_0 = I_1 = I_2 = I_3 = 2\ \text{bit}$$

通过上面两个例子，可以得到如下结论：M 进制数字通信系统中，在等概独立发送码元时，每个码元包含的信息量均为 $I = \log_2 M$（bit）。

【例 1-3】 某离散信源由 A、B、C、D 4 个符号组成，它们出现的概率分别为 1/4、1/8、1/2、1/8，每个符号独立发送。试求消息“AACBDACBDDACDDABADCDABADCDC”的信息量。

【解】 由信息量的计算公式可知 A、B、C、D 4 个符号携带的信息量为

$$I_A = 2\ \text{bit},\ I_B = 3\ \text{bit},\ I_C = 1\ \text{bit},\ I_D = 3\ \text{bit}$$

其中“A”出现了 8 次，“B”出现了 4 次，“C”出现了 6 次，“D”出现了 9 次，故该消息包含的总信息量为

$$I = 8\log_2 4 + 4\log_2 8 + 6\log_2 2 + 9\log_2 8 = 61\ (\text{bit})$$

从本例可以看出：码元发生的概率不同时，其所携带的信息量也不同，概率越小，信息量越大。

需要说明的是，数字通信系统中发 0 和发 1 的概率基本上都是等概率的，因此，工程上定义一个二进制符号包含的信息量为 1 bit。

（三）离散信源的平均信息量——熵

信息量的公式只用于计算信源中单个符号所包含的信息量，也就是说，只反映了单个符号的不确定性，而不能反映整个信源的不确定性，若要研究信源中每个符号所包含的平均信息量，就要用到信源熵。

信源熵的概念是 1948 年由香农提出的，用于描述信源中各符号的平均信息量。假设有 N 个符号的离散信源，每个符号独立出现，则信源中每个符号的平均信息量（熵）为

$$H = \sum_{i=1}^{M} P(x_i)\log_2 \frac{1}{P(x_i)}\ (\text{bit/符号})$$

从公式中可以看出，它有 M 项叠加，其中第 i 项是用第 i 个符号的概率乘以第 i 个符号的信息量，熵的单位是比特/符号，表示每个符号含有的平均信息量。

【例 1-4】 四进制信源（0，1，2，3），P（0）= 3/8，P（1）= 1/4，P（2）= 1/4，P（3）= 1/8。发送消息“201020130213001203210100321010023102002010312032100120210”。试求该消息包含总的信息量。

【解】 方法 1：代入信息量公式得

$$I_{总} = 23 \times I_0 + 14 \times I_1 + 13 \times I_2 + 7 \times I_3 = 108\ \text{bit}$$

方法 2：代入信源熵的公式得

$$H = 1.906 \text{ bit/符号}$$

$$I_{总} = H \times 57 = 108.64 \text{ bit}$$

可见，离散信源的信息量只与单个码元符号发生的概率有关，仅反映单个码元符号的信息量，而 M 进制信源的平均信息量（熵）不仅与各码元符号出现的概率有关，还与信源的进制数有关，它反映了信源中每个码元符号的平均信息量。

以上讨论了离散信源的信息量和平均信息量，连续信源有无限多个输出符号，因此其信息量只能用概率密度函数（积分形式）来计算。由于现代通信多为数字通信，因此本书把重点放在离散消息的计算和理解上，连续信源信息量的计算这里不再赘述，感兴趣的话，大家可以查阅相关文献。

任务二　通信系统的主要性能指标

学习目标

- 掌握模拟通信系统的性能指标并会进行相关计算。
- 掌握数字通信系统的性能指标并会进行相关计算。

学习内容

如何评价一个通信系统的优劣呢？有很多指标，如有效性、可靠性、适应性、经济性、标准性、环保性等。例如，标准性是指系统的接口、结构、协议要符合国家或国际标准。不同的通信系统，对性能指标的追求也不尽相同，但是有效性和可靠性是所有通信系统共同的追求。有效性反映的是速度，追求的是“快”，可靠性反映的是质量，追求的是“准”，类似于交通网中的速度和安全两个指标。

需要说明的是，有效性和可靠性之间是相互制约、相互矛盾、相互转换的关系。比如，FM 调频信号的可靠性优于 AM 调幅信号，就是因为 FM 调制牺牲了带宽（有效性）换来了系统的可靠性。

一、模拟通信系统的性能指标

模拟通信系统的有效性用传输信号的带宽（B）来衡量，带宽越窄，系统的有效性越好，反之越差；可靠性用接收端传输信号与噪声的强度之比，即信噪比（Signal to Noise Ratio，SNR）来描述，信噪比越高，可靠性越好，反之越差。

举个例子，当你坐在安静的公园里听音乐，即使你播放的音量很小，你也能够听得很清楚，而当你走到一条繁华的街道，就必须不断地调大播放的音量，才能够达到先前的收听效果，这是因为此时周围的噪声（处于分母位置）增大了，所以必须增大传输信号（即音乐的音量，处于分子位置），才能够达到先前的比值或者说收听质量。因此，应该用信噪比来综合表示接收端恢复原始消息的能力，而不能只用传输信号平均功率的大小来衡量。

由于信噪比是两个相同单位的比值，因此本身没有单位。信噪比还可以表示成分贝的形式，分贝是度量两个相同单位数值之比的计量单位，如果是功率之比，则取常用对数后乘以 10，如果是电压之比或电流之比，则取常用对数后乘以 20。因此，信噪比用分贝表示应为 $SNR_{\text{dB}} = 10\lg\frac{S}{N}$。

如何比较两个模拟通信系统的可靠性呢？首先定义接收端的两个信噪比：输入信噪比和输出信噪比。解调器输入端信号强度与信噪强度之比定义为输入信噪比，解调器输出端信号强度与信噪强度之比定义为输出信噪比。当两个模拟通信系统的输入信噪比相同时，输出信噪比大的系统可靠性好，当两个模拟通信系统输出信噪比相同时，输入信噪比小的那个系统可靠性好。

二、数字通信系统的性能指标

数字通信系统的有效性可用码元传输速率、信息传输速率和频带利用率来衡量。

（一）码元速率

码元速率是指单位时间（1 s）内传送码元的个数，又称为波特率或传码率，用 R_s 表示，计算公式为

$$R_s = 1/T_s$$

码元传输速率的单位是波特（Baud 或 B），这是为了纪念电报码的发明者法国人波特（Baudot）。

需要说明的是，码元速率仅表示每秒钟传输的码元数，只与码元周期有关，而与何种进制的码元无关，码元的进制数取决于发送码元的通信系统。常用的码元速率数值有 1200、2400、4800、9600 Baud 等。

（二）信息速率

由于码元可以携带若干位二进制信息，因此还可以用信息传输速率来表示有效性。信息传输速率是指单位时间内传输的信息量，用 R_b 表示，单位是比特/秒（bit/s 或 bps）。

由码元与信息之间的关系可知，在 M 进制通信中，码元速率和信息速率在数值上具有以下关系：

$$R_b = R_s \log_2 M$$

（三）频带利用率

大家思考一个问题，在比较不同的数字通信系统有效性时，是不是传输速率越高，系统的有效性就越好呢？如果联系交通网中的速度，这个假设可能是成立的，但在数字通信中，单看信息速率或码元速率是不够的，还应考虑此时信号所占用的频带宽度，这就是频带利用率的概念。

所谓频带利用率，是指单位频带（1 Hz）内的传输速率。它有两种定义，一种是码元传输速率除以带宽，单位符号是 Baud/Hz，另一种是信息传输速率除以带宽，单位是 bit/s · Hz^{-1}。即

$$\eta_B = \frac{R_B}{B} \quad (\text{Baud/Hz})$$

$$\eta_b = \frac{R_b}{B} \quad (\text{bit/s} \cdot \text{Hz}^{-1})$$

数字通信系统的可靠性常用误码率 P_e 和误比特率 P_b 来衡量。

（四）误码率 P_e（Symbol Error Rate，SER）

误码率是指接收的错误码元数与传输的总码元数的比值，即

$$P_e = \frac{\text{错误码元数}}{\text{总的传输码元数}}$$

（五）误比特率 P_b（Bit Error Ratio，BER）

误比特率又称误信率，是指接收的错误比特数与传输的总比特数的比值，即

$$P_b = \frac{\text{错误比特数}}{\text{总的传输比特数}}$$

P_b 与 P_e 的关系为

$$P_b = \frac{M}{2(M-1)} P_e$$

式中，M 为进制数。可见，在二进制系统中，$P_b = P_e$，在多进制中 $P_b < P_e$。（提示：结合码元与信息的关系。）

任务三　通信方式

学习目标

- 理解串行通信和并行通信的区别。
- 理解单工、半双工和全双工的区别。
- 理解同步通信和异步通信的区别。
- 理解点对点通信和网通信的区别。

学习内容

通信方式是指通信双方之间的工作方式或信号传输方式。

一、串行通信和并行通信

按照码元排列方式的不同，通信可分为串行通信和并行通信。

串行通信中码元序列以串行方式一个码元接一个码元地进行，最少只需一根传输线即可完成。串行通信的优点是成本低、抗干扰能力强，缺点是速度慢。通信距离可以从几米到几千米，主要适用于远距离通信。其工作方式如图 1-5（a）所示。

并行通信中码元序列以成组的方式在两条或两条以上的并行信道上同时传输，其工作方式如图 1-5（b）所示，并行通信的优点是速度快，缺点是成本高、抗干扰能力差，主要适用于近距离通信，比如计算机与外设、计算机内部之间、芯片之间的通信。

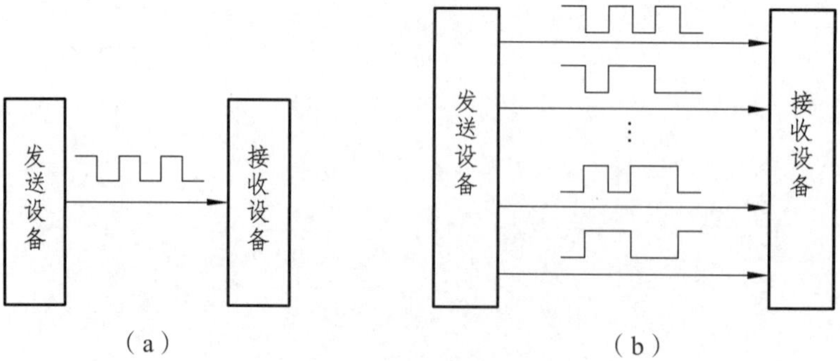

图 1-5　串行通信和并行通信

二、单工、半双工和全双工

在串行通信中，按照信息传递的方向和时间，通信可分为单工、半双工和全双工三种方式。

单工通信（simplex）是指信息只能单方向传输的工作方式，相应的通信系统有广播电台与收音机之间、电视台与电视机之间、遥控器与各种终端之间的通信等。其工作方式如图 1-6（a）所示。

半双工通信（half-duplex）是指通信双方都能收发信息，但不能同时进行收和发的工作方式，如使用同一载频的两个对讲机之间的通信，其工作方式如图 1-6（b）所示。

全双工通信（full-duplex）是指通信双方可同时进行收发信息的工作方式，如手机、固话等系统。其工作方式如图 1-6（c）所示。

（a）

（b）

（c）

图 1-6　单工、半双工和全双工

三、同步通信和异步通信

在串行通信中，由于是一位一位地进行数据传送的。为了把每个字节区别开来，需要收发双方在传送数据的串行信息流中，加入一些标记位。根据所添加的标记位的不同方式，通信可分为同步通信和异步通信两种通信方式。

（一）同步通信

以一串字符为一个传送单位，字符间不加标识位，在一串字符开始用同步字符表示，通信双方须严格同步，硬件要求高。同步通信的工作方式如图 1-7 所示。

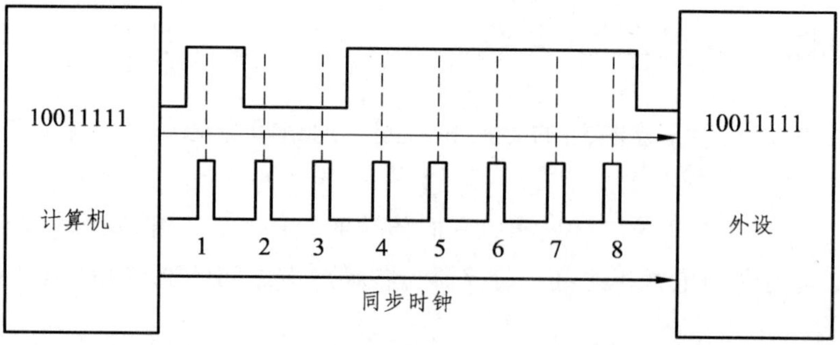

图 1-7　同步通信示意图

同步通信中，数据格式以“块”为单位，一个数据块包括同步字符、数据及校验字符（CRC）。这样的数据块又称数据帧（或称组，或称包），如图 1-8 所示。

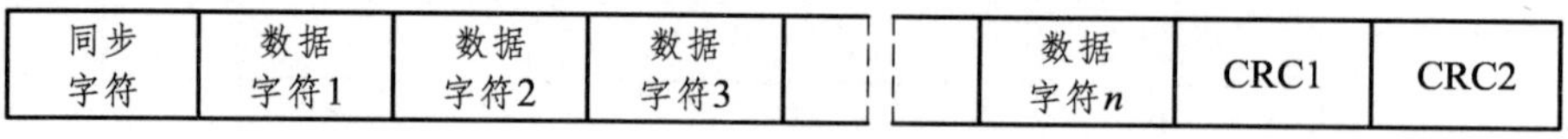

图 1-8　同步通信帧结构图

同步通信通常采用三线制，即 SDA（信号线）、SCL（时钟线）、GND（地线）。

同步通信的优点是数据传输速率较高，常用作串行系统总线（内总线），如 I^2C、SPI、USB 等；缺点是硬件上要求发送时钟和接收时钟必须保持严格同步。

（二）异步通信

异步通信以字符为单位来传输，而且每次只传送一个字符，按照空闲位、起始位、数据位、奇偶校验位、停止位的规则进行传输，前后字符的间隔不固定。由于异步通信中每一个字符的发送都是随机和独立的，通信双方靠收发两端速率相同来确保同步，所以这种通信方式称为异步通信。异步通信的工作方式如图 1-9 所示，数据格式如图 1-10 所示。

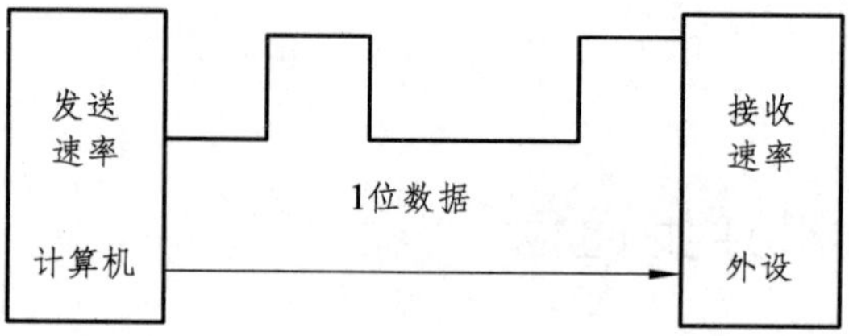

图 1-9　异步通信示意图

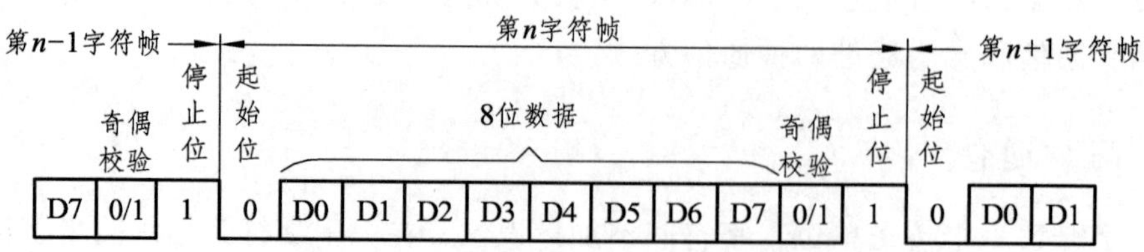

（a）

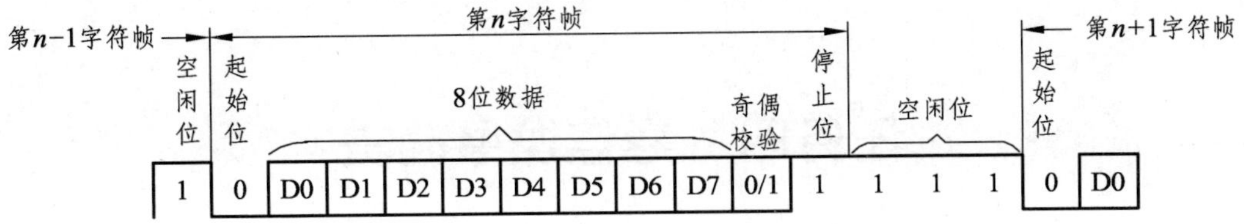

（b）

图 1-10　异步通信帧结构图

异步通信工作过程：

（1）没有数据发送时，数据线保持“1”状态。

（2）发送数据时，先发起始位“0”，其后是数据位，异步传送规定低位在前，高位在后。

（3）奇偶位紧跟在数据最高位之后，占用一位（也可省去）。

（4）数据发送完后，再发一位停止位“1”，表示一帧数据结束，同时为接收下一帧数据做准备。在下一帧的起始位“0”到来之前，都默认为“1”。

异步传输的优点是不需要传送同步脉冲，可靠性高，常用作串行通信总线（外总线），如RS232、RS485 等；但缺点是通信开销大，每传输一个字符都要额外附加 2 或 3 位，通信效率比较低。

四、点对点通信和网通信

按照通信设备按照通信设备（节点）与传输线路（链路）之间的连接类型，可分为点对点通信和网通信。在图 1-11 中，点和点连起来互通信息，形成链路；图 1-12 中，无数个节点通过链路连起来，构成网通信。

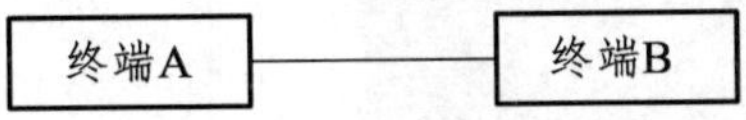

图 1-11　点对点通信示意图

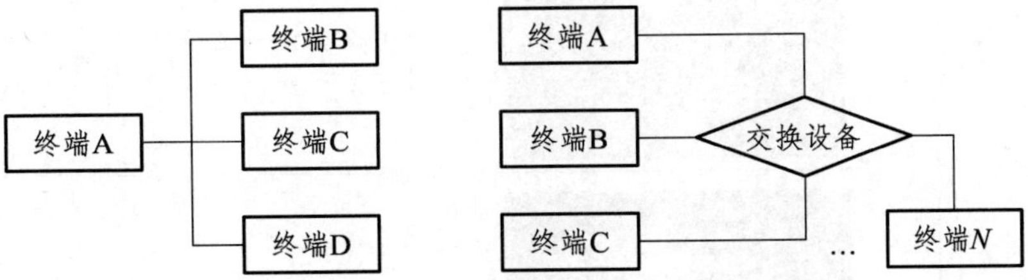

图 1-12　网通信示意图

由于通信网的基础是点对点通信，所以本书重点讨论点对点通信。

任务四　通信发展简史

学习目标

- 了解通信发展史中的人和事。
- 了解通信行业标准化组织机构。

学习内容

一、通信发展中的那些人和事

信息交流是人类最基本的需求，从古到今一直存在。例如，通过表情、眼神、动作、面对面交流来传递信息，这就是通信，只是它属于近距离通信。在古代，人们可以通过烽火台、驿站、鼓、金、旗、动物等来实现远距离通信。成语有烽火狼烟、狼烟四起、击鼓鸣金、鸿雁传书、驿站传书等，诗句有“烽火连三月，家书抵万金”，典故有“周幽王烽火戏诸侯”。

表 1-1 列举了通信发展过程中的一些里程碑事件和科学巨匠。

表 1-1　通信发展中的一些人和事

时间	代表人物	人像	事件
1748 年	欧拉		1707—1783 年，瑞士数学家、物理学家，近代数学先驱之一，他首次使用“函数”概念来描述包含各种参数的表达式，并记为 $f(x)$。以欧拉命名的成果有欧拉函数、欧拉公式、流体力学中的欧拉方程等。其中欧拉公式被数学家们评价为“上帝创造的公式”
1802 年	拉普拉斯		1749—1827 年，法国数学家和物理学家，提出拉普拉斯变换，建立了变换分析理论

续表

时间	代表人物	人像	事件
1822 年	傅里叶		1768—1830 年，法国数学家和物理学家，著有《热的解析理论》，提出“任一函数都可以展成三角函数的无穷级数”的论断。傅里叶级数（即三角级数）、傅里叶分析等理论均由此创始，建立了信号分析理论
1831 年	法拉第		1791—1867 年，英国物理学家和化学家，首次发现电磁感应现象，他发明了第一台发电机和电动机，提出了电磁感应定律，为经典电磁学理论的建立奠定了基础，被称为“电学之父”和“交流电之父”。为了缅怀他在电学上无与伦比的贡献，将法拉作为电容的国际单位
1844 年	莫尔斯		1791—1872 年，美国发明家，发明了莫尔斯电码和世界上第一台有线电报。1844 年，莫尔斯坐在华盛顿国会大厦联邦最高法院会议厅中，向 40 英里（约 64 km）以外的巴尔的摩城发出了人类历史上第一份电报：“上帝创造了何等奇迹！”
1864 年	麦克斯韦		1831—1879 年，英国物理学家和数学家，提出了麦克斯韦方程组，创立了经典电动力学，预言了电磁波的存在，提出了光的电磁说，完成了电磁场理论的经典巨著《论电和磁》，将电学、磁学、光学统一起来

续表

时间	代表人物	人像	事件
1876 年	贝尔		1847—1922 年，美国发明家，发明了世界上第一部电话，1878 年在相距 300 km 的波士顿和纽约之间进行了首次长途电话实验，并获得了成功，这是模拟通信的开始。声音的强度单位分贝（用 dB 表示）以其名字命名
1887 年	赫兹		1857—1894 年，德国物理学家，用实验证实了电磁波的存在，揭示了光的本质是电磁波。由法拉第开创，麦克斯韦总结的电磁理论，至此才取得决定性的胜利。频率的国际单位制单位赫兹以他的名字命名
1896 年	马可尼		1874—1937 年，意大利人，发明了无线电报，横跨大西洋发射无线电波，开辟了无线电技术的新领域，被称作“无线电之父”
1904 年	弗莱明		1864—1945 年，英国物理学家，发明了真空二极管

续表

时间	代表人物	人像	事件
1906 年	德富雷斯特		1873—1961 年，美国科学家，发明了真空三极管
1928 年	奈奎斯特		1889—1976 年，美国物理学家，提出著名的抽样定理，并相继提出消除符号(码元)间干扰的三个准则，为近代信息理论做出了突出贡献
1947 年	肖克利		美国贝尔实验室的肖克利和他的两助手布拉顿、巴丁研制出世界上第一个晶体管，三人于 1956 年获得诺贝尔物理学奖，肖克利被称为“晶体管之父”
1948 年	香农		1916—2001 年，美国数学家，信息论的创始人，发表论文“通信的数学理论”，并在论文中定义了信息的度量单位比特、信息熵和信道容量

续表

时间	代表人物	人像	事件
1966 年	高锟		1933—2018 年，华裔科学家，发表论文“光频率介质纤维表面波导”，开创性提出以光代替电流，以玻璃纤维代替导线，被誉为“光纤之父”

随着 ICT 技术的发展，通信已经由单一的通信设备、技术、制式发展演变为一个集光纤通信、移动通信、卫星通信和微波中继通信等多种通信手段于一体、具有多种业务功能的复杂的综合通信网，满足“任何人（Whoever）在任何地方（Wherever）任何时间 （Whenever）可以同任何人（Whomever）进行任何形式（Whatever）通信”的需求（即 5W）。

回顾 200 年来通信领域的科学家和他们的主要成就，不难发现，我们列出的主要是一些西方的学者，近代的中国落后了，但随着中国改革开放和持续发展，必然会诞生我们自己的伟大科学家，比如在 5G 技术上，中国的华为已经走在了世界的前列。

二、通信行业标准化组织

联系生活中的交通网，汽车在公路上行驶时必须遵守相关的交通规则，这些规则是由交通管理部门制定的、类似地，通信网中，信号在信道上传输时也必须遵守相关的标准和协议，这些标准和协议是由相关的协会和机构制定的，通信领域比较重要的国际标准组织有以下几个。

（一）国际标准化组织

国际标准化组织（International Organization for Standardization，ISO）成立于 1947 年 2 月 23 日，总部设在瑞士日内瓦，是世界上国际标准最大的推动者。

（二）国际电信联盟

国际电信联盟（International Telecommunication Union，ITU）是联合国的一个专门机构，总部设在瑞士日内瓦。负责分配和管理全球无线电频谱与卫星轨道资源，制定全球电信标准，向发展中国家提供电信援助，促进全球电信发展。ITU 由电信标准化部门（ITU-T）、无线通信部门（ITU-R）和电信发展部门（ITU-D）组成。其中 ITU-T 是由原来的 CCITT 和从事标准化工作的部门 CCIR 合并而成。

（三）电气和电子工程师协会

电气和电子工程师协会（Institute of Electrical and Electronics Engineers，IEEE）是一个美国的电子技术与信息科学工程师的协会，是目前世界上最大的非营利性专业技术学会。

IEEE 被 ISO 授权为可以制定标准的组织，设有专门的标准工作委员会，其中比较出名的是 IEEE 802 委员会，主要任务是制定局域网的国际标准。

考核标准

（1）考核形式：闭卷、笔试形式。

（2）考核题型：选择题、填空题、判断题、简答题和计算题。

（3）考核内容、要求和所占比重见表 1-2 所示。

表 1-2　项目一考核标准

考核内容	考核要求				所占比重
	了解	理解	掌握	会用	
任务一　通信的基本概念					15%
1. 消息、信息和信号		√			
2. 通信系统的一般模型			√		
3. 通信系统的分类			√		
4. [信息及其度量]			√	√	
任务二　通信系统的主要性能指标					
1.（[模拟通信系统的性能指标]）			√	√	
2.（[数字通信系统的性能指标]）			√	√	
任务三　通信方式					
1. 串行通信和并行通信		√			
2. 单工、半双工和全双工		√			
3. 同步通信和异步通信		√			
4. 点对点通信和网通信		√			
任务四　通信发展简史					
1. 通信发展中的那些人和事*	√				
2. 通信行业标准化组织*	√				

注：表中的“√”表示对知识和技能考核的层次要求；打“[ ]”的为重点内容，打“( )”的为难点内容，打“*”的可作为自学内容。

项目一试题库

1．简述消息、信息和信号三者之间的区别和联系。

2．不同形式的消息可以包含相同的信息，这个说法对吗？请举一实例证明。

3．什么是通信？什么是通信系统？

4．画出通信系统的一般模型，并简述各部分的功能。

5．按照传输信号的特征，通信系统如何分类？

6．数字通信有哪些主要优缺点？

7．按照传输媒介，通信系统如何分类？

8．按照码元序列的排列方式通信可分为哪两种方式？

9．按照信息传递的方向和时间，通信可分为哪三种方式？并举例说明。

10．衡量数字通信系统有效性和可靠性的性能指标有哪些？

11．何谓码元速率？何谓信息速率？它们之间的关系如何？

12．何谓误码率？何谓误比特率？

13．设英文字母 a、b、c、d 出现的概率分别为 0.025、0.100、0.001、0.002，试求各符号的信息量。

14．某信源输出 A、B、C、D、E、F 六个符号，每个符号独立出现，其概率分别为 1/4、1/4、1/16、1/8、1/16、1/4，试求该信源的平均信息量。

15．某二进制通信，信息速率为 4800 bit/s，若保持信息速率不变，试求改成四进制和八进制通信时码元速率各为多少？

16．某八进制通信，码元速率为 1600 Baud，试求该系统的信息速率？若保持信息速率不变，改用二进制系统传输，此时的码元速率是多少？

17．在 125 μs 内传输 256 个二进制码元，计算码元传输速率和信息传输速率。若该信息在 4 s 内有 5 个码元产生错误，则误码率为多少？

18．某系统的码元传输速率为 3600 KBaud，接收端在 1 h 内共收到 148 个错误码元，试求该系统的误码率。

19．课堂教学就是一个典型的通信系统。请思考，该系统中的信源、信宿、消息、信息和信号分别是什么？

20．在古代，常用烽火台来传递战争的信息。请思考，该系统是有线通信还是无线通信？模拟通信还是数字通信？单工通信、半双工通信还是全双工通信？该系统属于本课程讨论的范畴吗？

工欲善其事，必先利其器

——《论语》

项目二　信号分析利器——傅里叶变换

项目导引

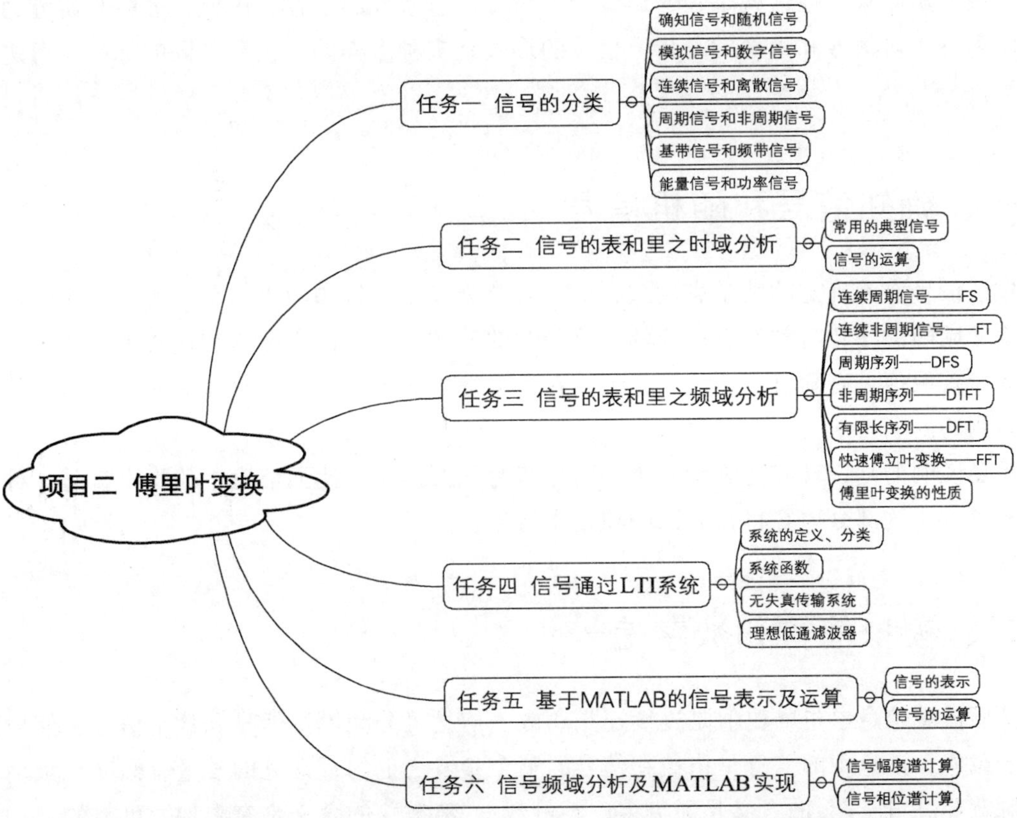

任务一　信号的分类

学习目标

- 了解确知信号和随机信号。
- 掌握模拟信号和数字信号的判断方法。
- 掌握连续信号和离散信号的判断方法。
- 理解周期信号和非周期信号的判断方法。
- 理解基带信号和频带信号的区别。
- 理解能量信号和功率信号的区别。

学习内容

从某种角度看，通信就是在噪声背景下信号通过系统的过程，因此，分析与研究通信系统，总离不开对信号和噪声的分析。信号的形式是多种多样的，按照不同的标准，可进行如下分类。

一、确知信号和随机信号

按照信号有无确定的数学表达式，信号可分为确知信号和随机信号。所谓确知信号，是指在定义域内的任意时刻都有确定的、可预知的函数值，可以用数学表达式来描述；而随机信号是指其取值具有随机性，也就是说，在它未发生之前或未对它具体测量之前，其取值是不可预测的。

需要说明的是，现实物理世界中的信号多为随机信号。比如信道中的噪声就是一种典型的随机信号，这部分内容将在后面的项目中讨论。

二、模拟信号和数字信号

按照搭载信息参量的取值是连续还是离散，信号可分为模拟信号和数字信号。信号作为消息的载体，消息中的信息是搭载在信号的某个参量之上的，常见的参量有幅度、频率、相位或脉宽等。“连续”的含义是无穷多、不可数；“离散”的含义是有限种、可数的。

图 2-1（a）为连续信号，消息中的信息搭载在信号的幅度参量上，而幅度参量的取值有无穷多个，是连续的，因此该信号是模拟信号；图 2-1（b）为抽样信号，消息中的信息依然

搭载在信号的幅度参量上，其取值也是连续的，有无穷多种，因此，依然是模拟信号；图 2-1（c）为脉冲波形，消息中的信息搭载在信号的幅度参量上，而幅度只有正负两种状态，因此，该信号是数字信号；图 2-1（d）为数字调制波形，消息中的信息搭载在信号的初相位上，它只有 0 和π两个有限种取值，因此也是数字信号。

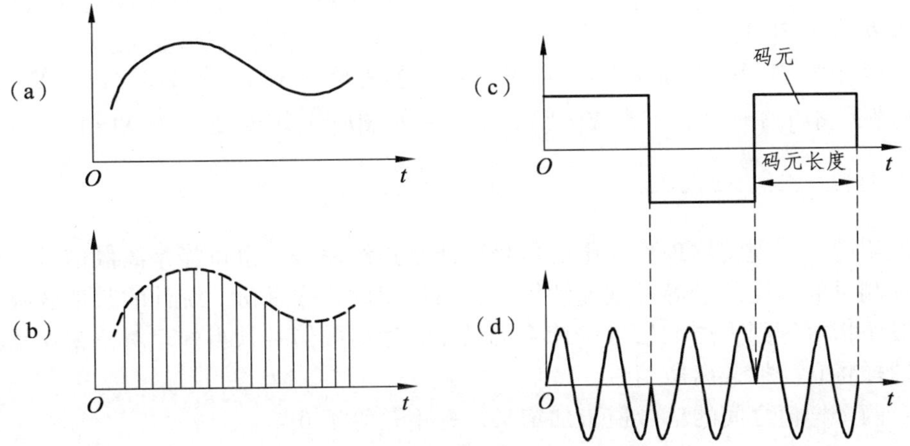

图 2-1　模拟信号和数字信号示例

综上所述，数字信号与模拟信号的区别不在于波形是否连续，而在于代表消息的信号参量，在某个范围内是连续分布还是离散分布。

需要说明的是，现实物理世界中的信号大多为连续的模拟信号，比如声音、温度、图像、无线电波等都是模拟信号。

三、连续信号和离散信号

按照信号自变量 t 的取值是连续还是离散，信号可分为连续时间信号（简称连续信号）和离散时间信号（简称离散信号），如图 2-2 所示。

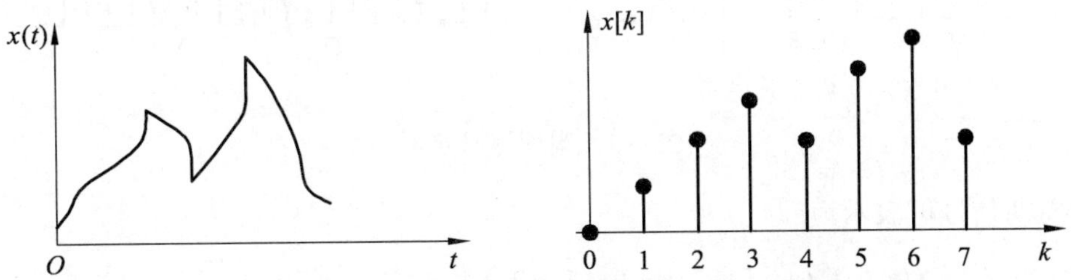

图 2-2　连续时间信号和离散时间信号示例

离散信号的间隔可以是均匀的，也可以是不均匀的。一般情况都采用均匀间隔（假设为 T），此时，函数 $x(t)$ 可表示为 $x(kT)$，为了方便，通常简写为 $x[k]$，因此离散信号又称为序列。

知识卡片

本书中对信号的表示为：

连续非周期表示为 $x(t)$，连续周期表示为 $\tilde{x}(t)$，非周期序列表示为 $x[k]$，周期序列表示为 $\tilde{x}[k]$。

连续非周期 $x(t)$ 的频谱表示为 $X(\mathrm{j}\omega)$，连续周期 $\tilde{x}(t)$ 的频谱表示为 $X(n\omega_0)$，非周期序列 $x[k]$ 的频谱表示为 $X(\mathrm{e}^{\mathrm{j}\Omega})$，周期序列 $\tilde{x}[k]$ 的频谱表示为 $\tilde{X}[m]$。

需要说明的是，现实物理世界中的信号可能是连续信号，也可能是离散信号。比如声音信号、连续测量的温度信号等都是连续信号，而按年度（或月份）统计的某地区降雨量、每天的沪深股票指数等则为离散信号。计算机只能处理离散信号，当处理对象为连续信号时，则需要经抽样将它变换成离散信号。

注意：两个样值之间的信号值未加定义，并不是等于 0。

四、周期信号和非周期信号

按照信号能否重复出现，信号可分为周期信号和非周期信号。若信号每隔时间 T（或整数 N），按相同规律重复出现、无始无终，这种信号称为周期信号，如图 2-3 所示。反之为非周期信号。

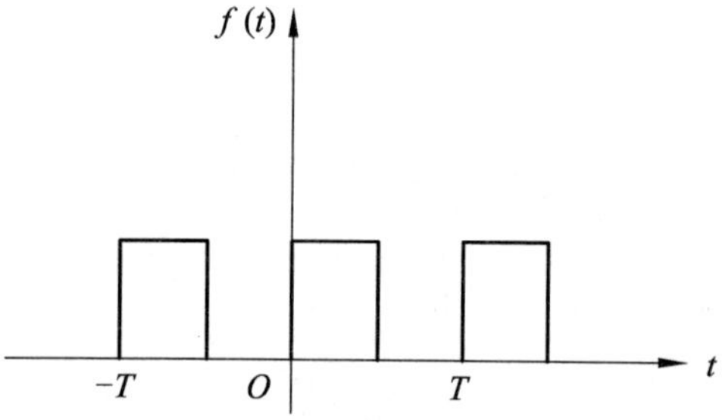

（a）周期出现的方波信号

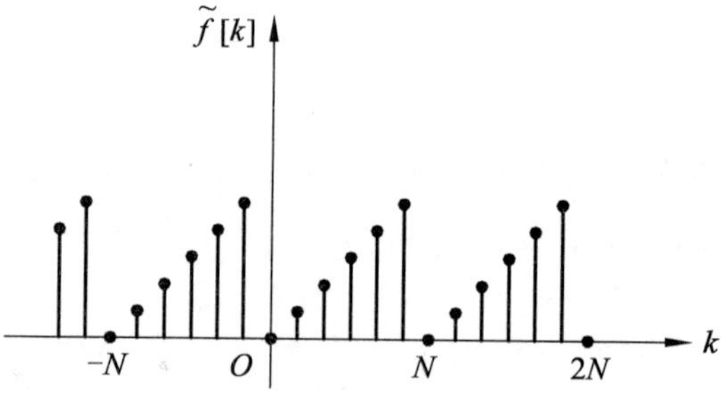

（b）周期序列

图 2-3　周期信号示例

连续周期信号可表示为

$$f(t)=f(t+nT)\,,\quad n=0,\pm1,\pm2,\pm3\cdots$$

离散周期信号可表示为

$$\tilde{f}[k]=\tilde{f}[k+nN]\,,\ n=0,\pm1,\pm2,\pm3\ \cdots$$

满足上述关系式的最小 T（或 N）称为该信号的周期。

需要说明的是，现实物理世界中的信号多为非周期信号。若令周期信号的周期趋于无穷大，则为非周期信号，也就是说，非周期信号可以等效为周期无穷大的周期信号。

五、基带信号和频带信号

按照信号的频率分布，信号可分为基带信号和频带信号。基带信号的频率较低且从零频附近开始，具有低通形式，因此基带信号又称低通信号，比如前面提到的话音信号和图像信号。

基带信号可在低通型信道中传输，但传输距离比较近。比如，计算机到显示器、打印机这些外设的通信，常采用基带传输。

实际信道大多为带通型信道，为了传输基带信号，需将基带信号变换成适合在带通型信道中传输的信号，变换后的信号就是频带信号，它限制在以载频为中心的一定带宽范围内，因此又称带通信号。例如，调制后的已调信号、变频后的射频信号都是频带信号。

六、能量信号和功率信号

按照信号的功率，信号可分为能量信号和功率信号。在信号分析中，为了了解信号的功率和能量的特点，通常把信号功率定义为电流在单位电阻（1 Ω）上消耗的功率，即归一化功率。

$$P=\frac{U^2}{R}=I^2R=V^2=I^2 \ (\mathrm{W})$$

由于信号的电压或电流是时间 t 的函数，可用 $S(t)$ 表示。

信号的能量 E 应是信号瞬时功率的积分，即

$$E=\int_{-\infty}^{\infty}S^2(t)\mathrm{d}t$$

若 E 是一个有限值，则称 $S(t)$ 为能量信号，例如，话音信号和码元等都是能量信号。

由于能量信号的平均功率为零，因此只能从能量的角度去分析。

信号的平均功率 P 可定义为

$$P=\lim_{T\to\infty}\frac{1}{T}\int_{-\frac{T}{2}}^{\frac{T}{2}}S^2(t)\mathrm{d}t$$

若 P 是一个有限值，则称 $S(t)$ 为功率信号，例如，广播信号、电视信号、直流信号、周期信号、阶跃信号等，是按照某个功率持续发射，能量为无穷大。

由于功率信号的能量无穷大，因此只能从平均功率的角度去分析。

需要说明的是，上述分类是从不同角度进行的，针对同一个信号，可以分属于不同的分类，比如从计算机输出的信号就是数字基带信号，从模拟信源输出的大多为模拟基带信号。

任务二　信号的表和里之时域分析

学习目标

- 掌握常用的典型信号。
- 会用相关指令进行信号的简单运算。

学习内容

信号分析主要讨论信号的解析表示，一般从时域和频域两个角度进行分析。其中，时域分析是以时间 t 为自变量，用信号幅度随 t 变化的波形来描述信号特征的一种方法；频域分析是以频率 f 或角速度 ω 为自变量，用信号幅度和相位随 f 或 ω 变化的频谱来描述信号特征的一种方法。一般来说，时域分析较为形象与直观，频域分析则更为简练，剖析问题更为深刻和方便。

需要说明的是，时域是真实世界，是唯一实际存在的域，频域不是真实的，而是一个数学构造，或者说是一个遵循特定规则的数学范畴，频域也被一些学者称为上帝视角。

一、常用的典型信号

（一）正弦信号

在后面的信号分析中会发现，任何复杂的信号都可以分解成一系列不同频率的基本信号之和。基本信号主要有两个，其中之一为正弦信号，函数表达式为

$$f(t) = A\sin(\omega t + \varphi_0)$$

式中，A 为幅度；ω 为角速度；φ_0 为初相。这三个参量称为正弦信号的三要素。

正弦信号是一种周期信号，其周期 T 与角速度 ω 及频率 f 之间满足以下关系：

$$\omega = 2\pi f = 2\pi / T$$

由于余弦信号与正弦信号只是在相位上相差π/2，因此在电学中，将它们统称为正弦信号。

作为基本信号，正弦信号有一些非常好用的性质。例如，对于线性系统，输入一个正弦

信号，输出仍是一个同频率的正弦信号，而其他脉冲波形（方波或三角波）就不具有这个频率保持特性。

（二）复指数信号

在对信号进行频域分析时，将正弦信号作为基本信号，会涉及三角函数运算，比较麻烦。欧拉发现欧拉公式后，人们开始注意到复指数信号。复指数信号作为基本信号进行频域分析时，运算比较简洁，很快取代了正弦信号的基本信号地位。

知识卡片

电学中，复数的虚部为什么用 j 而不用之前数学中的 i 呢？这是因为，电学中 i 用来表示电流，为避免混淆，习惯用 j 表示复数的虚部。

欧拉公式为

$$\mathrm{e}^{\mathrm{j}\omega t}=\cos\omega t+\mathrm{j}\sin\omega t$$

$\cos\omega t+\mathrm{j}\sin\omega t$ 是一个复数，实部为 $\cos\omega t$，虚部为 $\sin\omega t$，在复平面上对应单位圆上的一个点。根据欧拉公式，这个点可以用复指数 $\mathrm{e}^{\mathrm{j}\omega t}$ 表示，如图 2-4 所示。

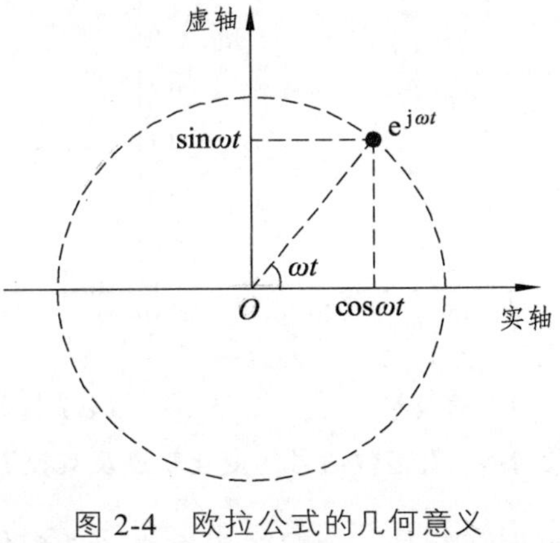

图 2-4　欧拉公式的几何意义

复指数信号的函数表达式为

$$f(t)=A\mathrm{e}^{st}=A\mathrm{e}^{(\sigma+\mathrm{j}\omega)t}=A\mathrm{e}^{\sigma t}\mathrm{e}^{\mathrm{j}\omega t}$$

当 $\sigma=\omega=0$ 时，$f(t)=A$，此时 $f(t)$ 为直流信号。

当 $\omega=0$ 时，$f(t)=A\mathrm{e}^{\sigma t}$，此时 $f(t)$ 为实指数信号。

当 $\sigma=0$ 时，$f(t)=Ae^{j\omega t}$，此时 $f(t)$ 为等幅振荡的复指数信号。假设 $A=1$，复指数信号随时间变化的轨迹及其投影图如图 2-5 所示。

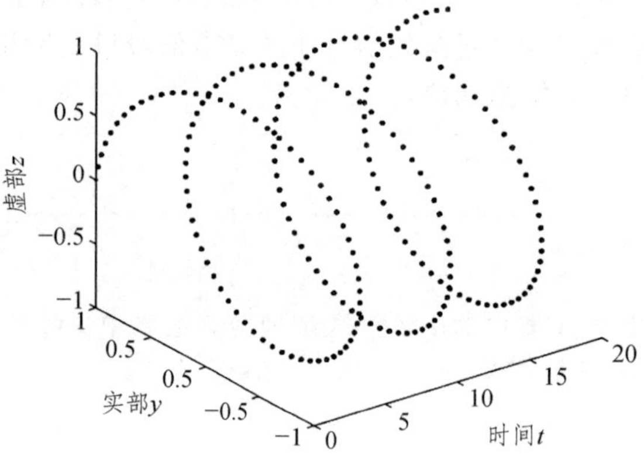

（a）复指数信号随时间的变化轨迹

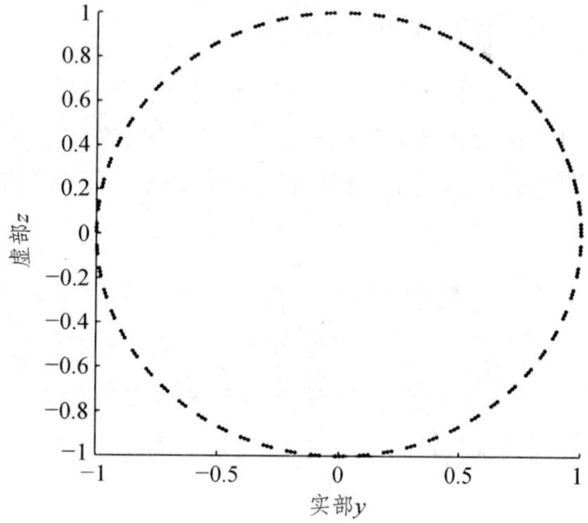

（b）复指数信号在复平面上的投影

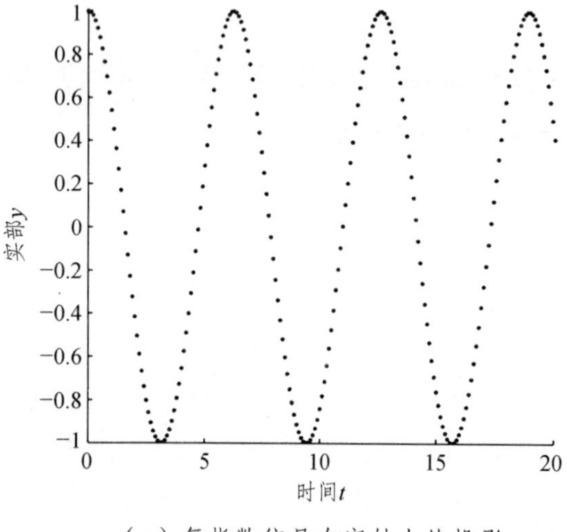

（c）复指数信号在实轴上的投影

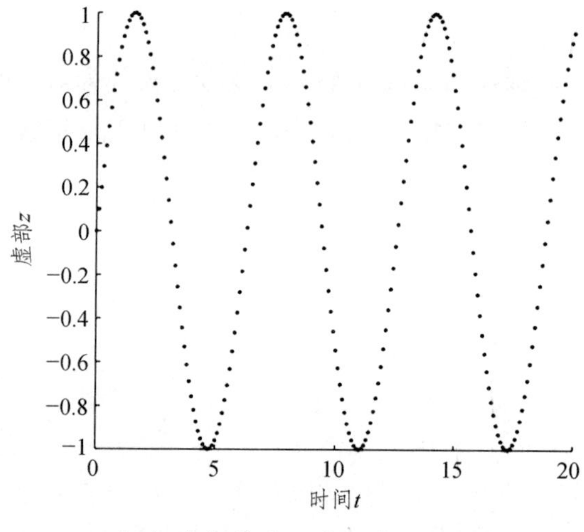

（d）复指数信号在虚轴上的投影

图 2-5　复指数信号的变化轨迹及其投影

当 σ 和 ω 均不为零时，此时 $f(t)$ 是一个幅度按指数 $Ae^{\sigma t}$ 变化的复指数信号。

可见，复指数信号概括了多种情况，可以方便地描述直流信号，实指数信号，等幅、增长或衰减的振荡信号。其中实部 σ 绝对值的大小反映了信号增长或衰减的速率，虚部 ω 的大小反映了信号振荡的频率。

另外，对复指数信号进行微积分运算，其结果仍然是同幂的指数信号，这就使得许多运算得到简化。因此，在信号的频域分析中，常把任意信号表示为 $e^{j\omega t}$ 的线性组合，而非 sin 或 cos 的形式。

（三）门信号

门信号的函数表达式为

$$f(t)=\begin{cases}1, & |t|<\dfrac{\tau}{2}\\ 0, & |t|>\dfrac{\tau}{2}\end{cases}$$

由表达式可知，门信号是一个高度为 1，宽度为 τ 的矩形脉冲信号，如图 2-6 所示。

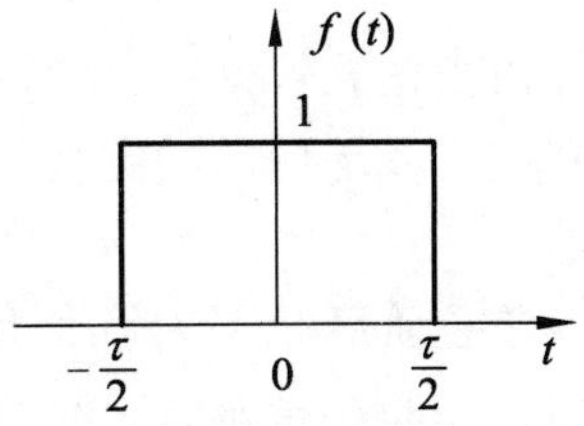

图 2-6　门信号

（四）抽样信号

抽样信号又称 Sa 函数，用 Sa(t) 表示，其函数表达式为

$$\mathrm{Sa}(t)=\frac{\sin(t)}{t}$$

抽样信号的波形如图 2-7 所示。

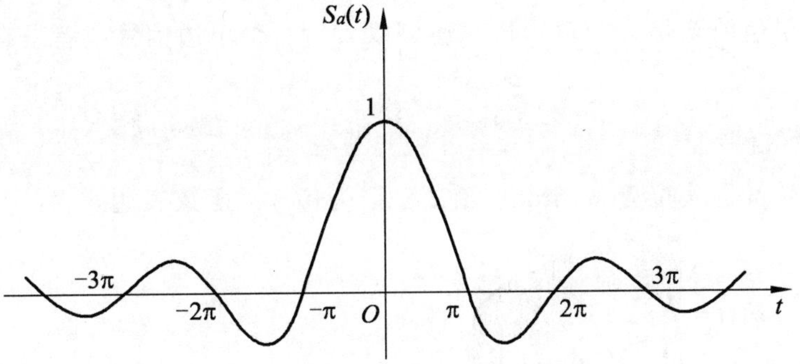

图 2-7　Sa(t) 函数

从图 2-7 中可以看出，抽样信号是一个偶函数，在 $t=0$ 处取得最大值，在 $t=\pm\pi,\pm2\pi,\cdots,\pm n\pi$ 时函数值等于零（即等间隔过零点），在 t 的正、负两方向幅度逐渐衰减。

关于 Sa 函数，注意以下两点：

（1）Sa 函数与 sinc 函数的区别和联系。sinc 函数与 Sa 函数的数学表达式非常类似，sinc 函数有两个定义，在信号处理域，sinc 函数定义为 $\mathrm{sinc}(t)=\dfrac{\sin(\pi t)}{\pi t}$，在数学领域，sinc 函数定义为 $\mathrm{sinc}(t)=\dfrac{\sin(t)}{t}$。

（2）Sa 函数与矩形函数是一个傅里叶变换对。

（五）奇异信号

在信号分析中，经常遇到以下两种情况：一种是信号本身有不连续点（跳变点）或其导数有不连续点；另一种情况是信号在空间或时间上集中于一点，比如物理学中的质点、面积趋于零的压强、脉宽趋于零的电脉冲等。这时用普通函数的概念就没有办法定义了，而用单位阶跃信号和单位冲激信号就能很方便地表示。

为了区分普通函数，一般将单位阶跃信号和单位冲激信号称为奇异信号。

1. 单位阶跃信号

单位阶跃信号的函数表达式为

$$u(t)=\begin{cases}0, & t<0\\ 1, & t>0\end{cases}$$

由表达式可知，$t<0$ 时信号为零；$t>0$ 时接入信号；$t=0$ 处没有定义，是信号的突变点，信号从零值突变到单位值，如图 2-8 所示。

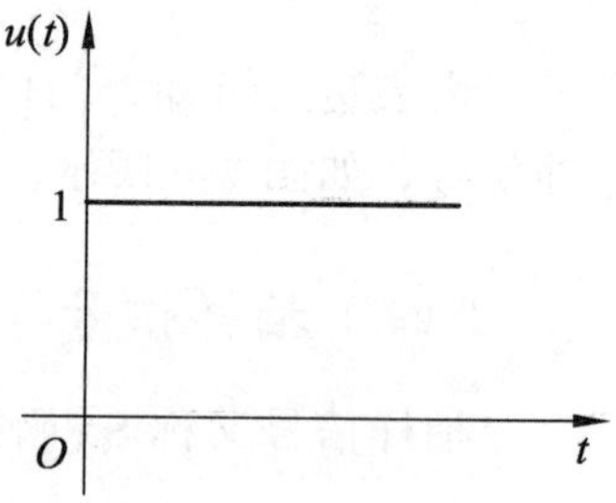

图 2-8　单位阶跃信号

单位阶跃信号有什么用呢？在信号分析中，常把它作为一个理想开关的模拟函数。例如，一个 12 V 的电源，按下电源键之前，电路各处的电压为 0 V，按下电源键之后，电路中各点电压为 12 V。若问按下电源键这一时刻的电压是多少？用普通函数是没办法研究的，若用单位阶跃信号就可以把电源的数学模型写为 $v(t)=12u(t)$。因此，单位阶跃信号又称为开关信号。

另外，利用单位阶跃信号的单边性，还可以表示一个单边信号或者是有范围限制的一个信号。

2. 单位冲激信号

单位冲激信号又称狄拉克（Dirac）函数，记为 $\delta(t)$，函数表达式为

$$\delta(t)=\begin{cases}\infty & t=0\\ 0 & t\neq 0\\ \int_{-\infty}^{\infty}\delta(t)\mathrm{d}t=1\end{cases} \tag{2-1}$$

式（2-1）是一个整体，所有条件必须同时满足。由于冲激函数的幅值为无穷大，图像只能用带箭头的射线表示，但通常不标出其幅值（$+\infty$），而是只用括号标出其冲激强度（表示面积）。当面积为 1 时称为单位冲激函数，如图 2-9（a）所示，若将单位冲激函数乘以常数 A，就得到冲激强度为 A 的冲激函数，如图 2-9（b）所示，记为 $A\delta(t)$。

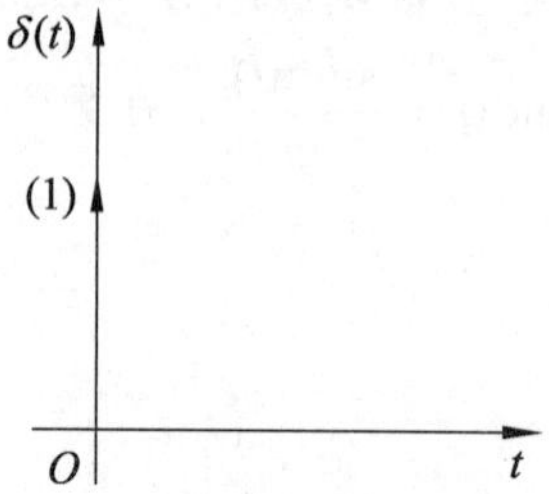

（a）单位冲激信号　（b）强度为 A 的冲激信号

图 2-9　冲激信号示意图

思考：梳状函数是离散信号还是连续信号？

知识卡片

梳妆函数是连续信号，在离散点有无穷大的值，非离散点的函数值是零而非没有定义。

实际中还常用到延迟的单位冲激信号，函数表达式如下：

$$\delta(t-t_0)=\begin{cases}\infty, & t=0\\ 0\ , & t\neq 0\\ \int_{-\infty}^{\infty}\delta(t-t_0)\mathrm{d}t=1\end{cases}$$

其图像如图 2-10 所示。

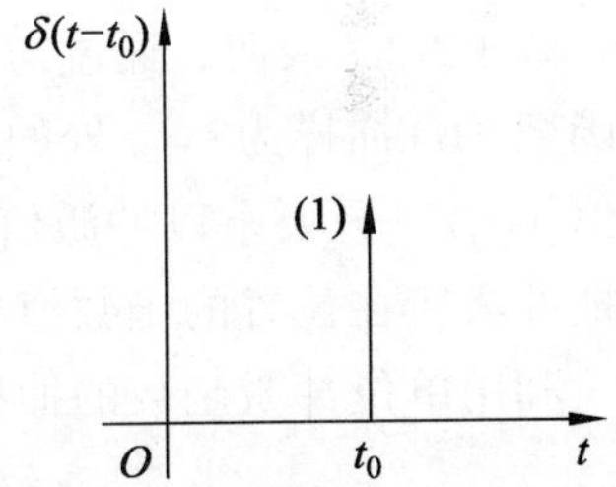

图 2-10　延迟的单位冲激函数

为了更好地理解 $\delta(t)$，可将其看成是由门信号（也可以由三角脉冲、双边指数脉冲、钟形信号或抽样脉冲等来模拟）取极限得到。如图 2-11 所示，门信号的宽度是 τ，高度是 $1/\tau$，面积为 1。保持面积 1 不变，当脉冲宽度减小，其高度将增大，当脉冲宽度趋于无限小时，其高度将趋于无限大，当脉冲宽度趋于零时，此极限情况下的脉冲信号就是单位冲激信号。

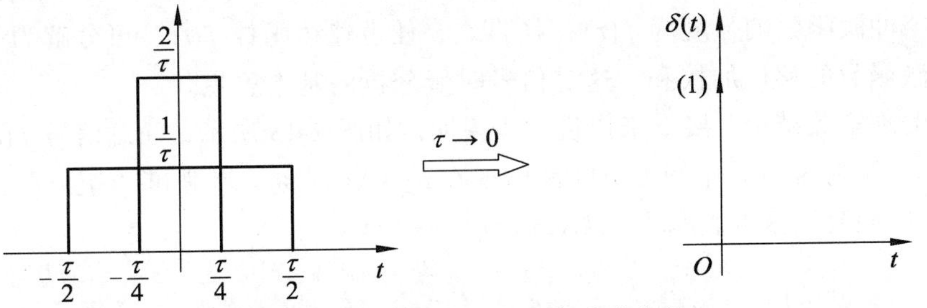

图 2-11　门信号演变为单位冲激信号

可见，单位冲激信号是一种持续时间无穷短、瞬间幅度无穷大、涵盖面积恒为 1 的理想信号。

虽然冲激信号较为抽象，但其物理意义确实存在。例如，保持压力不变，受力面积趋于零时的压强问题，若用普通函数就没有办法来表示，而用冲激信号就很方便。为什么呢？因为冲激信号刚好满足：当某一个变量趋于零时，另一个变量趋于无穷大，但两个变量的积分又是定值这样一个关系。再比如，物理学中的质点问题，电学中的抽样脉冲、雷击、电闪等问题，这些问题均不是连续分布于空间或时间中，而是集中在空间中的某一点或者时间中的某一瞬时，当引入冲激信号的概念后，问题的解决就会很方便。

单位冲激函数的性质：

性质 1：筛选特性。

$$f(t)\delta(t-t_0)=f(t_0)\delta(t-t_0) \tag{2-2}$$

式（2-2）表明，任意函数与单位冲激函数（或延迟单位冲激函数）相乘，等于只筛选出 $t=t_0$ 时刻 $f(t)$ 的值作为冲激强度。其过程如图 2-12 所示。

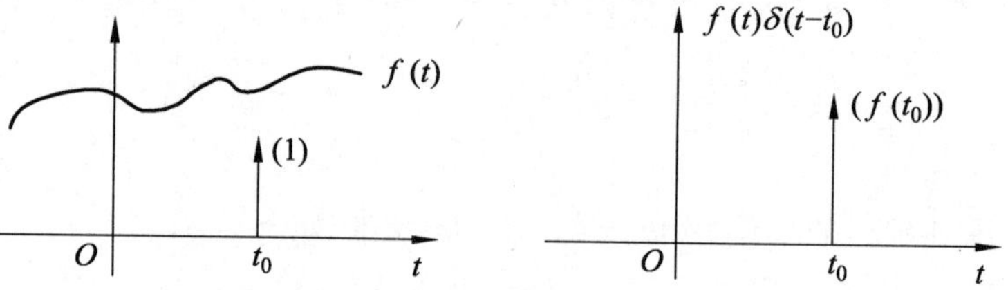

图 2-12　单位冲激函数的筛选特性

性质 2：抽样特性。

$$\int_{-\infty}^{\infty} f(t)\delta(t-t_0)\mathrm{d}t=f(t_0) \tag{2-3}$$

式（2-3）表明，通过与单位冲激函数（或延迟单位冲激函数）乘积的积分，把任意的连续函数 $f(t)$ 抽样为 $t=t_0$ 处的一个函数值。或者说，若要从连续信号 $f(t)$ 中抽取任一时刻的函数值 $f(t_0)$，只要乘以冲激信号 $\delta(t-t_0)$ 并在区间 $(-\infty,\infty)$ 上积分即可。也或者说，冲激信号可以把冲激所在位置的函数值抽取出来。

利用单位冲激函数的抽样特性，可以推导出

$$f(t)=\int_{-\infty}^{\infty} f(\tau)\delta(t-\tau)\mathrm{d}\tau \tag{2-4}$$

式（2-4）表明，任意连续函数 $f(t)$ 都可表示为无穷多个不同时延的冲激函数 $\delta(t-\tau)$ 的加权和，每个冲激函数的强度为 $f(\tau)$。换言之，任意连续函数 $f(t)$，可分解为一系列具有不同强度的冲激函数的移位加权和。这是信号时域分析的基本思想。

为了帮助理解此结论，接下来作进一步说明。如图 2-13 所示，任意信号 $f(t)$ 可分成很多宽度为 $\Delta\tau$ 的矩形脉冲，其中第 k 个脉冲出现在 $t=k\Delta\tau$ 时刻，其强度（矩形脉冲的面积）为 $f(k\Delta\tau)\Delta\tau$，用冲激函数可表示为 $f(k\Delta\tau)\Delta\tau\delta((t-k\Delta\tau))$。

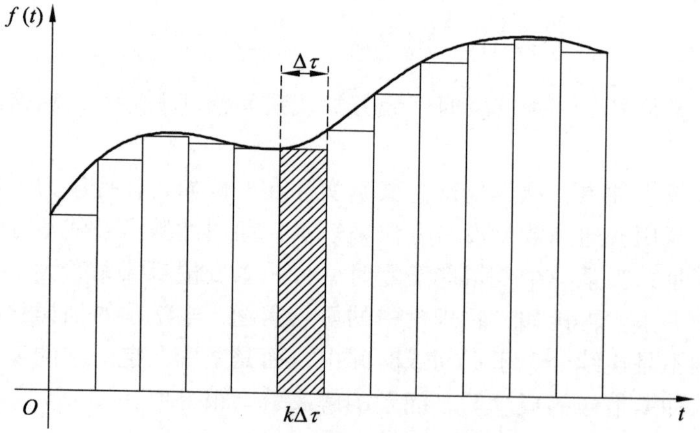

图 2-13　用冲激信号表示任意信号

这样，可以将 $f(t)$ 近似地看作由一系列强度不同、接入时刻不同的窄脉冲组成，所有这些窄脉冲的和近似等于 $f(t)$，即

$$f(t) \approx \sum_{k=-\infty}^{\infty} f(k\Delta\tau)\Delta\tau\delta(t-k\Delta\tau) \tag{2-5}$$

式（2-5）中，当 $\Delta\tau \to 0$ 时（用无穷小量 $\mathrm{d}\tau$ 表示），$k\Delta\tau$ 由离散量变为连续量 τ，离散求和算子“Σ”变为连续求和算子“$\int$”，“$\approx$”变为“$=$”，即可得到式（2-4）。

知识卡片

积分符号$\int$是德国的莱布尼茨提出的，这个符号的含义可以看成是字母 S 的拉长。S 是英文单词 summary（求和）的首字母，针对的是连续变量求和。对应的，Σ是离散求和。

性质 3：冲激函数和阶跃函数互为微积分关系。

冲激函数为阶跃函数的微分，即

$$\delta(t) = \frac{\mathrm{d}u(t)}{\mathrm{d}t}$$

阶跃函数为冲激函数的积分，即

$$u(t) = \int_{-\infty}^{t} \delta(\tau)\mathrm{d}\tau$$

（六）梳状函数

在信号分析过程中，还经常用到由单位冲激函数派生出的梳状函数，其表达式为

$$\delta_T(t) = \sum_{n=-\infty}^{\infty} \delta(t-nT)$$

梳状函数的波形如图 2-14 所示，它是周期为 T 的单位冲激串。

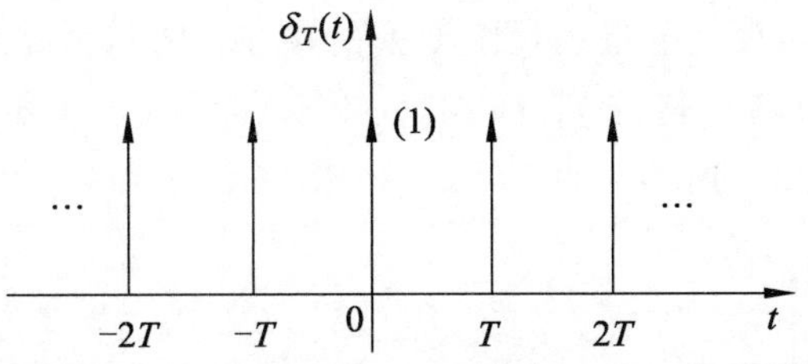

图 2-14　梳状函数

梳状函数有什么用呢？前面提到，冲激函数具有筛选特性，但是每次只能筛选出一个点，那怎样才能有规律地筛选出更多的采样点呢？这就要用到梳状函数了。

二、信号的运算

信号通过系统的过程，就是系统对信号进行变换的过程，这个变换是通过信号的运算来实现的，信号的运算包括相加、相乘、时移（位移）、反转、尺度变换（抽取和内插）、微分（差分）、积分（Σ求和）和卷积等。

（一）相加和相乘

两信号相加或相乘得到的新信号在任意时刻的信号值等于两信号在该时刻的信号值之和或积。

歌声与背景音乐的混合就是信号叠加的实例。通信系统中抽样、调制和解调过程中遇到的两信号相乘就是信号相乘的典型应用。

（二）时移、反转和尺度变换

时移运算又称平移或时延运算，其结果是将 $f(t)$ 的自变量更换为 $t \pm t_0$，相当于 $f(t)$ 波形在 t 轴上的整体平移，若 $t_0 > 0$，满足“左加右减”。在通信系统中，长距离传输电话信号时，可能听到回波，这是幅度衰减的话音的延时信号。

反转运算又称反褶运算，其结果是将 $f(t)$ 的自变量更换为 $-t$，相当于将 $f(t)$ 以 $t = 0$ 为对称轴反转过来。

尺度变换是将 $f(t)$ 的自变量 t 变为 at 或 $\frac{1}{a}t$，若 $a > 1$，满足“乘压除扩”。

若 $f(t)$ 代表已录制声音的磁带，则 $f(-t)$ 表示磁带倒转播放产生的信号，而 $f(2t)$ 是磁带以二倍速度播放的声音信号，$f\left(\frac{1}{2}t\right)$ 则表示原磁带播放速度降至一半产生的信号。

在称呼上，离散信号的时移运算称为“位移运算”，尺度变换称为“序列的抽取和内插运算”。

需要说明的是，信号 $f(at+b)$ 的波形可以通过对信号 $f(t)$ 的平移、反转和尺度变换获得。虽然对三种运算的次序没有要求，但一般情况下，为了更好地画出这类信号的波形，最好先平移，然后再反转，如果反转后再进行平移，由于这时自变量为 $-t$，故平移方向与前述相反。

【例 2-1】 已知信号 $f(t)$ 的波形如图 2-15（a）所示，试画出 $f(-2t+4)$ 的波形。

【解】 按照先平移、后反转、最后尺度变换的顺序，将信号 $f(t)$ 左移，得到 $f(t+4)$，如图 2-15（b）所示，然后反转，得到 $f(-t+4)$，如图 2-15（c）所示，最后进行尺度变换，得到 $f(-2t+4)$，如图 2-15（d）所示。

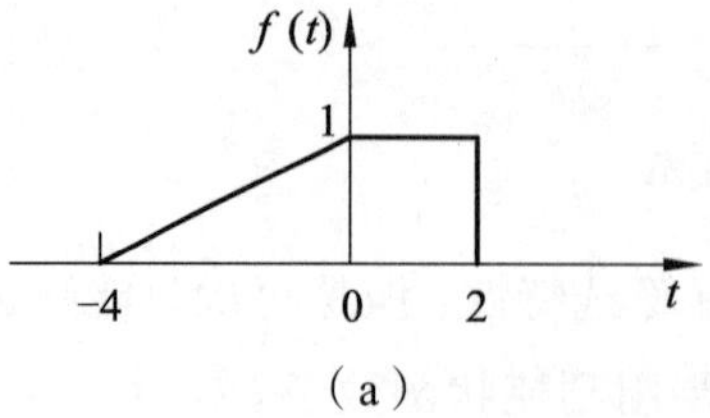

（a）

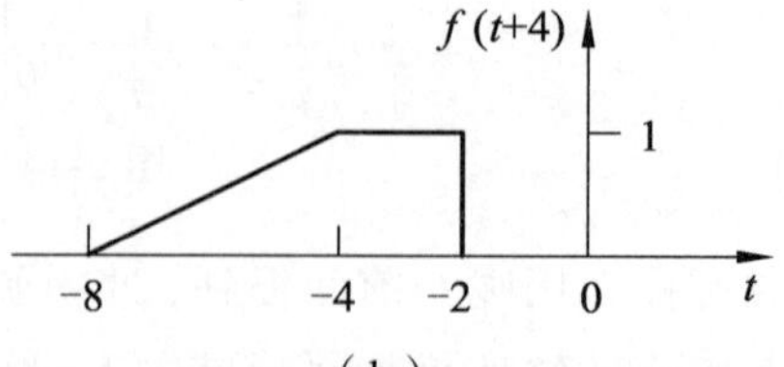

（b）

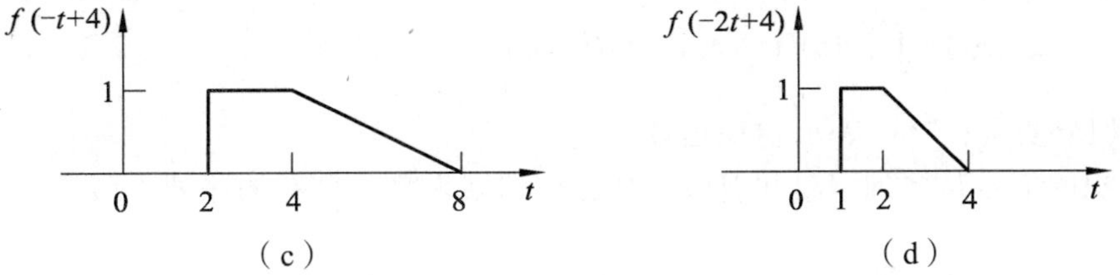

图 2-15　信号的平移、反转与尺度变换示意图

（三）微分和积分

信号 $f(t)$ 的微分运算是指 $f(t)$ 对 t 取导数，即 $f'(t)=\dfrac{\mathrm{d}}{\mathrm{d}t}f(t)$，积分运算是指在 $(-\infty,t)$ 区间内的定积分，其表达式为 $\int_{-\infty}^{t}f(\tau)\mathrm{d}\tau$。

需要说明的是，微分运算和积分运算是针对连续信号的运算，与离散信号的差分运算和 Σ 运算对应。在此仅以连续信号的运算为例讲解。

图 2-16 和图 2-17 分别是微分运算和积分运算的例子。由图 2-16 可见，信号经微分后突出显示了它的变化部分，信号变化越快，微分值越大，变化越平缓，微分值越小，若不变化，则微分值为零，因此可以说微分是一种“求变”运算；而在图 2-17 中，信号经积分运算后其效果与微分相反，信号的突变部分变得平滑，这是因为积分是一种“求和”运算。利用这一作用可削弱信号中混入的毛刺（噪声）的影响。

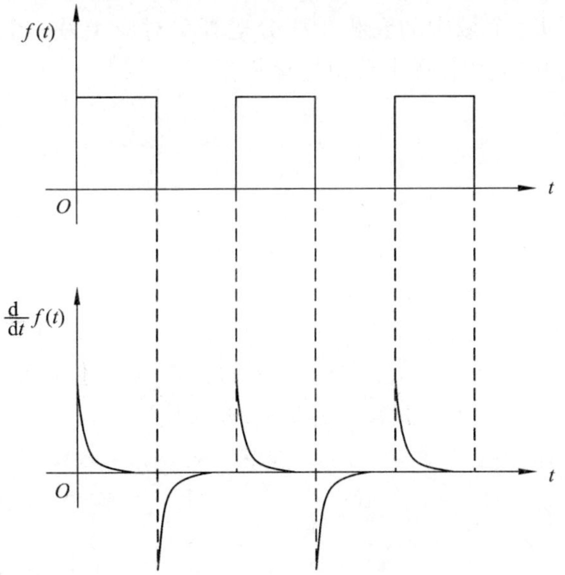

图 2-16　微分运算

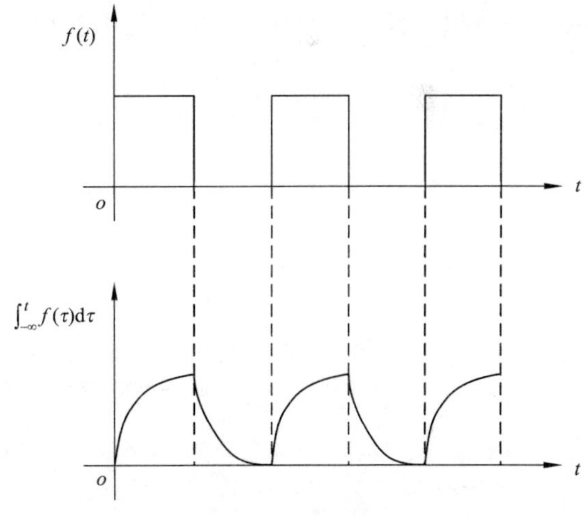

图 2-17　积分运算

（四）卷　积

卷积是两个信号在某范围内相乘后求和的结果。如果卷积的信号是连续信号 $x(t)$ 和 $h(t)$，则卷积的结果是一个新的连续信号，假设为 $y(t)$，则

$$y(t)=\int_{-\infty}^{\infty}x(\tau)h(t-\tau)\mathrm{d}\tau=x(t)*h(t)$$

式中，τ 是积分变量；“*”表示卷积运算。

如果卷积的信号是序列 $x[k]$ 和 $h[k]$，则卷积的结果是一个新的序列，假设为 $y[k]$，则

$$y[k]=\sum_{n=-\infty}^{\infty}x(n)h(k-n)=x[k]*h[k]$$

从上面两个公式不难发现：两个函数的卷积，其本质是先将其中一个函数反转，然后进行不断地平移叠加运算。

卷积运算具有多种性质，合理利用这些性质可使卷积运算简化。下面重点讲解以下 3 个。

性质 1：任意信号 $x(t)$ 与冲激信号 $\delta(t)$ 进行卷积，其结果等于 $x(t)$ 本身，即

$$x(t)*\delta(t)=x(t)$$

性质 2：任意信号 $x(t)$ 与冲激信号的移位 $\delta(t-t_0)$ 进行卷积，其结果是在每个冲激的位置上产生一个 $x(t)$ 的镜像，即

$$x(t)*\delta(t-t_0)=x(t-t_0)$$

性质 3：卷积定理。若信号 $x(t)$ 的频谱为 $X(\mathrm{j}\omega)$，信号 $h(t)$ 的频谱为 $H(\mathrm{j}\omega)$，则

$$y(t)=x(t)*h(t)\Leftrightarrow Y(\mathrm{j}\omega)=X(\mathrm{j}\omega)H(\mathrm{j}\omega)$$

$$y(t)=x(t)h(t)\Leftrightarrow Y(\mathrm{j}\omega)=X(\mathrm{j}\omega)*H(\mathrm{j}\omega)$$

卷积定理揭示了时域与频域的对应关系，即一个域中的卷积（积分运算）对应于另一个域中的乘积（代数运算）。因此，利用卷积定理可以大大简化卷积的运算量。

任务三　信号的表和里之频域分析

学习目标

- 理解连续周期信号傅里叶级数的物理意义。
- 理解运用极限推导连续非周期信号傅里叶变换的思维方法。
- 理解周期序列离散傅里叶级数的物理意义。
- 理解运用极限推导非周期序列离散时间傅里叶变换的思维方法。
- 理解有限长序列离散傅里叶变换与 DFS 的区别。
- 掌握运用快速傅里叶变换计算信号频谱的方法。
- 理解各种傅里叶变换中时域与频域的映射关系。

学习内容

从时域分析中可以看到信号幅度随时间变化的关系，但是信号包含的频率成分、各频率成分的幅度大小等信息却不能从时域表达式中直观地反映出来，因此，在信号分析中，常常需要将信号表示成频率的函数，即频域分析。

如何由信号的时间表示（时域分析）变换到它的频率表示（频域分析）呢？最经典的数学方法是傅里叶分析，它是由法国数学家和物理学家傅里叶（Fourier）发明的，200 年来经久不衰，一直是众多学科有力的分析工具。

根据所分析信号的周期性，傅里叶分析可分为傅里叶级数和傅里叶变换两大类。

一、连续周期信号——FS（Fourier Series，傅里叶级数）

设 $\tilde{f}(t)$ 是一连续周期信号，周期为 T，$\omega_0 = 2\pi/T$，则 $\tilde{f}(t)$ 可展开成以下两种形式的傅里叶级数。

（一）三角形式的傅里叶级数

$$\begin{aligned}\tilde{f}(t) &= a_0 + a_1\cos(\omega_0 t) + b_1\sin(\omega_0 t) + a_2\cos(2\omega_0 t) + b_2\sin(2\omega_0 t) + \cdots \\ &= a_0 + \sum_{n=1}^{\infty}[a_n\cos(n\omega_0 t) + b_n\sin(n\omega_0 t)] \\ &= c_0 + \sum_{n=1}^{\infty} c_n\cos(n\omega_0 t + \varphi_n)\end{aligned} \tag{2-6}$$

式（2-6）表明，连续周期信号可分解为直流分量和一系列正弦信号的线性组合。每个正弦波的频率都是以 ω_0 的整数倍离散分布且幅度 A_n 和相位 φ_n 都是关于 $n\omega_0$ 的函数。其中，ω_0 对应的波形称为基波，$n\omega_0$ 对应的波形称为 n 次谐波。

三角形式的傅里叶级数可用图 2-18 所示的立体图形来形象描述，图中的连续周期信号被分解成一系列的频率为 ω_0 整数倍的正弦信号，将这些正弦信号往侧面投射即可得到幅度随频率变化的线图，这种图称为幅度谱，通过幅度谱可以很直观地看出各频率分量的相对大小；将这些信号往下投射即可得到相位随频率变化的线图，这种图称为相位谱。

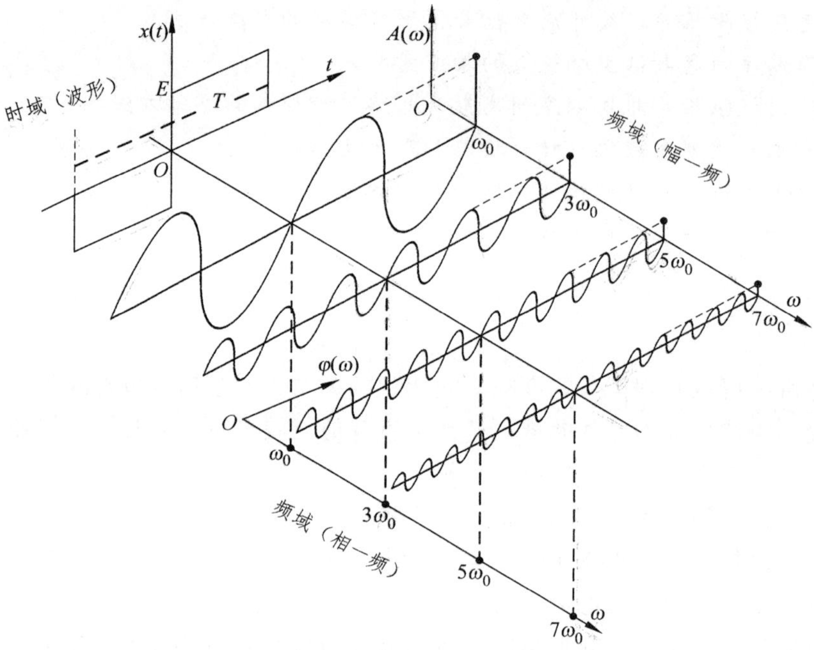

图 2-18　连续周期信号的时域与频域的映射关系

将幅度谱和相位谱画在平面直角坐标系中就是大家平时看到的如图 2-19 所示的效果。

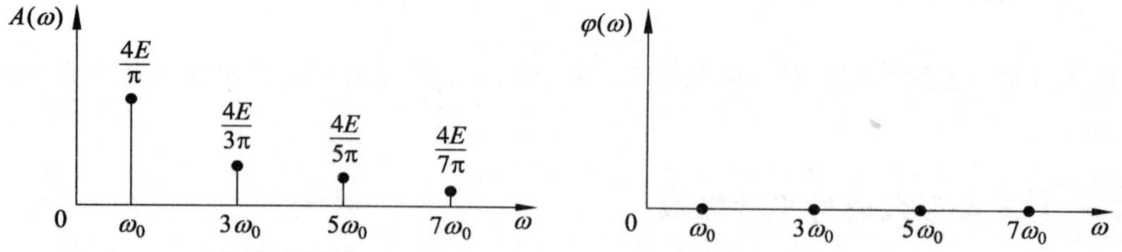

（a）幅度谱　　（b）相位谱

图 2-19　连续周期信号的幅度谱和相位谱

【例 2-2】 已知周期信号 $\tilde{f}(t)=1+\sqrt{2}\cos\omega_0 t-\cos\left(2\omega_0 t+\dfrac{5\pi}{4}\right)+\sqrt{2}\sin\omega_0 t+\dfrac{1}{2}\sin 3\omega_0 t$，试画出其幅度谱和相位谱。

【解】将 $\tilde{f}(t)$ 整理为标准形式，即

$$\tilde{f}(t)=1+2\cos\left(\omega_0 t-\frac{\pi}{4}\right)+\cos\left(2\omega_0 t+\frac{5\pi}{4}-\pi\right)+\frac{1}{2}\cos\left(3\omega_0 t-\frac{\pi}{2}\right)$$
$$=1+2\cos\left(\omega_0 t-\frac{\pi}{4}\right)+\cos\left(2\omega_0 t+\frac{5\pi}{4}\right)+\frac{1}{2}\cos\left(3\omega_0 t-\frac{\pi}{2}\right)$$

由三角形式的傅里叶级数可以画出其频谱，如图 2-20 所示。

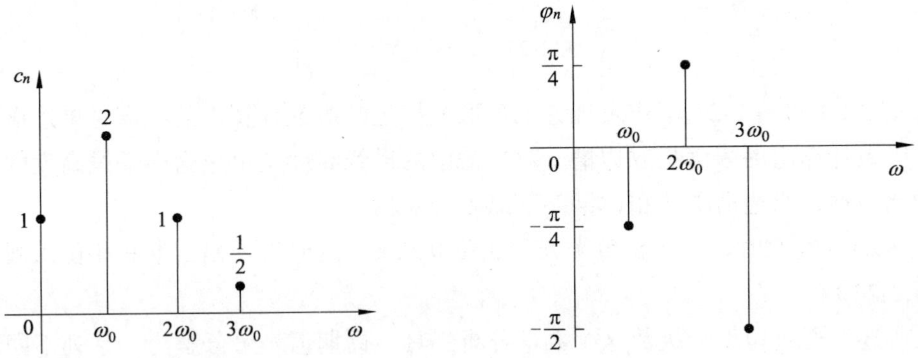

（a）幅度谱　　　　（b）相位谱

图 2-20　周期信号的频谱图

（二）指数形式的傅里叶级数

虽然三角形式的傅里叶级数物理含义明确，但数学运算常感不便，由于指数形式的傅里叶级数便于计算且很容易与后面介绍的傅里叶变换统一起来，因而实际应用中常采用指数形式的傅里叶级数。

利用欧拉公式，式（2-22）可整理为

$$\tilde{f}(t)=\sum_{n=-\infty}^{\infty}F(n\omega_0)\mathrm{e}^{\mathrm{j}n\omega_0 t},\quad n=0,\pm 1,\pm 2,\cdots,\pm\infty \tag{2-7}$$

系数 $F(n\omega_0)$ 可由信号 $\tilde{f}(t)$ 得到，即

$$F(n\omega_0)=\frac{1}{T}\int_t^{t+T}\tilde{f}(t)\mathrm{e}^{-\mathrm{j}n\omega_0 t}\mathrm{d}t \tag{2-8}$$

式（2-7）表明，任意连续周期信号可分解为许多不同频率的复指数信号 $\mathrm{e}^{-\mathrm{j}n\omega_0 t}$ 之和，各分量的系数为 $F(n\omega_0)$。

需要说明的是，$F(n\omega_0)$ 通常为复数形式，且与三角形式中的系数 A_n 具有严格的对应关系，即

$$F(n\omega_0)=|F(n\omega_0)|\mathrm{e}^{\mathrm{j}\varphi_n}=\frac{1}{2}A_n\mathrm{e}^{\mathrm{j}\varphi_n}$$

针对【例 2-2】中的 $\tilde{f}(t)$ 信号，也可以按照式（2-8）计算，得到其幅度谱和相位谱，如图 2-21 所示。

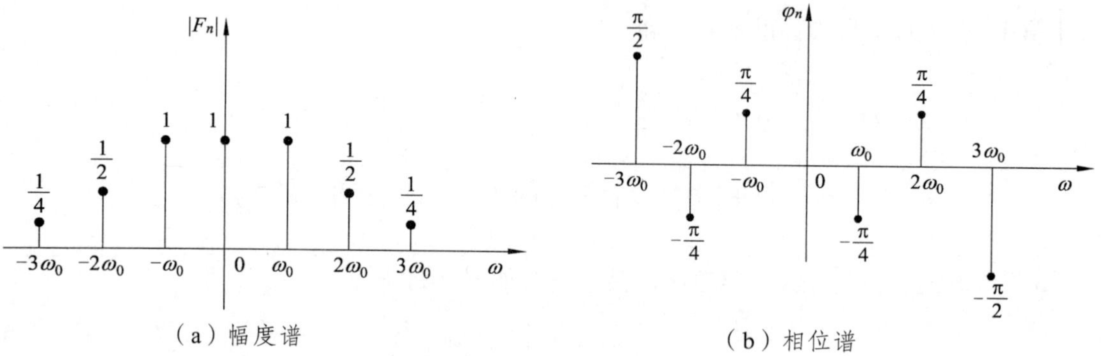

图 2-21　信号的频谱图

比较图 2-20 和图 2-21 不难发现，三角形式傅里叶级数计算出的频谱是单边谱，指数形式傅里叶级数计算出的频谱是双边谱。双边谱中的谱线高度是单边谱中谱线高度的一半，且关于纵轴偶对称，双边谱中的相位谱关于纵轴奇对称。

当 $F(n\omega_0)$ 为实数时，可用正负来表示相位 0 或 π，这时常把幅度谱和相位谱画在一张图上（如图 2-23）。

综上所述，通过傅里叶级数这个数学分析工具，周期信号可分解为一系列不同频率的正弦信号或复指数信号之和，各信号仅在 ω_0 的整数倍上取值，即它在频率轴上的取值是离散的，其频谱为离散谱，因此有结论：若信号在时域是周期的，则频域的频谱是离散的（离散间隔为 $\omega_0 = 2\pi/T$ ）。

【例 2-3】 图 2-22 中，矩形脉冲信号的周期为 T，脉宽为 τ，幅度为 A，试计算其频谱图。

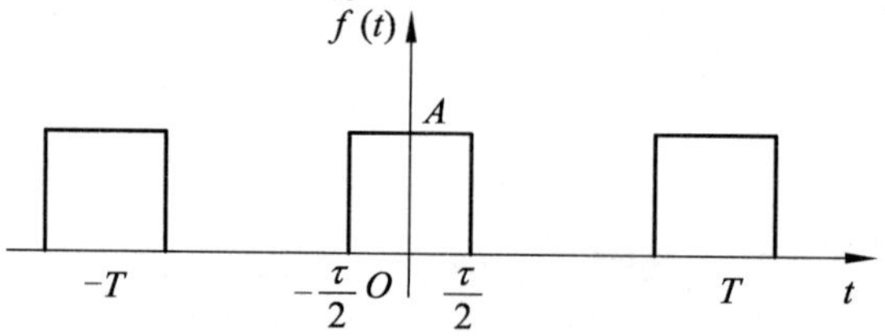

图 2-22　周期性矩形脉冲信号

【解】 由图可知，此周期性矩形脉冲信号在一个周期内的解析式为

$$\tilde{f}(t) = \begin{cases} A, & -\dfrac{\tau}{2} \leqslant t \leqslant \dfrac{\tau}{2} \\ 0, & 其他 \end{cases}$$

代入式（2-21）中，得

$$F(n\omega_0) = \frac{1}{T}\int_{-\frac{T}{2}}^{\frac{T}{2}} A\mathrm{e}^{-\mathrm{j}n\omega_0 t}\mathrm{d}t = \frac{A\tau}{T} Sa\left(\frac{1}{2}n\omega_0\tau\right)$$

因此，周期性矩形脉冲信号的频谱如图 2-23 所示。

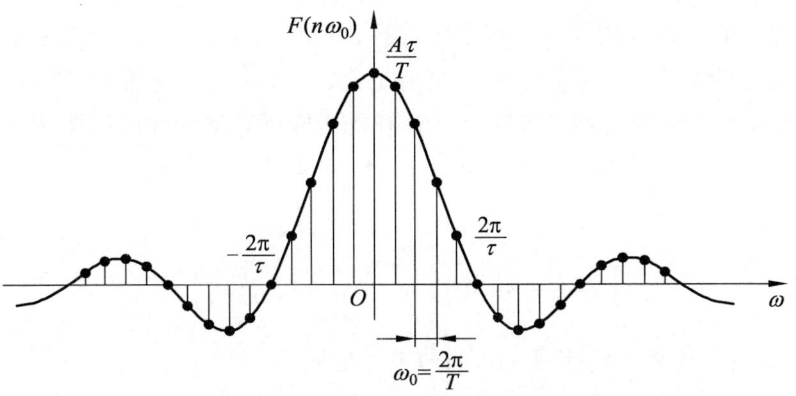

图 2-23　周期性矩形脉冲信号的频谱

不难看出，周期性矩形脉冲信号的谱线是离散的（间隔为 $2\pi/T$ ），且谱线的包络为 $Sa(t)$ 信号。进一步研究证明，连续周期信号的频谱具有离散性、谐波性和收敛性三大特点。

【例 2-4】 试求如图 2-24（a）所示的梳状函数的频谱图。

【解】 由于梳状函数 $\delta_T(t)=\sum\limits_{n=-\infty}^{\infty}\delta(t-nT)$ 为连续周期信号，按照傅里叶级数求其频谱，代入式（2-8）得到傅里叶级数的系数为

$$F(n\omega)=\frac{1}{T}\int_t^{t+T}\delta_T(t)\mathrm{e}^{-\mathrm{j}n\omega t}\mathrm{d}t-\frac{1}{T}$$

代入式（2-7）得到其傅里叶级数，展开为

$$\delta_T(t)=\frac{1}{T}\sum_{n=-\infty}^{\infty}\mathrm{e}^{\mathrm{j}n\omega t},\quad n=0,\pm1,\pm2,\cdots,\pm\infty$$

上式表明，梳状函数的傅里叶变换仍为冲激串，间隔都为 $\omega=2\pi/T$ ，强度均为 $1/T$ ，如图 2-24（b）所示。

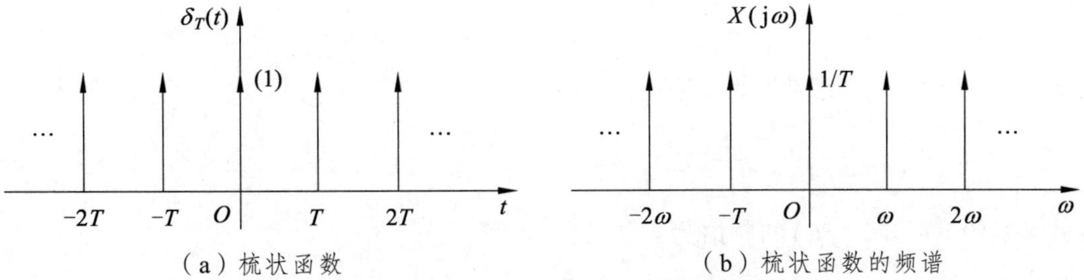

（a）梳状函数　　（b）梳状函数的频谱

图 2-24　梳状函数的波形和频谱图

二、连续非周期信号——FT（Fourier Transform，傅里叶变换）

现实物理世界中的信号通常为连续非周期信号，如何对连续非周期信号进行傅里叶分析

呢？很明显，它不能直接利用傅里叶级数来运算，但是前面讲过一个结论：非周期信号可以看作是一个周期趋于无穷大的周期信号。也就是说，可以把非周期信号看作一种特殊的周期信号，这时就可以利用傅里叶级数来运算了。在此极限下，谱线间的间距 ω_0 趋于无穷小（用无穷小量 $\mathrm{d}\omega$ 表示），离散频率变量 $k\omega_0$ 变为连续频率变量 ω，求和算子“Σ”变为“∫”，于是式（2-7）变为

$$f(t)=\frac{1}{2\pi}\int_{-\infty}^{\infty}F(\mathrm{j}\omega)\mathrm{e}^{\mathrm{j}\omega t}\mathrm{d}\omega \tag{2-9}$$

式（2-9）就是连续非周期信号 $f(t)$ 的傅里叶变换。

式（2-9）表明：非周期信号 $f(t)$ 可以分解成无穷多个复指数信号 $\mathrm{e}^{\mathrm{j}\omega t}$ 之和，它占据从 $-\infty$ 到 $+\infty$ 的全部频率域，每个复指数信号 $\mathrm{e}^{\mathrm{j}\omega t}$ 的系数为 $\frac{F(\mathrm{j}\omega)}{2\pi}\mathrm{d}\omega$。

$F(\mathrm{j}\omega)$ 可由信号 $f(t)$ 得到，即

$$F(\mathrm{j}\omega)=\int_{-\infty}^{\infty}f(t)\mathrm{e}^{-\mathrm{j}\omega t}\mathrm{d}t \tag{2-10}$$

通常，由时域 $f(t)$ 求频域 $F(\mathrm{j}\omega)$ 称为傅里叶正变换，并记为 $\mathscr{F}[f(t)]$；由频域 $F(\mathrm{j}\omega)$ 求时域 $f(t)$ 称为傅里叶反变换，记为 $\mathscr{F}^{-1}[F(\mathrm{j}\omega)]$。式（2-9）和式（2-10）合称傅里叶变换对。

需要说明的是，由于复指数信号 $\mathrm{e}^{\mathrm{j}\omega t}$ 的系数 $\frac{F(\mathrm{j}\omega)}{2\pi}\mathrm{d}\omega$ 是一个无穷小量，此时再用幅度表示大小就不合适了（这是因为，虽然各频率分量的幅度无穷小，但相对大小仍有区别），因此引入频谱密度的概念来表示其大小。

顺便指出，本书后面针对非周期信号讨论时，也常把频谱密度简称为频谱，这时在概念上不要把它和周期信号的频谱相混淆。

通过上述分析，不难得到另一个结论：若信号在时域非周期，则频域的谱线连续。

【例 2-5】 试求如图 2-25（a）所示的单个矩形脉冲的频谱（密度）。

【解】 由图可知单个矩形脉冲的表达式为

$$f(t)=\begin{cases}A, & |t|\leqslant\frac{\tau}{2}\\0, & |t|>\frac{\tau}{2}\end{cases}$$

代入式（2-10）可知，$f(t)$ 的频谱为

$$F(\mathrm{j}\omega)=\int_{-\infty}^{\infty}f(t)\mathrm{e}^{-\mathrm{j}\omega t}\mathrm{d}t=\int_{-\frac{\tau}{2}}^{\frac{\tau}{2}}A\mathrm{e}^{-\mathrm{j}\omega t}\mathrm{d}t=A\tau\mathrm{Sa}\left(\frac{\tau\omega}{2}\right)$$

式中，$\mathrm{Sa}\left(\frac{\tau\omega}{2}\right)=\frac{\sin\frac{\tau\omega}{2}}{\frac{\tau\omega}{2}}$ 为抽样函数，其频谱如图 2-25（b）所示。

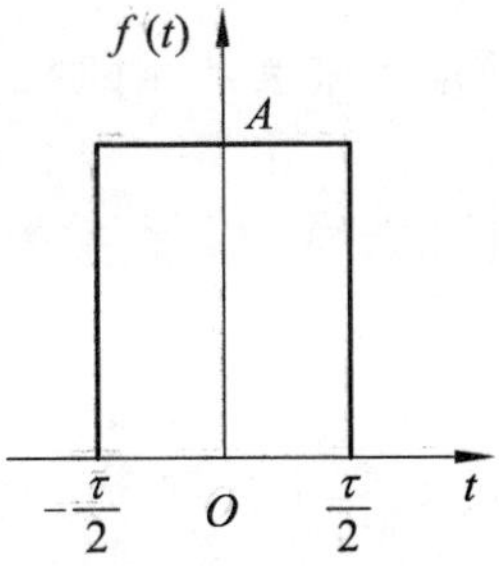

（a）矩形脉冲的波形

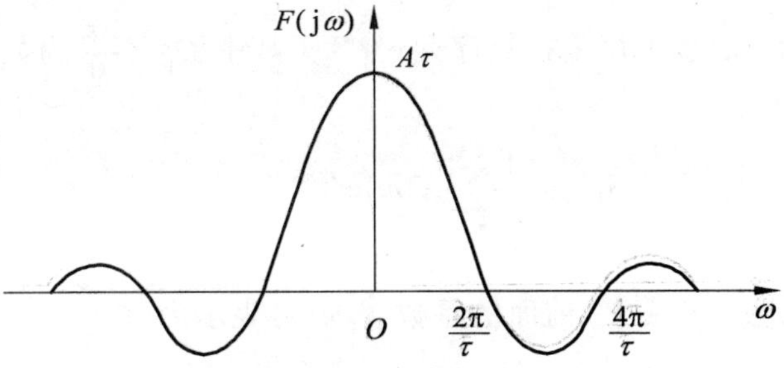

（b）矩形脉冲的频谱

图 2-25　矩形脉冲的波形和频谱

图 2-25（b）所示的频谱能量主要集中在 $\omega = 0 \sim \frac{2\pi}{\tau}$ （即 $f = 0 \sim \frac{1}{\tau}$）范围内，为了传输这样的矩形脉冲，在实际应用中，把第一个过零点的位置作为带宽就够了，即认为：矩形脉冲的带宽等于其脉冲持续时间 τ 的倒数（即 $B = \frac{1}{\tau}$ Hz），此带宽称为第一过零点带宽。

【例 2-6】 试求图 2-26（a）所示的单位冲激信号的频谱。

【解】 由于单位冲激信号 $\delta(t)$ 为连续非周期信号，代入式（2-10）可得 $\delta(t)$ 的傅里叶变换为

$$F(\mathrm{j}\omega) = \int_{-\infty}^{\infty} \delta(t)\mathrm{e}^{-\mathrm{j}\omega t}\mathrm{d}t = \mathrm{e}^{-\mathrm{j}\omega 0} = 1$$

频谱如图 2-26（b）所示。

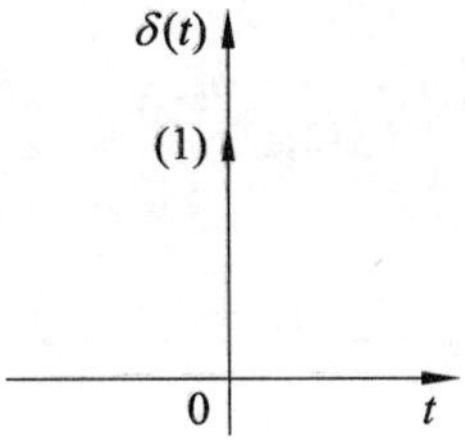

（a）单位冲激信号

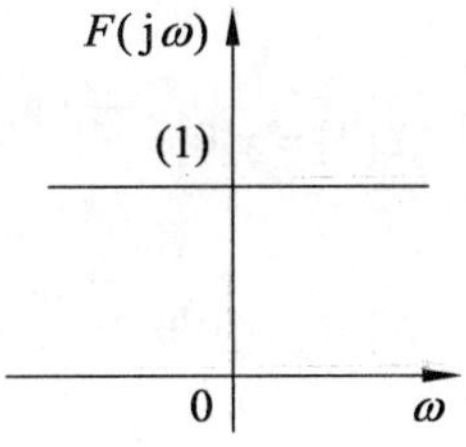

（b）单位冲激信号的频谱

图 2-26　单位冲激信号及其频谱

从图 2-26（b）中可以看出，单位冲激信号的带宽为无穷大（$-\infty, +\infty$），包含所有可能频率的正弦波，且每个正弦信号的幅度相同，因此，用冲激信号来激励系统的输入端等价于同时用所有可能频率的相同幅度的正弦波来测试系统，所以输入一个冲激信号就能够确定系统在所有频率的频率响应。

思考：系统冲激响应的定义是什么？

三、周期序列——DFS（Discrete Fourier Series，离散傅里叶级数）

前面已经讲到，连续周期信号 $\tilde{f}(t)$ 可分解为复指数信号 $\mathrm{e}^{\mathrm{j}n\omega_0 t}$ 之和。类似的，周期为 N 的

任意序列 $\tilde{x}[k]$ 也可用复指数序列 $e^{j\Omega_0 mk}$（其中 $\Omega_0=\dfrac{2\pi}{N}$ 为数字角速度）来表示，即

$$\tilde{x}[k]=\frac{1}{N}\sum_{m=0}^{N-1}\tilde{X}[m]e^{j\Omega_0 mk} \tag{2-11}$$

复指数序列 $e^{j\Omega_0 mk}$ 前面的系数 $\tilde{X}[m]$ 可表示为

$$\tilde{X}[m]=\sum_{k=0}^{N-1}x[k]e^{j\Omega_0 mk} \tag{2-12}$$

式（2-11）和式（2-12）称为离散傅里叶级数变换对。

$\tilde{X}[m]$ 称为周期序列 $\tilde{x}[k]$ 的频谱，$\tilde{X}[m]$ 有两个特点：一是关于 m 的离散谱，二是周期序列，且周期也为 N。也就是说，周期为 N 的任意序列 $\tilde{x}[k]$ 的频谱也是一个周期为 N 的序列。

【例 2-7】 求周期 $N=4$ 的序列 $\tilde{x}[k]=\left\{\cdots,\overset{\downarrow}{1},2,3,4,\cdots\right\}$ 的频谱 $\tilde{X}[m]$。

【解】 代入式（2-12），一个周期 $m=0,1,2,3$ 时的频谱为

$$X[0]=x[0]e^{-j\frac{2\pi}{4}0\times0}+x[1]e^{-j\frac{2\pi}{4}0\times1}+x[2]e^{-j\frac{2\pi}{4}0\times2}+x[3]e^{-j\frac{2\pi}{4}0\times3}=10$$

$$X[1]=x[0]e^{-j\frac{2\pi}{4}1\times0}+x[1]e^{-j\frac{2\pi}{4}1\times1}+x[2]e^{-j\frac{2\pi}{4}1\times2}+x[3]e^{-j\frac{2\pi}{4}1\times3}=-2+2j$$

$$X[2]=x[0]e^{-j\frac{2\pi}{4}2\times0}+x[1]e^{-j\frac{2\pi}{4}2\times1}+x[2]e^{-j\frac{2\pi}{4}2\times2}+x[3]e^{-j\frac{2\pi}{4}2\times3}=-2$$

$$X[3]=x[0]e^{-j\frac{2\pi}{4}3\times0}+x[1]e^{-j\frac{2\pi}{4}3\times1}+x[2]e^{-j\frac{2\pi}{4}3\times2}+x[3]e^{-j\frac{2\pi}{4}3\times3}=-2-2j$$

【例 2-8】 求图 2-27 所示的周期为 N 的矩形序列的频谱 $\tilde{X}[m]$，其中 $N\geqslant 2M+1$。

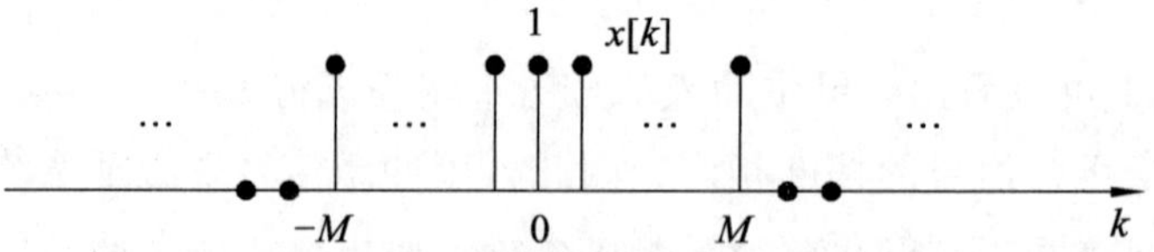

图 2-27　周期为 N 的矩形序列

【解】 代入式（2-12）得

$$\tilde{X}[m]=\frac{\sin(\pi m(2M+1)/N}{\sin(\pi m/N)}$$

当 N 不变，M 不同时，矩形序列所对应的频谱图如图 2-28 所示。

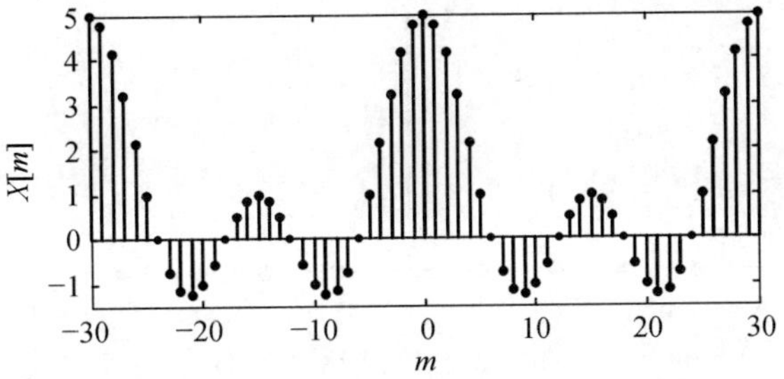

（a）$N=30$，$M=2$ 时

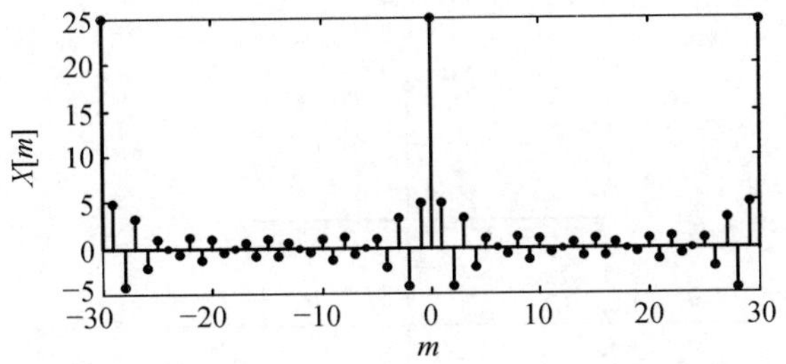

（b）$N=30$，$M=12$ 时

图 2-28　N 不变，M 不同时所对应的频谱图

四、非周期序列——DTFT（Discrete Time Fourier Transform，离散时间傅里叶变换）

与连续非周期信号类似，非周期序列也可看成是周期无穷大的周期序列。当 $N\to\infty$ 时，$\Omega_0=\dfrac{2\pi}{N}$ 趋于无穷小，取为 $\mathrm{d}\Omega$，离散变量 $k\Omega_0$ 变为连续变量 Ω，离散谱变为连续谱。

结合式（2-11），可得

$$x[k]=\frac{1}{2\pi}\int_{-\pi}^{\pi}X(\mathrm{e}^{\mathrm{j}\Omega})\mathrm{e}^{\mathrm{j}\Omega k}\mathrm{d}\Omega \tag{2-13}$$

系数 $X(\mathrm{e}^{\mathrm{j}\Omega})$ 可表示为

$$X(\mathrm{e}^{\mathrm{j}\Omega})=\sum_{k=-\infty}^{\infty}x[k]\mathrm{e}^{-\mathrm{j}\Omega k} \tag{2-14}$$

式（2-13）和式（2-14）称为离散时间傅里叶变换对。

$X(\mathrm{e}^{\mathrm{j}\Omega})$ 称为非周期序列 $x[k]$ 的频谱。

$X(\mathrm{e}^{\mathrm{j}\Omega})$ 有两个特点：一是关于 Ω 的连续谱，二是周期函数，且周期为 2π。

【例 2-9】 试求图 2-29 所示的单位脉冲序列 $\delta[k]$ 的频谱。

【解】 代入式（2-14）得

$$X(\mathrm{e}^{\mathrm{j}\Omega})=\sum_{k=-\infty}^{\infty}\delta[k]\mathrm{e}^{-\mathrm{j}\Omega k}=1$$

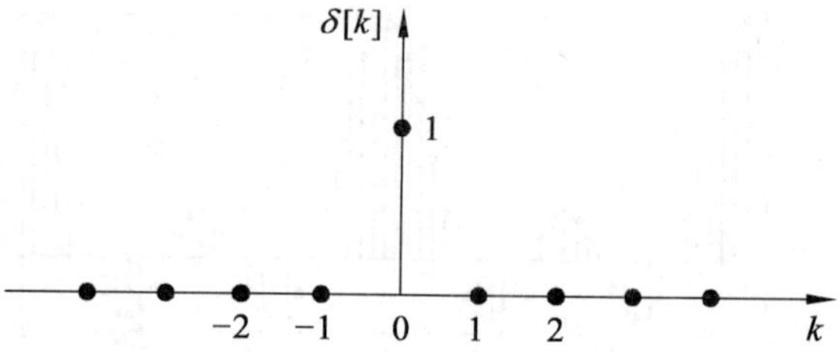

图 2-29　单位脉冲序列

当取一个周期（ $-\pi<\Omega<\pi$ ）时，其频谱如图 2-30 所示。

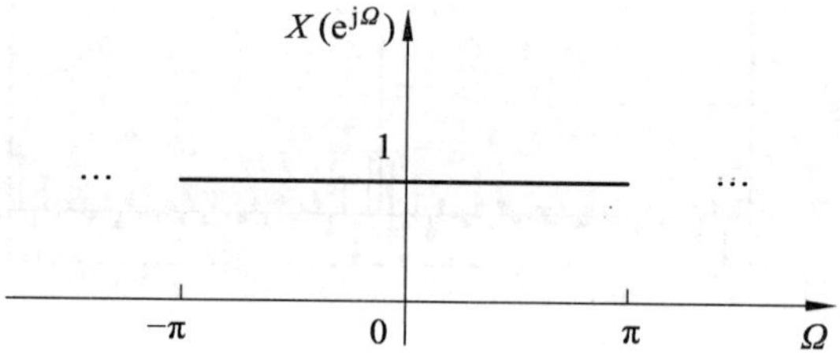

图 2-30　单位脉冲序列的频谱图

【例 2-10】 求宽度为 $2M+1$ 的矩形序列（如图 2-31 所示）的频谱。

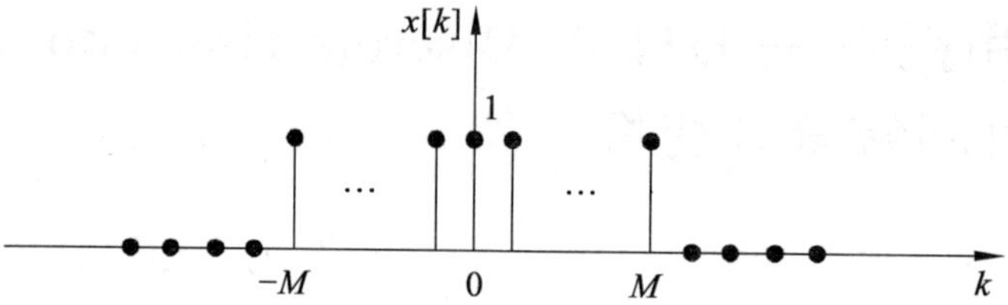

图 2-31　宽度为 $2M+1$ 的矩形序列

【解】 代入式（2-14）得

$$X(\mathrm{e}^{\mathrm{j}\Omega})=\sum_{k=-\infty}^{\infty}x[k]\mathrm{e}^{-\mathrm{j}\Omega k}=\frac{\sin[(M+1/2)\Omega]}{\sin(\Omega/2)}$$

当 $M=4$ 时，其频谱如图 2-32 所示。

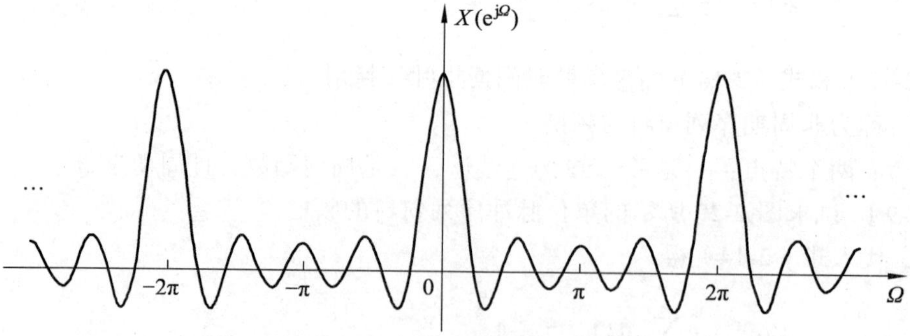

图 2-32　$M=4$ 时矩形序列的频谱图

前面介绍了四种形式的傅里叶变换，可用图 2-33 来揭示它们之间的对应关系（注意各坐标系中自变量和因变量的不同）。

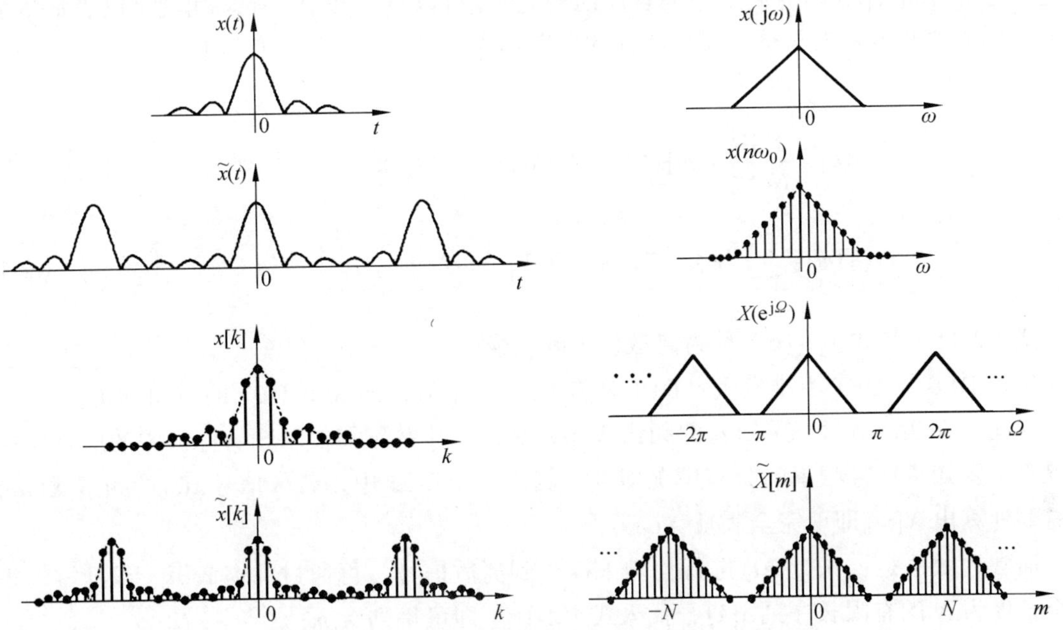

图 2-33　FT、FS、DTFT 和 DFS 之间的对应关系

由图 2-33 可以看出，若对连续非周期信号 $x(t)$ 进行抽样，其频谱将周期延拓；若对连续非周期信号 $x(t)$ 进行周期延拓，其频谱变为离散谱；若对连续非周期信号 $x(t)$ 进行抽样后再周期延拓，其频谱变为离散谱且周期延拓。

知识卡片

周期延拓在数学上可以看成是一个有限长的信号（长度即为周期）和一个同样周期的无限长采样脉冲的卷积。

五、有限长序列——DFT（Discrete Fourier Transform，离散傅里叶变换）

在实际的信号分析中，能否利用上述四种形式的傅里叶变换来计算信号的频谱呢？首先明确以下两点：

（1）实际中的信号通常是一个连续、非周期的随机信号，其表达式很难获取。

（2）若用计算机处理信号，要求信号的时域和频域必须均离散且数据的点数为有限长。

显然，四种形式的傅里叶变换中，只有 DFS 这种形式能被计算机处理，但 DFS 中 $\tilde{x}[k]$ 和 $\tilde{X}[m]$ 的数据点是无限长，能否用有限长序列来表征原来的 $x(t)$ 和 $X(\mathrm{j}\omega)$ 呢？答案是肯定的，这是因为 $\tilde{x}[k]$ 和 $\tilde{X}[m]$ 均为周期序列且周期均为 N，可以只取其中一个周期就足以表示整个序列了，这个被抽出来表示整个序列特性的周期称为主值周期，这个序列称为主值序列。此时式（2-13）和式（2-14）改写为

$$x[k]=\frac{1}{N}\sum_{m=0}^{N-1}X[m]\mathrm{e}^{\mathrm{j}\Omega_0 mk},\quad k=0,1,\cdots,N-1 \tag{2-15}$$

$$X[m]=\sum_{k=0}^{N-1}x[k]\mathrm{e}^{\mathrm{j}\Omega_0 mk},\quad m=0,1,\cdots,N-1 \tag{2-16}$$

式（2-15）和式（2-16）称为离散傅里叶变换对。

比较 DFS 与 DFT 不难发现：DFT 是将 DFS 取主值，DFS 是 DFT 的周期延拓。

因此，在实际计算信号 $x(t)$ 的频谱 $X(\mathrm{j}\omega)$ 时，往往并不需要求出 $X(\mathrm{j}\omega)$ 中的所有频率，仅仅只需要知道信号频率的分布情况即可。例如，图 2-33 中，若求信号 $x(t)$ 的频谱 $X(\mathrm{j}\omega)$，只需要计算出 $X[m]$ 即可完全表征 $X(\mathrm{j}\omega)$。

通常的做法是：先对 $x(t)$ 进行均匀采样得到离散信号，再通过加窗截短（或补零）得到一个长度为 N 的有限长序列 $x[k]$，代入式（2-16）即可得到 $X[m]$。

【**例** 2-11】 求 4 点序列 $x[k]=\{1,1,1,1;\ k=0,1,2,3\}$ 的 DFT。

【**解**】 代入式（2-16）得

$$X[m]=\sum_{k=0}^{N-1}x[k]\mathrm{e}^{\mathrm{j}\frac{2\pi}{4}mk}$$

$$X[0]=x[0]\mathrm{e}^{\mathrm{j}\frac{2\pi}{4}0\times0}+x[1]\mathrm{e}^{\mathrm{j}\frac{2\pi}{4}0\times1}+x[2]\mathrm{e}^{\mathrm{j}\frac{2\pi}{4}0\times2}+x[3]\mathrm{e}^{\mathrm{j}\frac{2\pi}{4}0\times3}=4$$

$$X[1]=x[0]\mathrm{e}^{\mathrm{j}\frac{2\pi}{4}1\times0}+x[1]\mathrm{e}^{\mathrm{j}\frac{2\pi}{4}1\times1}+x[2]\mathrm{e}^{\mathrm{j}\frac{2\pi}{4}1\times2}+x[3]\mathrm{e}^{\mathrm{j}\frac{2\pi}{4}1\times3}=0$$

$$X[2]=x[0]\mathrm{e}^{\mathrm{j}\frac{2\pi}{4}2\times0}+x[1]\mathrm{e}^{\mathrm{j}\frac{2\pi}{4}2\times1}+x[2]\mathrm{e}^{\mathrm{j}\frac{2\pi}{4}2\times2}+x[3]\mathrm{e}^{\mathrm{j}\frac{2\pi}{4}2\times3}=0$$

$$X[3]=x[0]\mathrm{e}^{\mathrm{j}\frac{2\pi}{4}3\times0}+x[1]\mathrm{e}^{\mathrm{j}\frac{2\pi}{4}3\times1}+x[2]\mathrm{e}^{\mathrm{j}\frac{2\pi}{4}3\times2}+x[3]\mathrm{e}^{\mathrm{j}\frac{2\pi}{4}3\times3}=0$$

即

$$X[m]=\{4,0,0,0;\ m=0,1,2,3\}$$

可以证明，若在序列 $x[k]$ 后面补零，所求得的频谱中不仅包含原频率的信息，还会增加一些频率信息，可以看到更多的细节，在此不再赘述。

六、快速傅里叶变换——FFT（Fast Fourier Transform）

DFT 算法的出现，使得利用计算机来计算信号的频谱成为可能，但由于 DFT 运算量大，

造成极大的硬件开销，因此实际应用价值不大。为此，无数科学家一直在研究 DFT 的快速算法，尤其是 1965 年由 J. W. 库利和 T. W. 图基提出的快速算法，使计算机计算离散傅里叶变换所需要的乘法次数大为减少，特别是当抽样点数 N 增大时，FFT 算法计算量的节省更显著，如图 2-34 所示。

FFT 的出现解决了 DFT 运算量大、不实用的问题，从而得到广泛应用。平时常用的信号处理软件 MATLAB 或者 DSP 软件包中，包含的算法都是 FFT 而非 DFT。

需要说明的是，FFT 并不是一种新的算法，仅仅是 DFT 的快速算法，本质仍是 DFT。

在运用计算机对连续信号进行傅里叶变换时，经常要关注频谱分布范围和频谱分辨率这两个指标。

频谱分布范围指的是能够观察到的频率范围，若信号的最高频率为 f_H，抽样频率为 f_s（应保证 $f_s \geqslant 2f_H$），则频谱分布范围为 $0 \sim \frac{f_s}{2}$。

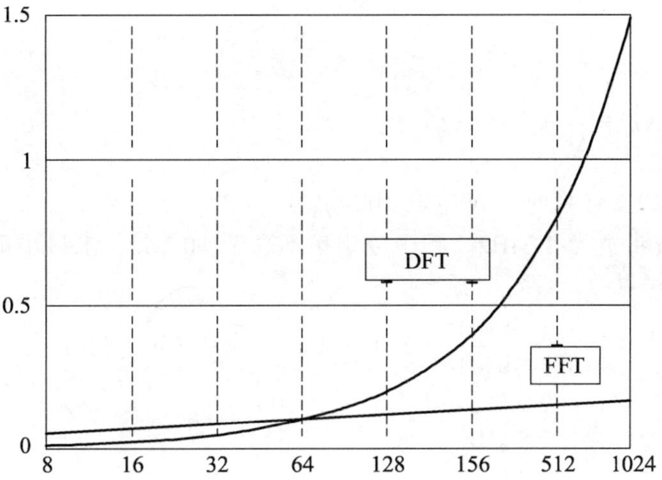

图 2-34　DFT 与 FFT 执行时间比较示意图

频谱分辨率 Δf 表示能够分辨的两个频率分量的最小间隔，其值为 $\Delta f = \frac{f_s}{N} = \frac{1}{NT_s}$（$NT_s$ 称为记录时间）。

可见，更宽的频谱范围取决于对原始信号的抽样频率 f_s，若想提高频谱分辨率，当采样点数 N 不变时，就必须降低抽样频率，但降低抽样频率会引起频谱范围变窄和频谱混叠；当抽样频率不变时，就必须增加采样点数 N，即增加对信号的记录（采样）时间，这就对设备的长存储能力提出更高要求。下面结合实例谈一下相关参数的取值。

【例 2-12】 假设模拟信号的最高频率 f_H 为 2.5 kHz，要求频谱分辨率 $\Delta f \leqslant 10$ Hz。试求：

（1）最小记录时间、最大的采样间隔、最少的采样点数。

（2）若保持最高频率 f_H 不变，要求频谱分辨率提高 1 倍，最少的采样点数和最小记录时间。

【解】 根据公式 $\Delta f = \frac{f_s}{N} = \frac{1}{NT_s}$ 可知，最小记录时间为

$$NT_s = \frac{1}{\Delta f} = \frac{1}{10}\text{s} = 0.1\ \text{s}$$

按照抽样定理，要求 $f_s \geqslant 2f_H$，则最大的抽样间隔为

$$T_{\max} = \frac{1}{2f_H} = \frac{1}{2\times 2\ 500}\text{s} = 0.2\times 10^{-3}\ \text{s}$$

最少的抽样点数为

$$N_{\min} = \frac{2f_H}{\Delta f} = \frac{2\times 2\ 500}{10} = 500$$

为了使用 DFT 的快速算法 FFT，希望 N 符合 2 的整数幂，因此选用 $N = 512$。

为了使频谱分辨率提高 1 倍，即 $\Delta f = 5$ Hz，则

$$\text{最少的抽样点数 } N_{\min} = \frac{2f_H}{\Delta f} = \frac{2\times 2\ 500}{5} = 1\ 000$$

最小记录时间为

$$NT_s = \frac{1}{\Delta f} = \frac{1}{5}\text{s} = 0.2\ \text{s}$$

采用快速算法 FFT 计算时，N 应取 1024 点。

【例 2-8】 系统带宽为 1 MHz，频率分辨率不高于 10 kHz，求最小记录时间、最大的采样间隔、最少的采样点数。

【解】 根据公式 $N = \frac{f_s}{\Delta f} = \frac{2\ \text{MHz}}{10\ \text{kHz}} = 200$ 可知，N 应选 256，此时

$$\Delta f = \frac{f_s}{N} = 7.8\ \text{kHz}$$

$$NT_s = \frac{1}{\Delta f} = 128\ \mu\text{s}$$

$$T_s = \frac{1}{N\Delta f} = 0.5\ \mu\text{s}$$

七、傅里叶变换的性质

傅里叶变换的性质很多，这里重点介绍时移特性和频移特性。

1. 时移特性

若信号 $f(t)$ 的频谱为 $F(\text{j}\omega)$，则信号 $f(t-t_0)$ 的频谱为 $F(\text{j}\omega)\text{e}^{-\text{j}\omega t_0}$。

时移特性表明：时域的时移对应频域的相移。相同的时移，对应不同频率的相移不同，频率越高，相移越大。

2. 频移特性

若信号 $f(t)$ 的频谱为 $F(\mathrm{j}\omega)$，则信号 $f(t)\mathrm{e}^{\mathrm{j}\omega_0 t}$ 的频谱为 $F\left[\mathrm{j}(\omega-\omega_0)\right]$。

频移特性表明：时域乘以 $\mathrm{e}^{\mathrm{j}\omega_0 t}$（或 $\mathrm{e}^{-\mathrm{j}\omega_0 t}$），相当于频谱右移（或左移）$\omega_0$ 个单位。

上述频谱沿频率轴右移或左移称为频谱搬移技术，它是实现调制、变频及同步解调的理论依据。比如，一个信号 $f(t)$ 与 $\cos\omega_0 t$ 相乘，它的频谱 $F(\mathrm{j}\omega)$ 将搬移到 $\omega=\omega_0$ 和 $\omega=-\omega_0$ 处，且幅度变为原来的一半。

通过对信号的时域和频域进行分析，可得到如下结论：

（1）信号分析的核心思想——信号分解。将任意信号分解成某种基本信号的线性组合。例如，在时域分析中，将信号分解成一系列不同强度和时移的冲激信号或脉冲序列的叠加；在频域分析中，将信号分解成一系列不同正弦信号或复指数信号 $\mathrm{e}^{\mathrm{j}\omega t}$（$\mathrm{e}^{\mathrm{j}n\omega_0 t}$ 或 $\mathrm{e}^{\mathrm{j}\Omega_0 mk}$ 或 $\mathrm{e}^{\mathrm{j}\Omega k}$）的叠加。

（2）信号分解的利器——傅里叶变换。傅里叶变换类似一个棱镜，大家知道，棱镜是一个可以将光分解成不同颜色的工具，傅里叶变换可以看作是一个数学上的棱镜，可以将任意信号分解成一系列基本信号。在这个分解过程中，傅里叶变换类似于把一副中药分解成“药方”的过程。一副混合好的中药（相当于一个复杂信号），很难看出它的组成成分及各成分的分量，要想知道它的组成成分和分量，若能拿到它的药方就可以了，药方上列出了这副中药的药名和各药名的质量。对应讨论的信号来说，药名相当于信号的“频率”，质量相当于信号的“幅度”，此时的药方相当于信号的“幅度谱”，也可以把各药名的产地标上（可理解为信号的初相位），标上产地后的药方就相当于信号的“频谱图”了。反过来，按着“药方”去抓药就能组成一副中药。

（3）关于信息量和能量。信号在不同域的描述使信号的特征更为突出，以便满足解决不同问题的需要。但是，无论采用哪种描述方法，同一信号含有的信息量和能量是相同的，即信号在不同域间转换时不增加新的信息量和能量。就像古诗《题西林壁》里面“横看成岭侧成峰，远近高低各不同”描述的那样，虽然横看和侧看所引起的视觉效果不一样，但山还是那座山。

（4）信号时域特性与频域特性具有严格的映射关系。一个域的“离散”对应另一个域的“周期”延拓，一个域的“连续”对应另一个域的“非周期”，信号在一个域越窄，在另一个域越宽，且易证明：

$$\text{一个域中的周期}=\frac{1\,(\text{或 }2\pi)}{\text{另一个域中的离散间隔}} \tag{2-17}$$

任务四　信号通过 LTI 系统

学习目标

- 了解系统的定义和分类。
- 理解系统函数的概念。
- 掌握无失真传输系统的特性。
- 掌握理想低通滤波器的特性。

学习内容

一、系统的定义

信号的产生、传输、处理、存储和恢复都需要物理装置或软件算法，这些物理装置或软件算法就是系统。系统可以是物理系统，也可以是非物理系统。比如，电路系统就是一个物理系统，而文化系统、教育系统、人体的神经系统等就是非物理系统。

在分析属性各异的系统时，常常剥除系统具体的物理含义或社会含义而把它抽象为一个数学模型，然后用数学方法求出它的解答，最后对所得结果赋予实际含义。

需要注意的是，不同系统经过抽象和近似，可能得到形式上完全相同的数学模型，也就是说，同一数学模型可以描述物理外貌截然不同的系统。

二、系统的分类

根据数学模型的不同，可对系统进行如下分类。

1. 即时系统和动态系统

如果系统在任意时刻的输出仅取决于该时刻的输入，而与它过去的状态无关，就称其为即时系统（也称无记忆系统）。例如，全部由无记忆元件（如电阻）组成的系统就是即时系统，即时系统可用代数方程描述。

如果系统在任意时刻的输出不仅与该时刻的输入有关，而且还与它过去的状态有关，就称之为动态系统（也称记忆系统）。含有记忆元件（如电感、电容、寄存器等）的系统就是动态系统，动态系统可用微分方程或差分方程描述，本书主要讨论动态系统。

2. 连续系统和离散系统

若系统的输入、输出均为连续信号，则该系统为连续系统。连续系统可用微分方程、单位冲击响应 $h(t)$ 或频率响应 $H(\mathrm{j}\omega)$ 描述。系统的输入、输出均为离散信号，则该系统为离散系统。离散系统可用差分方程、单位脉冲响应 $h[k]$ 或频率响应 $H(\mathrm{e}^{\mathrm{j}\Omega})$ 描述。

3. 线性系统与非线性系统

同时满足叠加性和齐次性的系统称为线性系统。所谓叠加性，是指当几个激励信号作用于系统时，总的输出响应等于每个激励信号单独作用所产生的响应之和。齐次性是指当输入信号乘以某常数时，输出响应也被乘相同的常数。

4. 时变系统与时不变系统

时不变系统是指系统的特性不随时间变化的系统。其输出仅取决于系统的输入，而与输入施加于系统的时刻无关。或者说，当输入延迟一段时间接入系统时，其响应也延迟相同的一段时间，且信号波形不变。反之为时变系统。

同时满足线性和时不变性的系统叫作线性时不变（Linear Time Invariant，LTI）系统，简称 LTI 系统。

LTI 系统是分析和研究信号与系统的基础，前面提到，信号分析的基本思想是将任意信号分解为某单一信号（冲激信号或虚指数信号）的组合，这种信号分解的思想对分析 LTI 系统特别有利，这是因为 LTI 系统具有线性和时不变性，我们只需研究单一信号通过系统后得到的响应，然后在系统的输出端将系统对各个单一信号的响应用同样的方式组合起来，就得到系统总的响应。本书仅讨论 LTI 系统。

三、系统函数

系统特性常用系统函数来描述。连续系统在时域中的特性常用单位冲激响应 $h(t)$ 来描述，在频域中的特性常用频率响应 $H(\mathrm{j}\omega)$ 来描述；离散系统在时域中的特性常用单位脉冲响应 $h[k]$ 来描述，在频域中的特性常用频率响应 $H(\mathrm{e}^{\mathrm{j}\Omega})$ 来描述。$h(t)$ 与 $H(\mathrm{j}\omega)$ 和 $h[k]$ 与 $H(\mathrm{e}^{\mathrm{j}\Omega})$ 之间均是傅里叶变换的关系。本书重点讨论连续系统。

若连续系统的单位冲激响应为 $h(t)$，输入为 $x(t)$，输出为 $y(t)$，则三者之间的关系为

$$y(t)=x(t)*h(t) \tag{2-18}$$

式（2-18）表明，从时域看，系统输出等于输入信号与系统函数的卷积。

根据卷积定理，则有

$$Y(\mathrm{j}\omega)=X(\mathrm{j}\omega)\times H(\mathrm{j}\omega) \tag{2-19}$$

式（2-19）表明，从频域看，输出信号的频谱等于输入信号的频谱与系统函数的乘积。

系统函数在系统分析中占有十分重要的地位，它不仅是连接输入和输出的纽带和桥梁，而且还可以用来研究系统的稳定性。

四、无失真传输系统

一般情况下，信号通过系统或多或少总存在失真。无失真传输系统是一种理想系统。如何描述无失真传输系统呢？从时域看，就是要求系统输出 $y(t)$ 的波形应当与输入 $x(t)$ 的波形完全相同，但幅度大小可以不同，时间可以有所延迟，即

$$y(t) = kx(t - t_{\mathrm{d}}) \tag{2-20}$$

其中，k 为常数；t_{d} 为延迟时间。式（2-20）称为无失真传输的时域条件。

式（2-20）表明，满足无失真传输的时域条件时，输出 $y(t)$ 与输入 $x(t)$ 相比，幅度变化了 k 倍，时间延迟了 t_{d} 秒，但波形的形状不变，如图 2-35 所示。

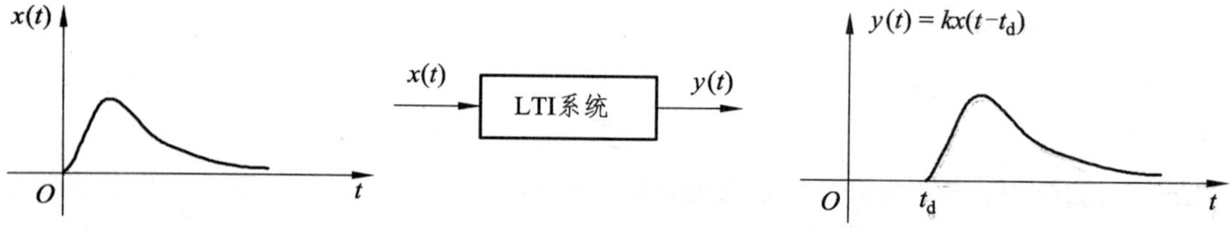

图 2-35 无失真传输系统的时域特性

利用傅里叶变换的性质可推导出无失真系统传输的幅度响应和相位响应：

$$\begin{cases} |H(\mathrm{j}\omega)| = k \\ \varphi(\omega) = -\omega t_{\mathrm{d}} \end{cases} \tag{2-21}$$

式（2-21）称为无失真系统传输的频域条件。其幅频特性和相频特性如图 2-36 所示。

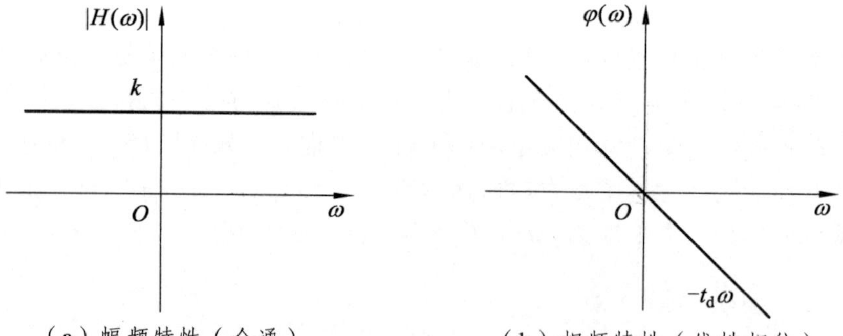

（a）幅频特性（全通） （b）相频特性（线性相位）

图 2-36 无失真传输系统的频率特性

从图 2-36 中可以看出，无失真传输系统的带宽为无穷大，在全部频带范围内，幅度特性为一常数，相位特性是一条过原点的直线。

幅频特性为直线易于理解，为何相频特性也是一条直线呢？这是因为，相位在时域中表

现为信号的延时，因此，为保持信号波形不变，必须要求系统对所有的频率分量赋予相同的相位附加值，也就是各频率分量的延时时间相同。

根据单位冲激响应的定义，当输入为 $\delta(t)$ 时，系统的输出就是单位冲激响应 $h(t)$，代入式（2-20）可得

$$h(t)=k\delta(t-t_{\mathrm{d}})$$

无失真传输系统的单位冲激响应 $h(t)$ 的波形如图 2-37 所示。

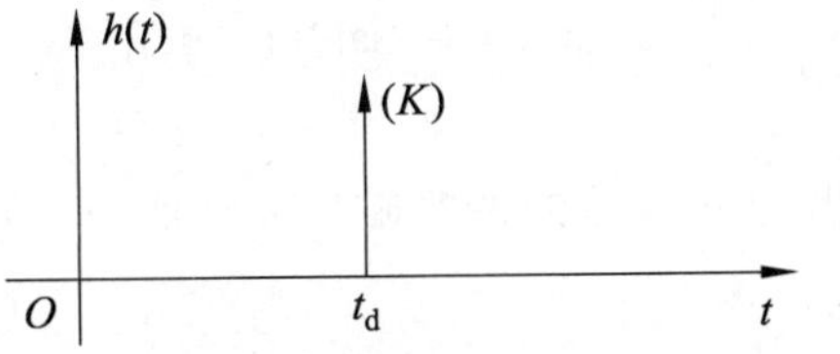

图 2-37　无失真传输系统的单位冲激响应

由图 2-37 可以看出，虽然冲激信号 $\delta(t)$ 的带宽为无穷大，但无失真传输系统的带宽也为无穷大，可以确保 $\delta(t)$ 中的所有频率成分通过系统，加之无失真系统传输幅频特性和相频特性的特点，因此，系统输出仍为 $\delta(t)$，只是发生了延时。

五、理想低通滤波器

在通信系统中，经常应用低通滤波器滤出话音信号，理想低通滤波器是实际低通滤波器的理想模型，这种滤波器的性能是：在某一频率范围内让信号完全通过；而在某一频率以外的信号被完全禁止通过。即在 $|\omega|<\omega_{\mathrm{c}}$ 范围内让信号全部通过，而在 $|\omega|>\omega_{\mathrm{c}}$ 范围，信号完全被抑制。

理想低通滤波器的系统函数为

$$H(\mathrm{j}\omega)=\begin{cases}\mathrm{e}^{-\mathrm{j}\omega t_0}, & |\omega|<\omega_{\mathrm{c}}\\ 0, & |\omega|>\omega_{\mathrm{c}}\end{cases} \tag{2-22}$$

其幅频特性和相频特性如图 2-38 所示。

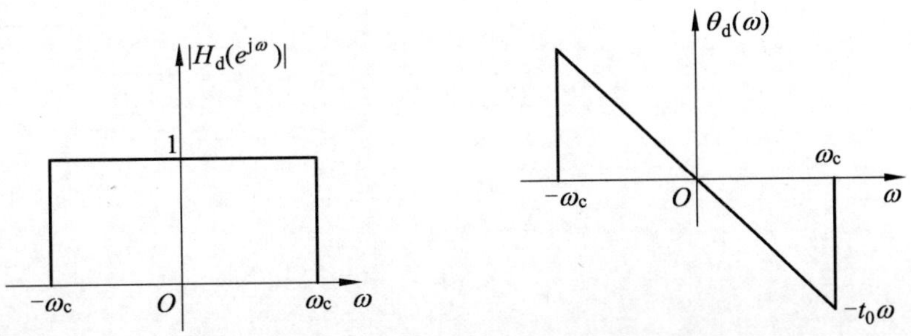

（a）幅频特性　　（b）相频特性

图 2-38　理想低通滤波器的频率特性

从图 2-38 中可以看出，对于低于 ω_c 的所有信号，系统能无失真地传输，而将高于 ω_c 的信号完全阻塞，无法传送。所以，$|\omega| < \omega_c$ 的频率范围称为通带；$|\omega| > \omega_c$ 的频率范围称为阻带，ω_c 称为截止频率。

理想低通滤波器的系统函数 $H(\mathrm{j}\omega)$ 经傅里叶反变换运算，得到理想低通滤波器的冲激响应 $h(t)$，即

$$
\begin{aligned}
h(t) &= \mathscr{F}^{-1}[H(\omega)] = \frac{1}{2\pi}\int_{-\infty}^{\infty} H(\omega)\mathrm{e}^{\mathrm{j}\omega t}\mathrm{d}\omega \\
&= \frac{1}{2\pi}\int_{-\omega_c}^{\omega_c} \mathrm{e}^{-\mathrm{j}\omega t_0}\mathrm{e}^{\mathrm{j}\omega t}\mathrm{d}\omega = \frac{\omega_c}{\pi}\mathrm{Sa}[\omega_c(t-t_0)]
\end{aligned}
\tag{2-23}
$$

式（2-23）表明，理想低通滤波器的冲激响应 $h(t)$ 是一个峰值位于 t_0 的抽样函数 $\mathrm{Sa}(t)$，如图 2-39 所示。

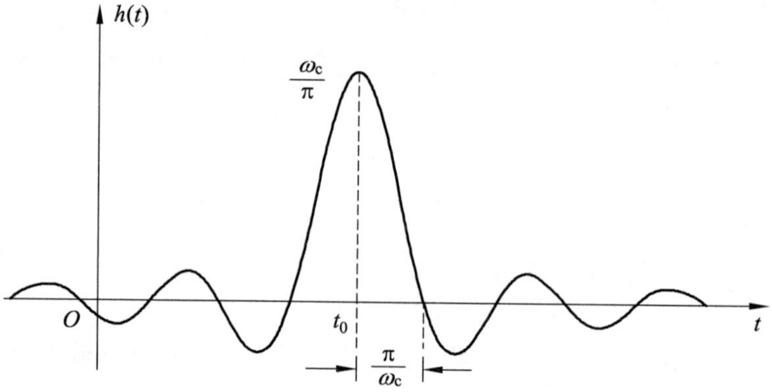

图 2-39　理想低通滤波器的冲激响应

思考：结合无失真传输系统的冲激响应，定性分析理想低通滤波器冲激响应的波形为什么不是延迟的冲激信号 $\delta(t-t_d)$？

任务五　基于 MATLAB 的信号表示及运算

一、实训目的

（1）熟悉 MATLAB 软件平台。

（2）能用 MATLAB 软件仿真连续信号和离散信号。

（3）能用 MATLAB 进行简单的信号运算。

（4）培养探究精神和分析问题、解决问题的能力。

二、实训内容

（一）信号的表示

从信号传输的角度看，通信的过程就是信号传输与变换的过程，而从数学的角度看，信号从一地传送到另一地的整个过程或者各个环节不外乎是一些码型或信号波形变换的过程。例如，信源压缩编码、纠错编码、AMI 编码、扰码等属于码型层次上的变换；而基带成形、滤波、调制等则是信号波形层次上的处理。码型的变换是易于用软件来仿真的。要仿真信号波形的变换，必须解决信号波形在软件中表示的问题。

MATLAB 中通常有两种方法来表示信号，一种是用向量来表示信号，另一种是用符号运算的方法来表示信号。用 MATLAB 语句表示出信号后，就可以利用 MATLAB 的绘图命令绘制出直观的信号波形。本书主要讨论向量表示法。

1. 连续信号的表示

大家知道，计算机处理信号是离散运行、有限域的，因此从严格意义上来讲，MATLAB 并不能表示连续信号。在 MATLAB 中，是用连续信号在等时间间隔点的样值来近似地表示连续信号的，当抽样时间间隔足够小时，这些离散的样值就能较好地近似出连续信号。

假设连续信号为 $s(t)$，可以用两个行向量 t 和 s 表示。行向量 t 用来定义自变量，$t = t_1 : p : t_2$，其中 t_1 为初始值，p 为步长，t_2 为终止值。行向量 s 为连续时间信号 $s(t)$ 在向量 t 所定义的时间点上的样值。

【例 2-9】 用 MATLAB 表示抽样信号 Sa(t) 并绘制其波形。

【解】 程序代码如下：

```
t=-10:1.5:10;      %定义时间 t 的取值范围：-10~10，取样间隔为 1.5
s=sin(t)./t;       %定义信号表达式，求出对应采样点上的样值
                   %同时生成与向量 t 维数相同的行向量 s
plot(t,s);         %以 t 为横坐标，s 为纵坐标绘制波形
```

程序运行结果如图 2-40 所示。

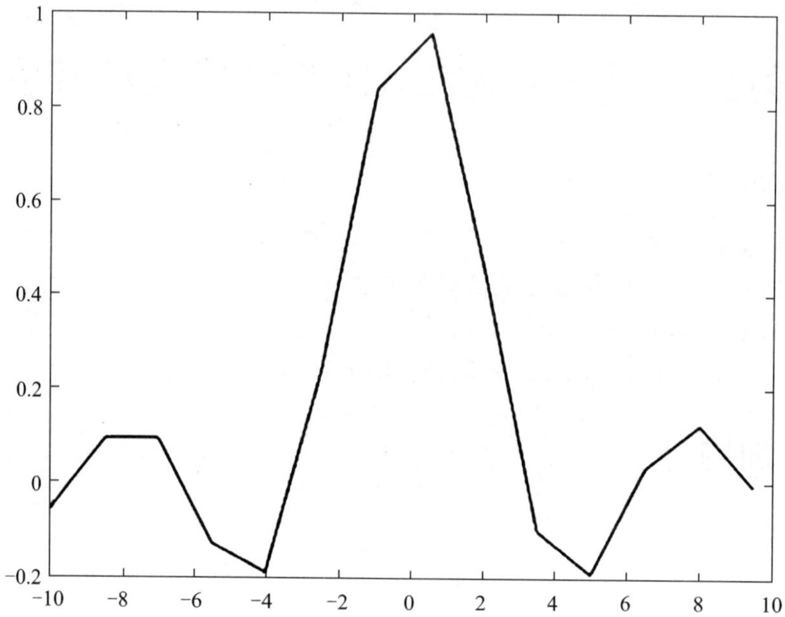

图 2-40　$s(t)$ 的仿真波形（ $p=1.5$ ）

从图 2-40 不难看出，$s(t)$ 信号通过 13 条折线来描述，与平时看到的连续信号有较大出入，这是因为在使用 plot 命令时，MATLAB 会分别计算对应点上的函数值，然后将各个数据点通过折线连接起来绘制波形，波形精度取决于抽样间隔 p 的大小，间隔越小，近似程度越高，曲线越平滑。例如，当取样间隔 $p=0.01$ 时的波形如图 2-41 所示，与图 2-40 相比较就平滑很多。

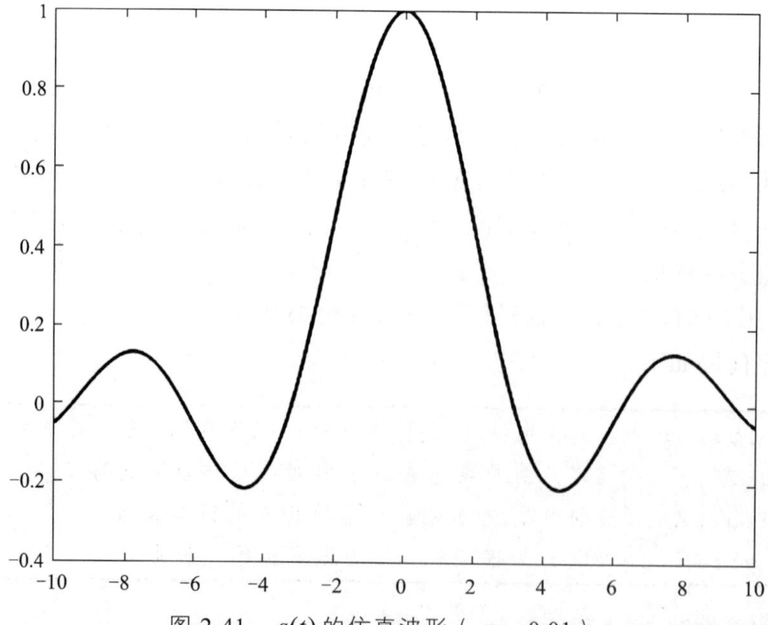

图 2-41　$s(t)$ 的仿真波形（ $p=0.01$ ）

当需要对横坐标和纵坐标增加注释和参数信息时可采用以下指令：

```
title('f(t)=Sa(t)');                %给图形加名字
xlabel('t');                        %添加 x 坐标标注
ylabel('f(t)');                     %添加 y 坐标标注
axis([-12, 15, -0.5, 1.2]);         %设置坐标轴的范围和显示方式
```

命令运行结果如图 2-42 所示。

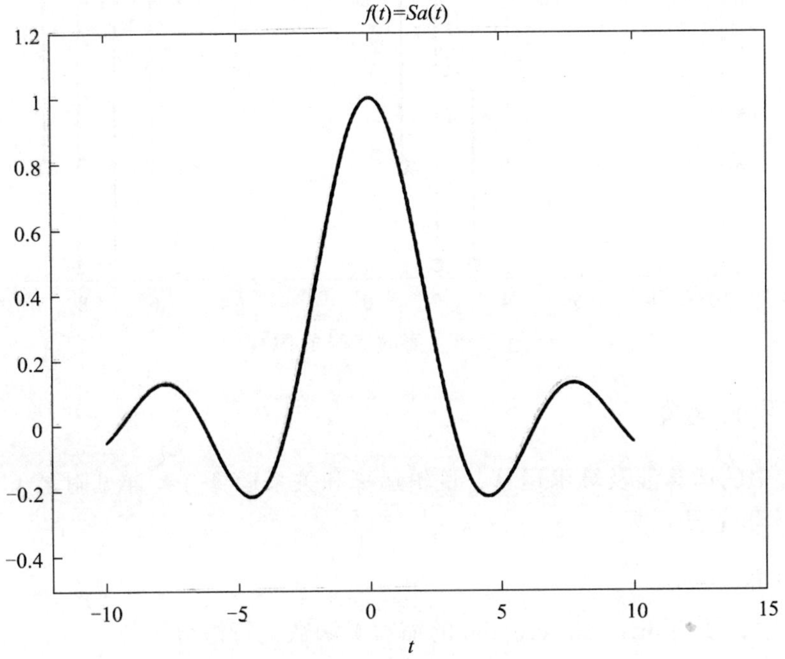

图 2-42　加入坐标信息后的 $s(t)$ 波形

2. 离散信号的表示

用 MATLAB 表示离散序列并将其可视化时，需注意以下几点。

（1）与连续信号不同，离散信号无法用符号运算来表示。

（2）由于矩阵或向量的元素个数是有限的，因此，MATLAB 无法表示无限序列。

（3）在绘制离散信号波形时，要使用专门绘制离散数据的 stem 命令，而不是 plot 命令。

【例 2-10】 利用 MATLAB 仿真离散信号 $x[n]=\sin(0.2\pi n)$ 。

【解】 程序代码如下：

```
clear, clc, close all; %程序初始化
n = -10:10;
x = sin(0.2*pi*n);
stem (n, x) ;
```

命令运行结果如图 2-43 所示。

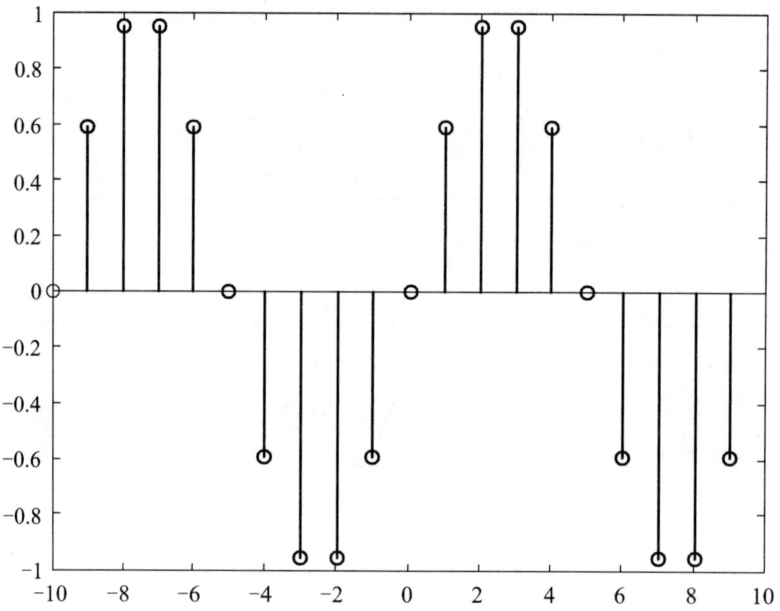

图 2-43 离散信号的仿真

（二）信号的运算

MATLAB 中的运算涉及算术运算、逻辑运算和关系运算等（详见附录），这里重点介绍一下微分、积分和卷积运算。

1. 微分运算

MATLAB 中，使用 diff（differential 的缩写）函数进行微分运算。

【例 2-11】 求 $f=3t^2+2t^{-2}$ 的微分。

【解】 程序代码如下：

```
syms t ;      %将 t 这个变量定义为符号变量
f= 3*t^2 +2*t^(-2) ;
diff(f) ;
```

2. 积分运算

MATLAB 中，使用 int（integrate 的缩写）函数进行积分运算。

【例 2-12】 求 $f=ax^2$ 在区间（m，n）对 x 的积分。

【解】 程序代码如下：

```
syms a x m n ;  %将 a, x, m, n 这 4 个变量定义为符号变量
f= a*x^2 ;
int(f, x, m, n) ;
```

3. 卷积运算

MATLAB 中，使用 conv 函数进行卷积运算。

语法为：$w = \text{conv}(u, v)$。

其中 u 和 v 分别是有限长度序列向量，w 是 u 和 v 的卷积结果序列向量。

如果向量 u 和 v 的长度分别为 N 和 M，则向量 w 的长度为 $N+M-1$。如果向量 u 和 v 是两个多项式的系数，则 w 就是这两个多项式乘积的系数。

任务六　信号频域分析及 MATLAB 实现

一、实训目的

（1）会用 fft 函数计算信号的频谱。

（2）掌握 abs、real、imag、angle、rad2deg 等指令的使用方法。

（3）培养探究精神和分析问题、解决问题的能力。.

二、实训内容

请对以下信号进行 fft 计算，并解读 fft 的运算结果。其中，$f_1 = 35$ Hz，$f_2 = 213$ Hz，分别为两个正弦信号的频率。信号采集的频率 $F_s = 1000$ Hz，采集的数据点个数 $N = 2000$。

$$y = 1.7 + 2.3\cos\left(2\pi f_1 t + \frac{\pi}{4}\right) + 6\cos\left(2 f_2 t + \frac{\pi}{2}\right)$$

（一）程序初始化和变量定义

```
clear, clc, close all; %程序初始化
%数据配置
Fs=1000;              % 采集频率
T=1/Fs;               % 采集时间间隔
N=2000;               % 采集信号的长度
f1=35;                % 第一个余弦信号的频率
f2=213;               % 第二个余弦信号的频率
t=(0:1:N-1)*T;        % 定义整个采集时间点
```

（二）信号时域表示

```
y=1.7+2.3*cos(2*pi*f1*t+pi/4)+5*cos(2*pi*f2*t+pi/3);    % 时域信
号表达式
figure
plot(t, y)            %绘制函数图形，见图 2-44
title('时域信号')     %给图形标注名字
xlabel('时间 t')      %给横坐标加标注
ylabel('信号值')      %给纵坐标加标注
```

运行结果如图 2-44 所示。

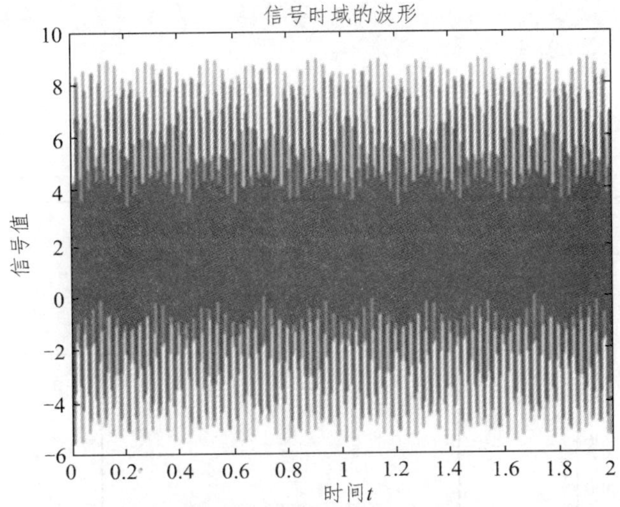

图 2-44　信号时域的波形

（三）信号频域表示——幅度谱

```
Y=fft(y);        % fft 函数实现快速傅里叶变换
```

其中，Y 为 fft 变换的结果，如图 2-45 所示。

Y　2000x1 complex double

	1
1	3.4000e+03 + 0.0000e+00i
2	-5.3824e-13 - 2.7458e-12i
3	-2.2712e-12 - 9.4131e-13i
4	-5.5321e-12 - 6.1237e-13i
5	-1.5198e-13 + 8.7435e-13i
6	6.2280e-13 - 4.3274e-13i
7	1.1084e-12 - 2.9796e-12i
8	-2.8256e-12 + 5.4314e-13i
9	3.3466e-12 - 7.4599e-13i
10	1.5316e-12 + 2.6156e-13i

Y　2000x1 complex double

	1
1993	3.3466e-12 + 7.4599e-13i
1994	-2.8256e-12 - 5.4314e-13i
1995	1.1084e-12 + 2.9796e-12i
1996	6.2280e-13 + 4.3274e-13i
1997	-1.5198e-13 - 8.7435e-13i
1998	-5.5321e-12 + 6.1237e-13i
1999	-2.2712e-12 + 9.4131e-13i
2000	-5.3824e-13 + 2.7458e-12i
2001	
2002	

图 2-45　fft 运算结果

从图中可以看出，fft 运算结果为 2000 个离散的复数值。使用 abs 指令计算复数的模，指令如下：

```
A=abs(Y);        %复数的幅值（模）
% 绘制 fft 变换结果，见图 2-46
figure
plot(0:1:N-1, A)
xlabel('序号 0 ~ N-1')
ylabel('幅值')
grid on
```

运行结果如图 2-46 所示。

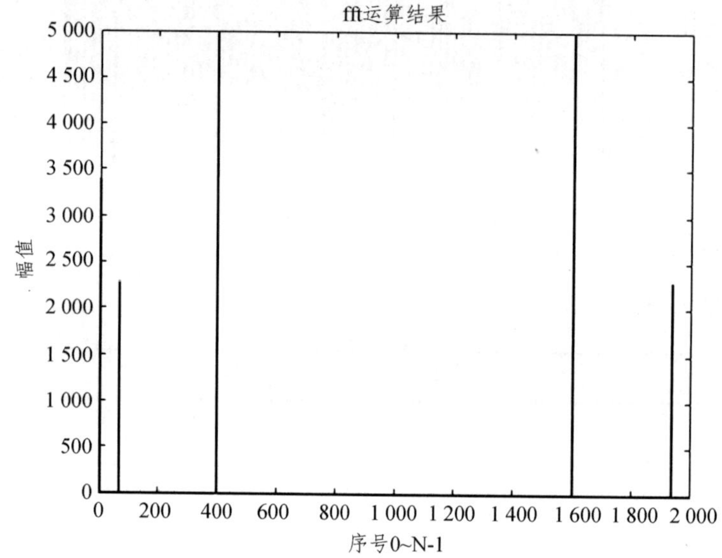

图 2-46　对 fft 运算结果进行求模运算

从图 2-46 中可以看出，fft 运算结果与实际信号的幅度和频率并不一样，需做进一步处理；从图中还可以发现，fft 运算结果关于 $N/2$ 对称（除序号 0 和序号 $N/2$），所以只关注变换结果的一半即可，根据抽样定理可知，最高频率 f_H，抽样频率 f_s（$f_s \geqslant 2f_H$），能够看到的频谱范围是 $0 \sim f_s/2$。因此 N/2 处为 $f_s/2$，频率分辨率为 f_s/N。

对 fft 运算结果进行修正——（频率修正），结果如图 2-47 所示。

```
Y=Y(1:N/2+1);        % 只看变换结果的一半即可
A=abs(Y);            % 复数的幅值（模）
f=(0:1:N/2)*Fs/N;    % 生成频率范围
figure
plot(f, A)
```

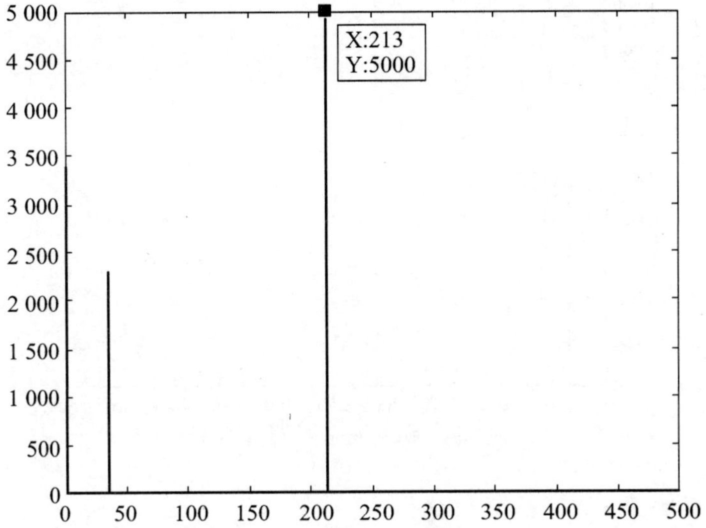

图 2-47　频率修正后显示

从图 2-47 中可以看出，频率修正后与实际信号的频率一致，但幅度与实际信号仍然不一致。幅度修正的计算方法：

$$
\text{实际幅值} = \begin{cases} \dfrac{2Y}{N} & \left(0 \sim \dfrac{f_s}{2}\text{之间}\right) \\ \dfrac{Y}{N} & \left(0\text{和}\dfrac{f_s}{2}\text{处}\right) \end{cases}
$$

```
% 幅值修正
A_adj=zeros(N/2+1, 1);
A_adj(1)=A(1)/N;              % 频率为 0 的位置
A_adj(end)=A(end)/N;          % 频率为 Fs/2 的位置
A_adj(2:end-1)=2*A(2:end-1)/N;
% 绘制幅度谱，见图 2-48
figure
plot(f, A_adj)
xlabel('频率 (Hz)')
ylabel('幅值 (修正后)')
title('FFT 变换幅值图')
grid on
```

幅度修正后的结果如图 2-48 所示。

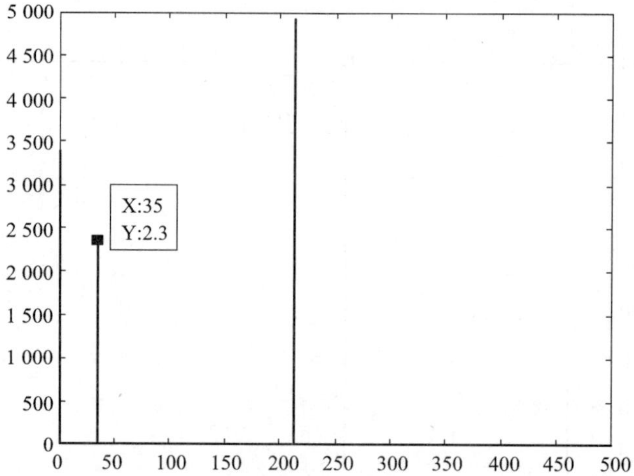

图 2-48　幅度修正后结果显示

（四）信号频域表示——相位谱

```
phase_angle=angle(Y);   % angle 函数用于计算相位谱，返回(−π,π]的相位值，单位为弧度
phase_angle=rad2deg(phase_angle);   % rad2deg 函数将弧度变换为角度，便于观察
figure
plot(f, phase_angle)  % 绘制频谱相位图
xlabel('频率 (Hz)')
ylabel('相位角 (degree)')
title('FFT 变换相位图')
grid on
```

绘制的信号相位谱如图 2-49 所示。

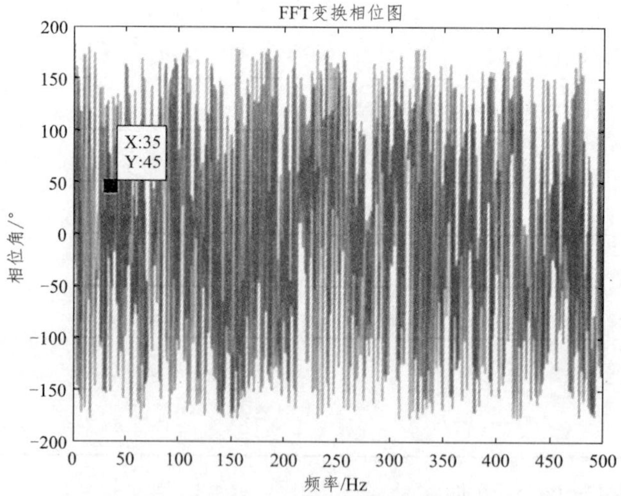

图 2-49　信号的相位谱

三、模块化编程

为了让程序和算法看起来更加简洁和易懂，框架更加清晰和明了，可以将相关功能编成子函数，然后在主程序中调用。

（一）幅度谱计算模块

```
function Y_magnitude = fft_magnitude(y, f, Fs, N)
Y=fft(y);               % fft 函数实现快速傅里叶变换，Y 为 fft 变换的结果
Y=Y(1:N/2+1);           % 只看变换结果的一半即可
Y=abs(Y);               % 使用 abs 指令计算复数的幅值（模）
% 幅值修正
Y_adj=zeros(1, N/2+1);
Y_adj(1)=Y(1)/N;                  % 频率为 0 的位置
Y_adj(end)=Y(end)/N;              % 频率为 Fs/2 的位置
Y_adj(2:end-1)=2*Y(2:end-1)/N;
Y_magnitude=Y_adj
```

（二）相位谱计算模块

```
function Y_phase = fft_phase(y, f, Fs, N)
Y=fft(y);                  %fft 函数实现快速傅里叶变换，Y 为 fft 变换的结果
Y=Y(1:N/2+1);              %只看变换结果的一半即可
phase_angle=angle(Y);  %angle 函数的返回结果为弧度
phase_angle_adj=rad2deg(phase_angle);   %rad2deg 函数将弧度变换为
角度，便于观察
Y_phase=phase_angle_adj
3.3 主程序
clear;clc;close all;   %程序初始化
Fs=1000;               %采集频率
T=1/Fs;                %采集时间间隔
N=2000;                %采集信号的长度
f1=33;                 %第一个余弦信号的频率
f2=450;                %第二个余弦信号的频率
t=(0:1:N-1)*T;         %定义整个采集时间点
f=(0:1:N/2)*Fs/N;      %生成频率范围
y=1.7+2.3*cos(2*pi*f1*t+pi/4)+5*cos(2*pi*f2*t+pi/3);   %时域信号
表达式
```

```
%时域分析
figure(1)
plot(t, y)                  %绘制信号波形
title ('信号波形')          %对坐标轴进行配置
xlabel('Time in s')
ylabel('Amplitude')
%频域分析
figure(2)
subplot(1, 2, 1)
%计算幅度谱
Y_magnitude=fft_magnitude(y, f, Fs, N);
plot(f, Y_magnitude)        %绘制幅度谱
title ('幅度谱')            %对坐标轴进行配置
xlabel('Frequency in Hz')
ylabel('Amplitude')
subplot(1, 2, 2)
%计算相位谱
Y_phase=fft_phase(y, f, Fs, N)
plot(f, Y_phase)            %绘制相位图
title ('相位谱')            %对坐标轴进行配置
xlabel('Frequency in Hz')
ylabel('Phase in deg')
```

程序运行结果如图 2-50、图 2-51 所示。

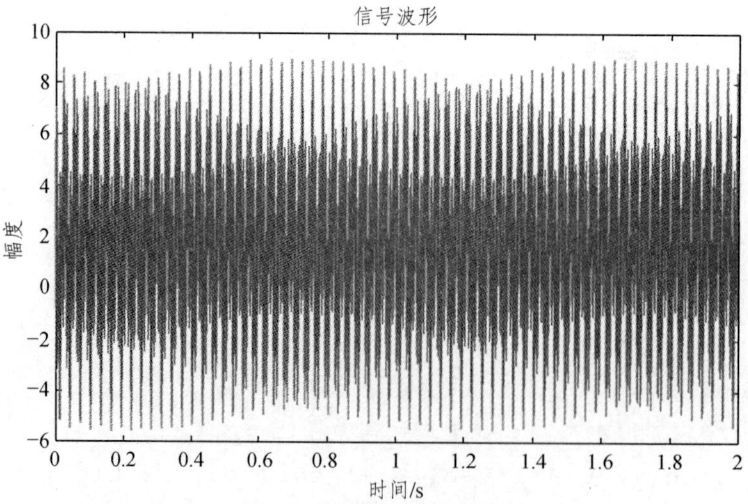

图 2-50　信号的时域波形

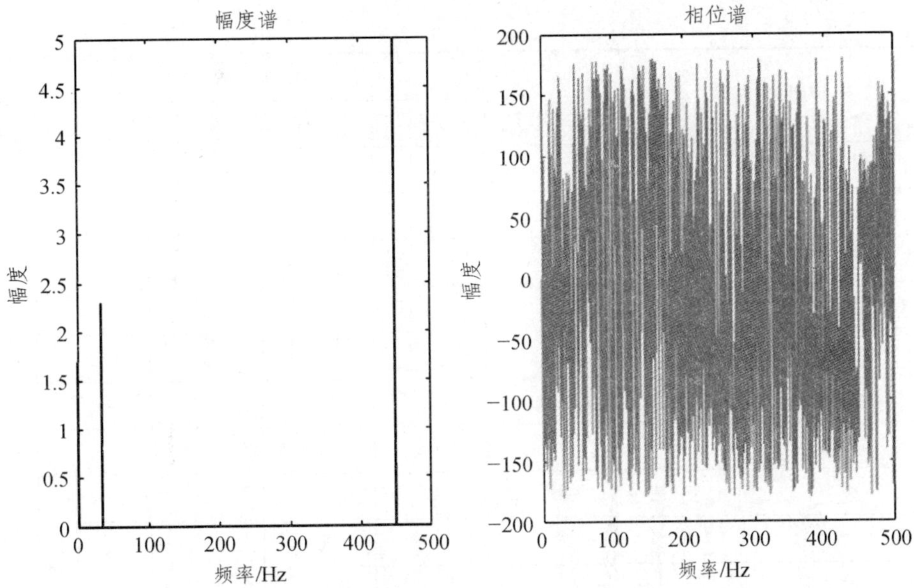

图 2-51　信号的幅度谱（左）和相位谱（右）

考核标准

（1）考核形式：理论部分采用闭卷、笔试形式，实验部分采用上机考试。

（2）考核题型：选择题、填空题、判断题、简答题、计算题和 MATLAB 仿真。

（3）考核内容、要求和所占比重如表 2-1 所示。

表 2-1　项目二考核标准

考核内容	考核要求				所占比重
	了解	理解	掌握	会用	
任务一 信号的分类					
1. 确知信号和随机信号	√				
2.（[模拟信号和数字信号]）		√	√	√	
3. [连续信号和离散信号]		√	√	√	
4. 周期信号和非周期信号		√			
5. 基带信号和频带信号		√			
6. 能量信号和功率信号		√			10%
任务二 信号的时域分析					
1. 常用的典型信号		√	√	√	
2. 信号的运算			√	√	
任务三 信号的频域分析					
1. [连续周期信号——FS]		√	√	√	
2.（连续非周期信号——FT）		√	√		

续表

考核内容	考核要求				所占比重
	了解	理解	掌握	会用	
3.（周期序列——DFS）		√	√		
4.（非周期序列——DTFT）		√			
5.（有限长序列——DFT）		√			
6.（[快速傅里叶变换——FFT]）		√	√	√	
7. 傅里叶变换的性质			√		
任务四 信号通过 LTI 系统					
1. 系统的定义	√				
2. 系统的分类	√				
3. 系统函数		√			
4. 无失真传输系统		√	√		
5. 理想低通滤波器		√	√		
任务五 基于 MATLAB 的信号表示及运算	√				
1. 连续信号和离散信号可视化			√		
2. 信号的时域运算及变换			√		
任务六 信号频域分析及 MATLAB 实现					
1.（[信号频谱的计算方法]）			√		
2. 频谱分布范围和频谱分辨率的计算方法			√		

注：表中的“√”表示对知识和技能考核的层次要求；打“[ ]”的为重点内容，打“( )”的为难点内容，打“*”的可作为自学内容。

项目二试题库

1．如何区分模拟信号和数字信号？

2．引入阶跃信号 $u(t)$ 和冲激信号 $\delta(t)$ 有什么方便之处？

3．时域上的 $\delta(t)$ 函数，频域具有什么特点？频域上的 $\delta(\omega)$ 函数，时域具有什么特点？

4．时域上不同脉宽 τ 的矩形信号，其频域表示 $\mathrm{Sa}(\omega)$ 函数特性有何不同？

5．频谱和频谱密度有什么区别？

6．时域上的矩形信号，其傅里叶变换为抽样信号。频域上的矩形信号，其对应的时域信号是什么？

7．脉宽为 τ 的矩形脉冲信号，其傅里叶变换后的 $\mathrm{Sa}(\omega)$ 函数第一个过零点在什么位置？

8．简述抽样信号 $\mathrm{Sa}(t)$ 的特点。

9．连续性周期信号的傅里叶级数（FS）与周期序列的离散傅里叶级数（DFS）有何不同？

10．周期序列的频谱 $X(k)$ 有何特点？

11．DFT 和 FFT 有何联系？

12．信号 $f(t)$ 和一个角速度为 ω_0 的余弦信号在时域上相乘，在频域上发生了什么变化？

13．信号通过系统后的响应，用时域方法求解和用频域方法求解有什么联系和区别？

14．利用冲激信号 $\delta(t)$ 的抽样特性，求下列表示式的函数值。

（1）$\int_{-\infty}^{\infty} f(t-t_0)\delta(t)\mathrm{d}t$

（2）$\int_{-\infty}^{\infty} f(\mathrm{e}^{-t}+t)\delta(t+2)\mathrm{d}t$

（3）$\int_{-\infty}^{\infty} f(t+\sin t)\delta\left(t-\frac{\pi}{6}\right)\mathrm{d}t$

（4）$\int_{-\infty}^{\infty} \mathrm{e}^{-\mathrm{j}\omega t}[\delta(t)-\delta(t-t_0)]\mathrm{d}t$

15．系统传输函数为

$$H(\omega)=\frac{1}{\mathrm{j}\omega+2}$$

试求其冲激响应 $h(t)$。

16．系统传输函数为

$$H(\omega)=\frac{1}{\mathrm{j}\omega+1}$$

当输入信号为 $f(t)=\sin t+\sin 3t$ 时，试求输出 $y(t)$。

17．某恒参信道的传递函数 $H(\omega)=K_0\mathrm{e}^{-\mathrm{j}\omega t_\mathrm{d}}$，$K_0$ 和 t_d 都是常数。试确定信号 $s(t)$ 通过该信道后输出信号的时域表达式，并讨论信号有无失真。

学而不化，非学也。

——（宋）杨万里《庸言》

项目三　信道与噪声

项目导引

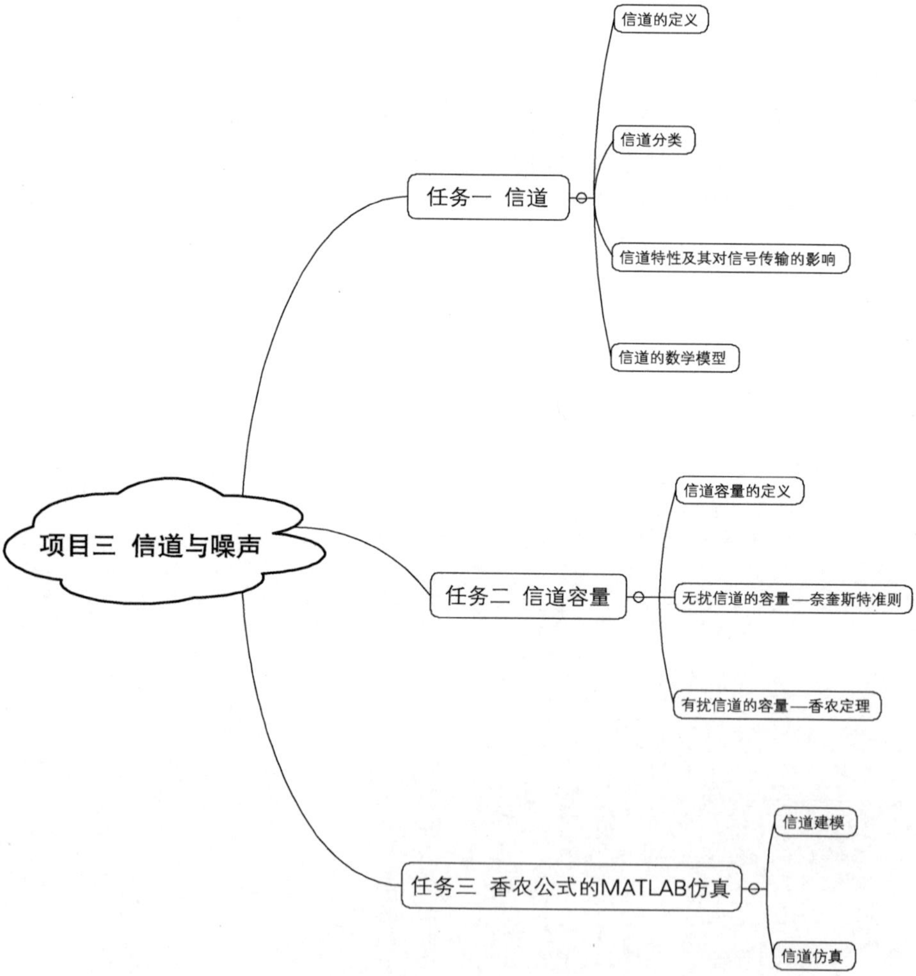

任务一　信　道

学习目标

- 了解信道的定义、分类。
- 掌握信道特性及其对信号传输的影响。
- 理解信道的数学模型。

学习内容

一、信道的定义

通俗地讲，信道（channel）是信号传输的通道（媒介），类似于车与路的关系。抽象地说，信道是特定的一段频带，它让信号通过，同时又给信号以限制和损害。具体地说，信道是指由有线或无线电线路提供的信号通路。

作为通信系统的重要组成部分，信道传输特性的好坏直接影响通信系统总的传输特性。

二、信道的分类

（一）有线信道和无线信道

按照传输介质的不同，信道分为有线信道和无线信道。所谓有线信道，是指传输介质为架空明线、对称电缆、同轴电缆、光缆及波导管等这类能看得见的介质。有线信道是现代通信网中最常用的信道之一，如光缆广泛应用于干线（长途）传输，对称电缆则常用作近程（市内电话）传输。

无线信道是指可以传输无线电波和光波（红外线、激光）的自由空间或大气。无线信道具有方便、灵活、通信者可移动的特点。在移动通信中只能采用无线信道，但其传输特性没有有线信道稳定可靠。无线电频谱图如图 3-1 所示。

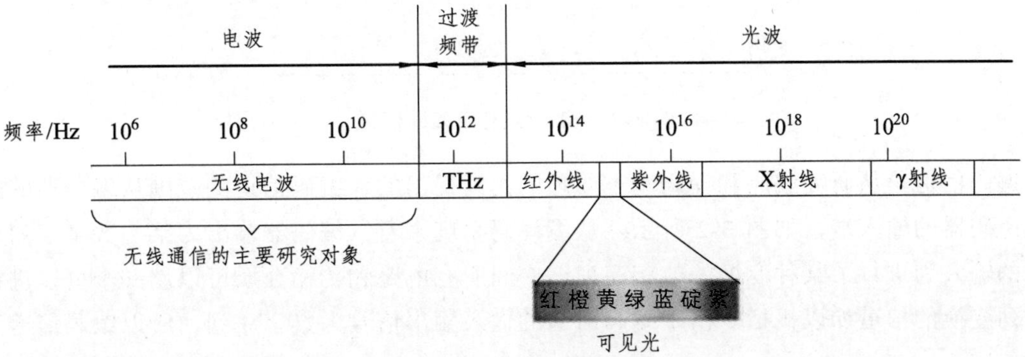

图 3-1　无线电频谱图

从图 3-1 中可以看出，在长长的频谱上，可用于无线通信的仅有 1 MHz ~ 100 GHz 这一段，平时的可见光所占的频段更窄，可谓“弱水三千，只取一瓢”。

知识卡片

无线电频率以 Hz（赫兹）为单位，其表达方式为：
3000 kHz 以下（包括 3000 kHz），以 kHz（千赫兹）表示；
3M Hz 以上至 3000 MHz（包括 3000 MHz），以 MHz（兆赫兹）表示；
3 GHz 以上至 3000 GHz（包括 3000 GHz），以 GHz（吉赫兹）表示。
全球无线电频谱的分配和管理由国际电联（ITU）负责。

（二）调制信道和编码信道

在通信系统的分析研究中，为简化系统模型和突出重点，常把信道的范围适当扩大，除了传输介质外，还包括有关的变换装置，如馈线与天线、调制器、解调器等，这种扩大了的信道被称为广义信道。前面讨论的有线信道和无线信道被称为狭义信道。广义信道包括调制信道和编码信道。

调制信道是从研究调制和解调基本原理的角度提出的，调制信道的范围从调制器的输出端至解调器的输入端，如图 3-2 所示。从调制和解调的角度来看，从调制器的输出端至解调器的输入端的所有电路和传输介质仅仅是对已调信号进行了某种形式的变换，人们只关心变换的最终结果，而不关心这个变换的过程。因此，在研究调制和解调的基本问题时，采用调制信道是方便和恰当的。由于调制信道中信道的输入和输出为已调信号，均是连续信号，所以调制信道又称连续信道。

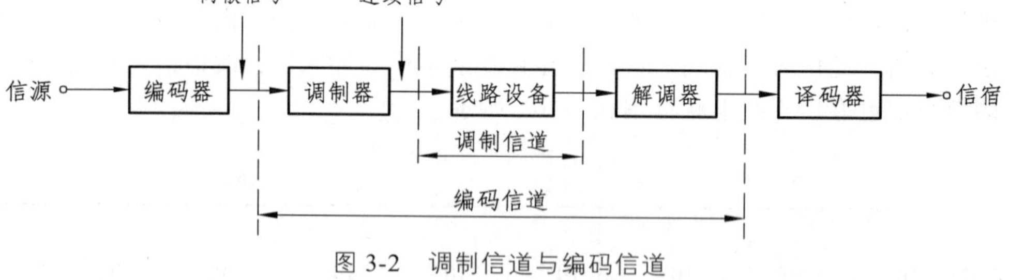

图 3-2　调制信道与编码信道

编码信道是从研究编码和译码基本原理的角度提出的，编码信道的范围从编码器的输出端至译码器的输入端，如图 3-2 所示。从编译码角度来看，编码器输出为某一数字序列，译码器的输入为进行了某种变换的数字序列，中间所有电路和传输介质可以用一个可以进行数字序列变换的信道加以概括。由于编码信道的输入输出信号为数字序列，所以编码信道又称离散信道。

（三）基带信道和频带信道

根据信道传递函数的不同，信道分为基带信道（也称低通型信道）和频带信道（也称带通型信道）。只允许基带信号通过的信道称为基带信道，有线信道一般属于基带信道；只允许频带信号通过的信道称为频带信道，无线信道和光信道一般属于频带信道。

（四）恒参信道和随参信道

按信道特性参数随时间变化的速度，信道分为恒参信道和随参信道。如果信道的特性参数不随时间变化或者变化量极小、变化速度极缓慢，则可认为这种信道为恒参信道，恒参信道可等效为线性时不变滤波器；若信道特性参数随时间变化较快、变化量较大，则认为这种信道为随参信道，随参信道可等效为线性时变滤波器。有线信道和部分无线信道可看作恒参信道，另一部分无线信道是随参信道。

需要说明的是，根据研究对象和关心问题的不同，还可以定义其他形式的广义信道。

三、信道特性及其对信号传输的影响

（一）传输特性

对于信号传输而言，追求的是信号通过信道时不产生失真或者失真小到不易察觉的程度，而在实际的通信中，没有任何信道能毫无损耗地通过信号的所有频率分量，这是由于构成信道的传输媒介都存在固有的传输特性（也称频响特性），即对信号的不同频率分量存在着不同程度的衰减和延时。

举个例子，信道就像一扇神奇的门，特别胖和特别瘦的人都不能通过，即使能通过，每个人的表现也不尽相同，有的人气喘吁吁挤不过去，有的人则大摇大摆轻松通过。

信道传输特性 $H(\omega)$ 可表示为

$$H(\omega)=\left|H(\omega)\right|\mathrm{e}^{\mathrm{j}\varphi(\omega)}$$

很明显，它包括幅频特性 $\left|H(\mathrm{j}\omega)\right|$ 和相频特性 $\varphi(\omega)$。

由前面所学内容可知，当 $\left|H(\mathrm{j}\omega)\right|=K$ 且 $\varphi(\omega)=-t_{\mathrm{d}}\omega$ 时（K 和 t_{d} 均为常数），信号经信道传输后无失真。但大多数信道是不满足此条件的，图 3-3 是典型音频电话信道的幅频特性曲线。

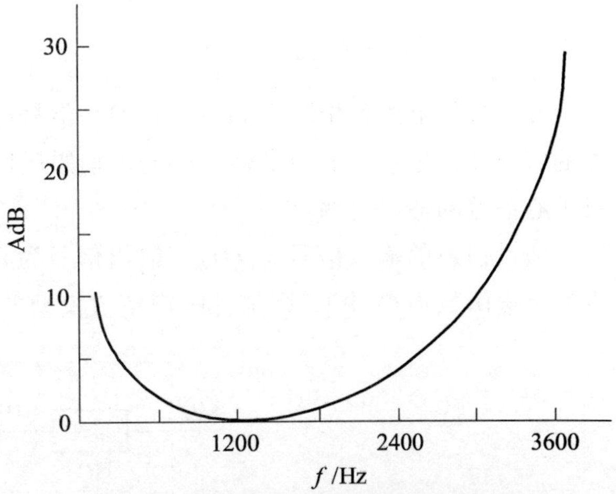

图 3-3　音频电话信道的幅频特性曲线

（二）对信号传输的影响

当 $\left|H(\mathrm{j}\omega)\right|\neq K$ 时，信号产生幅度失真；

当 $\frac{\varphi(\omega)}{\mathrm{d}\omega} \neq -t_{\mathrm{d}}$ 时，信号产生相位失真。

幅度失真：对数字信号影响不大，传输过程可能会导致波形失真，但只要在允许范围内，抽样判决后可以正常恢复原始数据，但对模拟信号影响较大。

相位失真：对听觉影响不大，但对视觉影响大；对模拟信号影响不大，但对数字信号传输影响较大，例如，可能会造成码间干扰。

在通信系统中，常采用“均衡”措施对信道的传输特性进行补偿，使传输特性满足要求。

四、信道的数学模型

（一）信道中的噪声

噪声对于信号的传输是有害的，它能使模拟信号失真，使数字信号发生错码，并限制信息的传输速率。

按噪声和待传输信号之间的关系，噪声分为加性噪声和乘性噪声两种。假设传输信号为 $s(t)$，噪声为 $n(t)$，若混合后波形是 $s(t)+n(t)$ 形式，则称此类噪声为加性噪声；若混合后波形为 $s(t)[1+n(t)]$ 形式，则称其为乘性噪声。

可以发现，加性噪声与信号毫无关系，不管有没有信号，噪声都独立存在，其危害是不可避免的，比如热噪声、散弹噪声等。乘性噪声随信号的存在而存在，当信号消失后，乘性噪声也随之消失。

举个例子，老师在课堂上边走边讲，学生在下面窃窃私语，在这个过程中，学生的声音就属于加性噪声，该噪声不会因为老师而自动消失，而脚步声就属于乘性噪声，当老师停止走动，该噪声就会自动消失。

对乘性噪声进行具体描述是相当复杂的，本节仅讨论信道中的加性噪声。

（二）加性噪声信道模型

在信号传输过程中，人们所关心的是信号经过信道后的结果，而不关心信道包含了什么样的转换器，也不管选用了什么样的传输媒质以及发生了怎样的传输过程。也就是说，人们只关心信道的输入与输出。

假设信道的输入信号为 $s_{\mathrm{i}}(t)$、输出信号为 $r(t)$，加性噪声为 $n(t)$，单位冲激响应 $c(t)$ [对应的传递函数为 $C(\omega)$]，则加性噪声信道模型如图 3-4 所示。

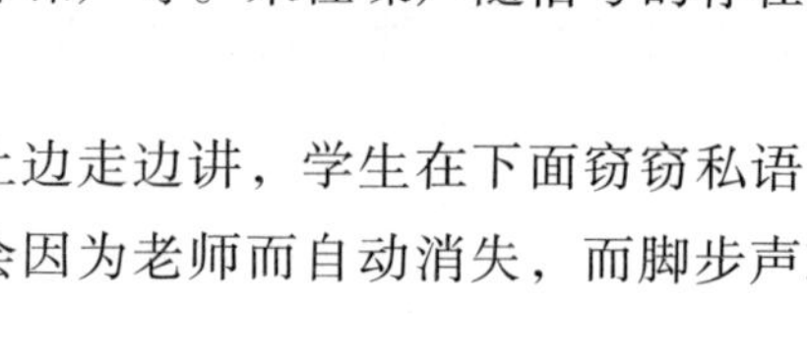

图 3-4　加性噪声信道模型

输入输出关系为

$$r(t)=s_o(t)+n(t)=s_i(t)*c(t)+n(t)$$

可见，信道对信号的影响取决于信道特性 $C(\omega)$ 和加性噪声 $n(t)$。

（三）加性白高斯噪声信道模型

在图 3-4 所示的信道模型中，若传递函数 $C(\omega)$ 为常数（通常取为 1），此时的信道模型就简化为图 3-5，该信道模型称为加性白高斯噪声信道模型（Additive White Gaussian Noise，AWGN），它是通信系统分析和设计中最常用的噪声与干扰模型。

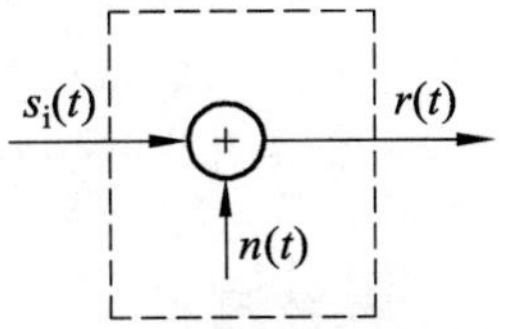

图 3-5　加性白高斯噪声信道模型

输入输出关系为

$$r(t)=s_i(t)+n(t)$$

所谓“白噪声”，是指噪声的功率谱密度（随机信号的频谱用功率谱密度表示）在很宽的频率范围内是平坦的，为一常数，如图 3-6 所示。

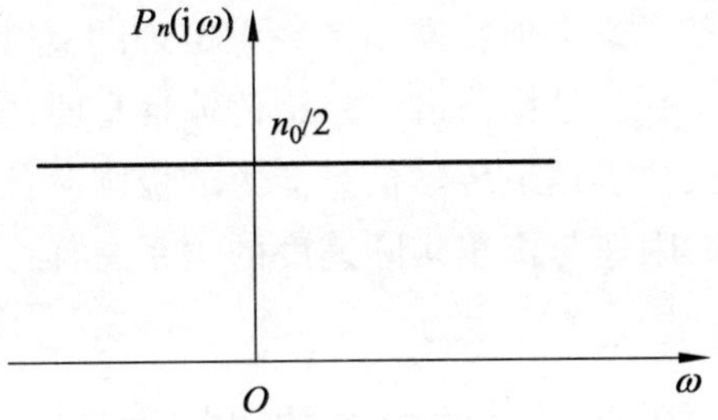

图 3-6　白噪声的功率谱密度函数

所谓“高斯噪声”，是指噪声的幅度取值服从高斯分布（也称正态分布），即在均值两边对称分布，如图 3-7 所示。

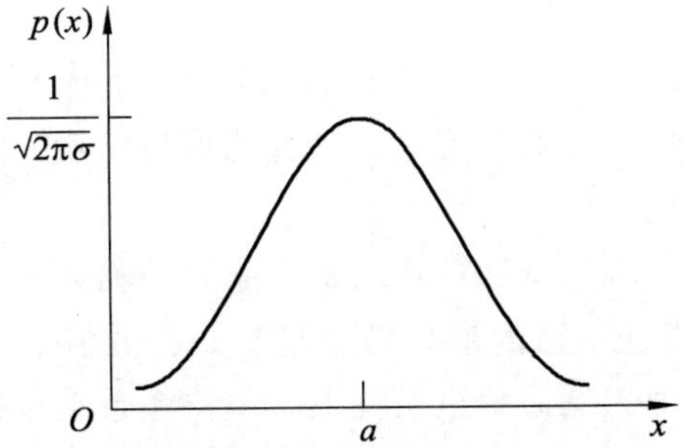

图 3-7　高斯噪声概率密度函数分布示意图

MATLAB 仿真中，信号 x 通过 AWGN 信道的指令为 awgn（x，SNR），其中 SNR 为信噪比，以 dB 为单位。

任务二　信道容量

学习目标

- 掌握信道容量的定义。
- 掌握无扰信道的容量——奈奎斯特准则。
- 掌握有扰信道的容量——香农定理。

学习内容

一、信道容量的定义

任何一种信道，其传输能力都是有上限的，信道的传输能力与哪些因素有关呢？要回答这个问题，必须了解信道容量、奈奎斯特准则和香农定理的概念。

信道容量（channel capacity）是指信道无差错传输信息时的最大信息速率，用符号 C 表示，单位为 bit/s。信道容量反映了信道传输信息能力的极限。信道容量与实际信息传输速率的关系，就像高速公路的最大限速与汽车实际速度的关系一样。

二、无扰信道的容量——奈奎斯特准则

为解决电报传输问题，奈奎斯特（Nyquist）提出了数字波形在无噪声线性信道上传输时的无失真条件，称为奈奎斯特准则。它包括奈奎斯特第一准则、奈奎斯特第二准则和奈奎斯特第三准则，合称奈奎斯特三大准则。

奈奎斯特第一准则又叫抽样点无失真准则（或无码间干扰准则），可描述为：若信号经传输后整个波形发生了变化，但只要其特定点的抽样值保持不变，那么再次用抽样的方法仍然可以准确无误地恢复原始信码。

奈奎斯特第一准则指出，理想低通信道的最高码元传输速率 R_s 在数值上等于信道带宽 B 的二倍（$R_s = 2 \times B$）；理想带通信道的最高码元速率 R_s 在数值上等于信道带宽 B（$R_s = B$）。

上述结论也可表述为：理想低通信道条件下，单位频带上单位时间内最快只能传输 2 个码元，此时的频带利用率为 2 Baud/Hz；理想带通信道条件下，单位频带上单位时间内最快只能传输 1 个码元，此时的频带利用率为 1 Baud/Hz。这也是任何信道都无法突破的极限，若超过此极限，将出现码间干扰。

正是因为数字通信中带宽与信息速率或码元速率有上述关系，因此，数字通信系统中“带宽”的含义与模拟通信系统的带宽不同，常用信息速率来描述带宽。带宽越大，单位时间内的信息量也越大。

三、有扰信道的容量——香农定理

信息传输过程中，信道总会受到随机噪声的干扰，那么在噪声干扰的情况下，信道的最大传输能力如何？1948 年，香农（Shannon）将奈奎斯特公式扩展到信道受到随机噪声干扰的情况，这就是香农定理。

知识卡片

克劳德·艾尔伍德·香农（Claude Elwood Shannon，1916 年 4 月 30 日—2001 年 2 月 26 日），美国数学家、信息论的创始人。

香农一生中提出了三大定理：

香农第一定理（可变长无失真信源编码定理）；

香农第二定理（有噪信道编码定理）；

香农第三定理（保失真度准则下的有失真信源编码定理）。

一般语境下，"香农定理"主要指香农第二定理。

假设信号的平均功率为 S,加性白高斯噪声功率为 N,信道的带宽为 B,则该信道（AWGN）的信道容量为

$$C = B\log_2\left(1+\frac{S}{N}\right) \text{（b/s）}$$

香农定理描述了在加性白高斯噪声背景下，信道的最大传输速率与信道带宽、信噪比之间的关系，具体如下：

（1）在给定 B 和 S/N 的情况下，信道的极限传输能力为 C。如果信道的实际传输速率大于 C 值，则无差错传输在理论上已不满足。因此，实际信息传输速率 R_b 一般不能大于信道容量 C，除非允许存在一定的差错率。若信道的实际传输速率小于 C 值，则一定存在一种编码方式，使编码差错概率随编码长度的增加按指数规律下降到任意小的值，这是差错控制编码的理论依据。

（2）当信道的传输带宽 B 一定时，接收端的信噪比 N 越大，其信道容量 C 越大。当噪声功率 N 趋近 0 时，信噪比 S/N 趋近 ∞，信道容量 C 也趋近 ∞。

（3）当接收端的信噪比 S/N 一定时，信道的传输带宽 B 越大，其信道容量 C 也越大。当信道带宽 B 趋于 ∞ 时，信道容量 C 并不趋于 ∞，而是趋于一个固定值。因为当信道带宽增大时，进入到信道中的噪声功率也在增加，因而信道容量不可能趋于 ∞。

（4）当信道容量 C 一定时，信道带宽 B 与信噪比 S/N 可以互换。比如，可以通过增加系统的传输带宽来降低接收机对信噪比的要求，即以牺牲系统的有效性来换取系统的可靠性。例如，在宇宙飞行和深空探测时，接收信号的功率 S 很微弱，就可以用增大带宽 B 和比特持续时间 T_b 的办法，保证对信道容量 C 的要求。同时，这也正是扩频通信技术的理论基础。

通过上面的分析不难发现，对于无扰信道，其信道容量满足奈奎斯特准则；对于有扰信道，其信道容量满足香农定理。

【例 3-1】 已知彩色电视图像信号每帧有 50 万个像素，每个像素有 64 种色彩度，每种色彩度有 16 个亮度等级。所有彩色度和亮度等级独立地以等概率出现，图像每秒发送 100 帧。若要求接收图像信噪比不低于 30 dB，试求所需传输带宽。

【解】 由于每个像素的所有彩色度和亮度等级独立地以等概率出现，故每个像素的信息量为

$$I_{\mathrm{p}}=\log_2\frac{1}{P(x_{\mathrm{i}})}=\log_2\frac{1}{\dfrac{1}{64\times16}}=10\ \mathrm{bit}$$

每帧图像的信息量为

$$I_{\mathrm{f}}=500\,000\times I_{\mathrm{p}}=5\times10^6\ \mathrm{bit}$$

因为每秒传输 100 帧图像，所以要求传输速率为

$$R_{\mathrm{b}}=100I_{\mathrm{f}}=5\times10^8\ \mathrm{bit/s}$$

信道的容量 C 必须不小于此 R_{b} 值。即

$$C\geqslant R_{\mathrm{b}}=5\times10^8\ \mathrm{bit/s}$$

因为信噪比 $SNR_{\mathrm{dB}}=10\lg\frac{S}{N}=30\ \mathrm{dB}$，可得 $S/N=1\,000$。由香农公式可得

$$B=\frac{C}{\log_2\left(1+\dfrac{S}{N}\right)}=\frac{5\times10^8}{\log_2(1+1\,000)}\approx50\ \ \mathrm{MHz}$$

任务三　香农公式的MATLAB仿真

一、实训目的

（1）掌握MATLAB相关指令使用方法。
（2）进一步掌握信道容量与带宽、信噪比的关系。
（3）培养探究精神和分析问题、解决问题的能力。

二、实训内容

要求：当信道带宽 B 取不同值时，绘制信道容量与信噪比之间的关系曲线。

三、程序清单

```
clear;clc;close all          % 初始化
snrdb=-15:30;                % 信噪比范围（用分贝表示）
SNR=10.^(snrdb/10);          % 信噪比与 snrdb 换算关系
B=20000;                     % 带宽为 B
C1=B*log2(1+SNR);            % 香农公式
plot(snrdb, C1)              % 绘制当带宽固定为 B 时信道容量与信噪比的关系曲线
grid on
hold on
C2=(2*B)*log2(1+SNR);
plot(snrdb, C2)              % 绘制当带宽固定为 2B 时信道容量与信噪比的关系曲线
grid on
hold on
C3=(4*B)*log2(1+SNR);
plot(snrdb, C3)              % 绘制当带宽固定为 4B 时信道容量与信噪比的关系曲线
xlabel('信噪比（dB)')
ylabel('信道容量 C（bps）')
title('香农公式')
grid on
hold on
legend('B=20000', 'B=40000', 'B=60000')
```

程序运行结果如图 3-8 所示。

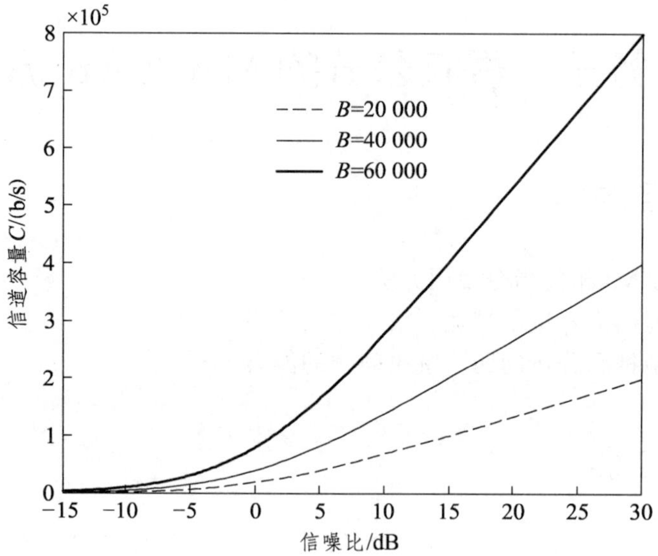

图 3-8 信道容量与带宽和信噪比的关系示意图

考核标准

（1）考核形式：理论部分采用闭卷、笔试形式，实验部分采用上机考试。

（2）考核题型：选择题、填空题、判断题、简答题、计算题和 MATLAB 仿真。

（3）考核内容、要求和所占比重如表 3-1 所示。

表 3-1 项目三考核标准

考核内容	考核要求				所占比重
	了解	理解	掌握	会用	
任务一 信道					10%
1. 信道的定义	√				
2. 信道分类	√				
3.（[信道特性及其对信号传输的影响]）		√	√		
4. 信道的数学模型		√			
任务二 信道容量					
1. 信道容量的定义		√	√	√	
2.（[无扰信道的容量--奈奎斯特准则]）		√	√		
3.（[有扰信道的容量--香农定理]）		√	√		
任务三 香农公式的 MATLAB 仿真					
1. 信道容量与带宽、信噪比的关系		√	√		

注：表中的“√”表示对知识和技能考核的层次要求；打“[ ]”的为重点内容，打“( )”的为难点内容，打“*”的可作为自学内容。

项目三试题库

1．常见的有线信道有哪些？

2．常见的无线信道有哪些？

3．什么是调制信道？什么是编码信道？试分别画出其模型。

4．信道无失真传输的条件是什么？

5．加性白高斯噪声有什么特点？

6．信道容量是如何定义的？

7．对于无扰信道，其信道容量与哪个参数有关？信道容量是多少？

8．对于有扰信道，其信道容量与哪些参数有关？信道容量是多少？

9．试写出香农公式。由此式看出信道容量的大小决定于哪些参数？

10．结合所学内容，谈一下你对“带宽”的理解。

11．已知某标准音频线路的带宽为 3.4 kHz。

（1）若要求信道的信噪比为 30 dB，这时的信道容量是多少？

（2）若信道的最大信息传输速率为 4800 bit/s，则所需的最小信噪比为多少？

12．已知某黑白电视图像大约由3×10^5个像素组成，假设每个像素有 16 个亮度等级，且它们出现的概率是均等的。若要求每秒传送 30 帧图像，而满意地再现图像所需的信噪比为 30 dB。试求传输此电视信号所需的最小带宽。

日习则学不忘，自勉则身不堕。

——（东汉）徐干《中论·治学》

项目四　模拟信号传输机理

项目导引

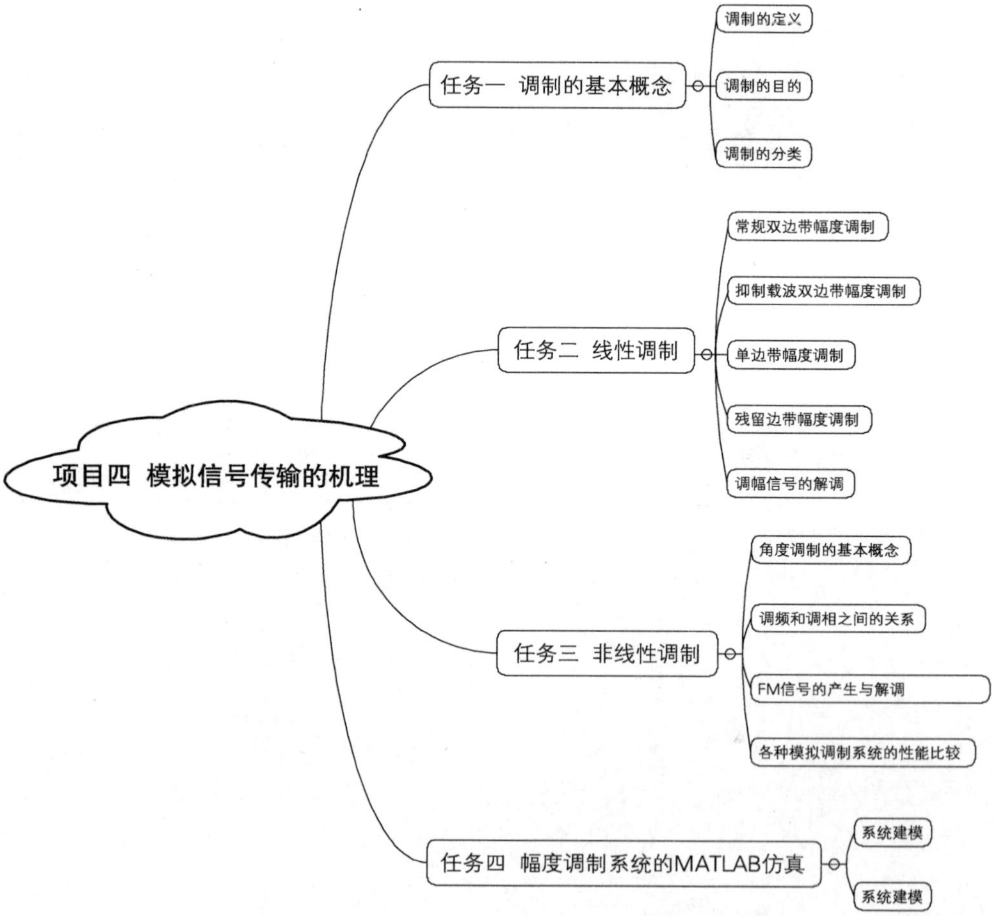

任务一　调制的基本概念

学习目标

- 了解调制的定义。
- 了解调制的目的。
- 了解调制的分类。

学习内容

一、调制的定义

在一条高速公路上，某人想从收费站 A 走到收费站 B，可以吗？显然是不行的！这是因为人行走的速度与高速公路要求的速度不匹配，若想去收费站 B，可以把人放在汽车里，通过汽车这个工具把人送到收费站 B，调制技术产生的背景就类似于这个例子。

前面已经谈到，信源输出消息转换成的电信号属于低通信号，然而实际中的大多数信道具有带通型特性，不能直接传送原始的基带信号，为了使基带信号能够在带通信道中传输，可以把要传输的基带信号搭载在载波之上，使载波的某个参数（幅度、频率、相位或脉宽）随着基带信号的变化而变化，该过程就称为调制。

调制过程中，待传输的基带信号称为调制信号；被调制的载波起着运载基带信号的作用，称为载波信号，载波是一种高频周期信号；经过调制的载波称为已调信号。显然，已调信号应具备三个特征：一是携带基带信息；二是适合在信道上传输；三是信号的频谱具有带通形式且中心频率远离零频。因此，调制的本质是频谱搬移。

调制是通过调制器来实现的，调制器的一般模型如图 4-1 所示。其过程中各信号的示意波形如图 4-2 所示。

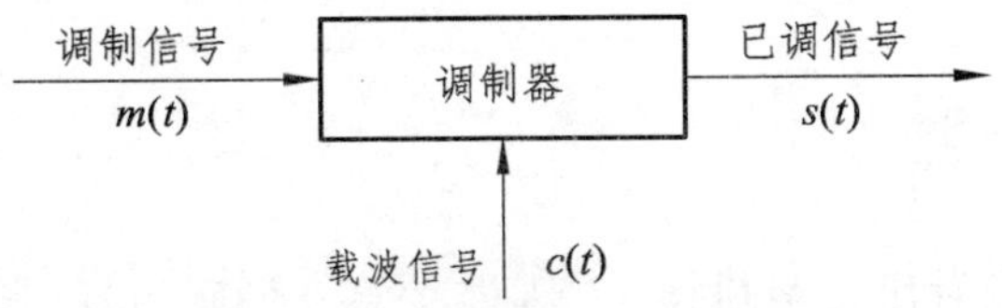

图 4-1　调制器的一般模型

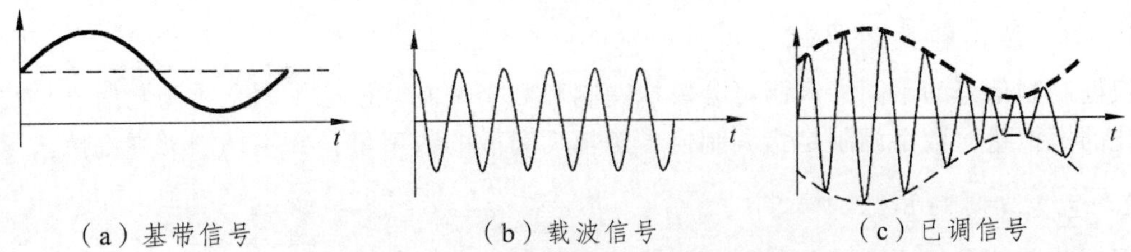

图 4-2　调制过程各信号波形示意图

需要说明的是，实际通信系统中不管是模拟调制还是数字调制，送入信道上的信号都必须搭载在载波上。

二、调制的目的

1. 进行频谱搬移，匹配信道特性

由于调制可以把基带信号频谱搬移到指定的某一频段处，因此可以满足信道的传输要求。

2. 提高信号频率，减小天线尺寸

无线通信中，只有当天线的长度 L 与发射信号的波长 λ 相比拟（一般为 $\lambda/4$ 左右）时，信号才能有效地辐射出去。由于基带信号包含有较低的频率分量，致使天线过长而难以实现。但通过调制，基带信号变换成高频信号，从而使信号的波长变短，所需要的天线尺寸也随之减小。例如，对于 3 kHz 的音频基带信号，若要直接无线传输，需要的天线尺寸约为 25 km；若将基带信号的频谱搬移至 30 MHz，则只需 2.5 m 的天线。

3. 实现多路复用，提高信道利用率

基带信号的带宽与信道本身的带宽相比，一般来说是很小的。所以一个信道只传输一路信号是很浪费的，但是如果不经过变换就同时传输多路信号，就会引起相互之间的干扰。解决办法之一就是通过调制将多个基带信号的频谱分别搬移到不同的载频处，然后将它们合在一起送入同一个信道传输。这样就可以实现同一信道同时传输多路信号，即信道的多路复用，从而提高信道的利用率。

4. 扩展信号带宽，提高系统的抗干扰能力

不同的调制方式，在提高传输的有效性和可靠性方面各有优势。例如利用调制使已调信号的传输带宽远大于基带信号的带宽，用增加带宽（扩频）的方法换取噪声影响的减少，这是通信系统设计的一个重要内容。像调频信号的传输带宽比调幅信号的传输带宽要宽得多，结果是增大了输出信噪比，减少了噪声的影响，提高系统的抗干扰能力。

三、调制的分类

从调制器的模型可以看出，调制有三个基本要素：调制信号、高频载波信号和调制器。根据这三者的不同可以将调制分为以下几种。

1. 模拟调制和数字调制

根据调制信号的不同，调制可分模拟调制和数字调制。模拟调制是指调制信号是幅度连续变化的模拟量；数字调制是指调制信号是幅度离散的数字量，数字调制又称键控。

2. 连续波调制和脉冲调制

根据载波信号的不同，调制可分连续波调制和脉冲调制。连续波调制是指以高频正弦波

作为载波的调制方式；脉冲调制是指以周期性脉冲序列（串）作为载波的调制方式（理想情况下为梳状函数）。

3. 幅度调制、频率调制和相位调制

根据载波受控制参数的不同，调制可分为幅度调制、频率调制和相位调制。

（1）幅度调制。载波信号的幅度随调制信号的变化而变化，如常规双边带调幅（AM）、脉冲幅度调制（PAM）、幅度键控（ASK）等。

（2）频率调制。载波信号的频率随调制信号的变化而变化，如调频（FM）、脉冲频率调制（PFM）、频率键控（FSK）等。

（3）相位调制。载波信号的相位随调制信号的变化而变化，如调相（PM）、脉冲相位调制（PPM）、相位键控（PSK）等。

4. 线性调制和非线性调制

根据调制器的传递函数，调制可分为线性调制和非线性调制。线性调制是指输出的已调信号的频谱与输入基带信号的频谱之间是线性关系，即仅仅是频谱的平移和线性变换，如各种幅度调制、幅移键控（ASK）；非线性调制是指输出的已调信号的频谱与输入基带信号的频谱之间无线性对应关系，即在输出端已调信号的频谱已不再是原来基带信号的谱形。如调频（FM）、调相（PM）、频移键控（FSK）和相移键控（PSK）等。

任务二　线性调制

学习目标

- 掌握常规双边带幅度调制的原理。
- 掌握抑制载波双边带幅度调制的原理。
- 掌握单边带幅度调制的原理。
- 掌握残留边带幅度调制的原理。
- 掌握调幅信号的解调原理。

学习内容

幅度调制分为常规双边带幅度调制（AM）、抑制载波双边带幅度调制（DSB）、单边带幅度调制（SSB）和残留边带幅度调制（VSB），它们均属于线性调制。

在模拟调制系统中，载波 $c(t)$ 一般为高频正弦信号，它可表示为 $c(t)=A\cos(\omega_c t+\varphi_0)$ 。其中，A 为载波幅度，ω_c 为载波角速度（简称载频），φ_0 为载波初始相位（为简化描述同时不失一般性，可假设 $\varphi_0=0$ ）。

一、常规双边带幅度调制

（一）AM 调制系统的数学模型和系统框图

若调制信号为 $m(t)$，已调信号为 $s(t)$，则常规双边带幅度调制的数学模型为

$$s(t)=[m(t)+A_0]\cos\omega_c t \tag{4-1}$$

式（4-1）中，A_0 为外加的直流分量，应满足 $A_0\geqslant|m(t)|_{max}$ 条件。AM 调制系统的系统框图如图 4-3 所示。

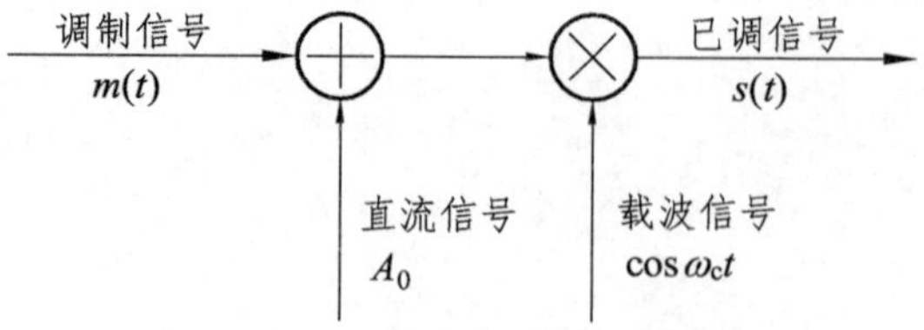

图 4-3　AM 调制系统的框图

（二）AM 信号时域的波形和频域的频谱

幅度调制过程中，各信号时域的波形和频谱如图 4-4 所示。

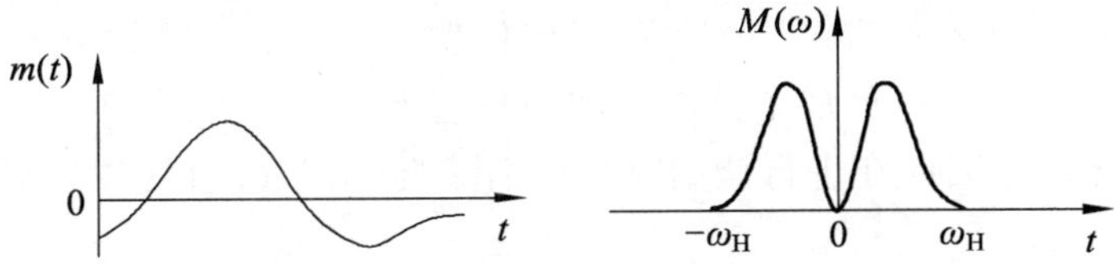

（a）调制信号波形及其频谱

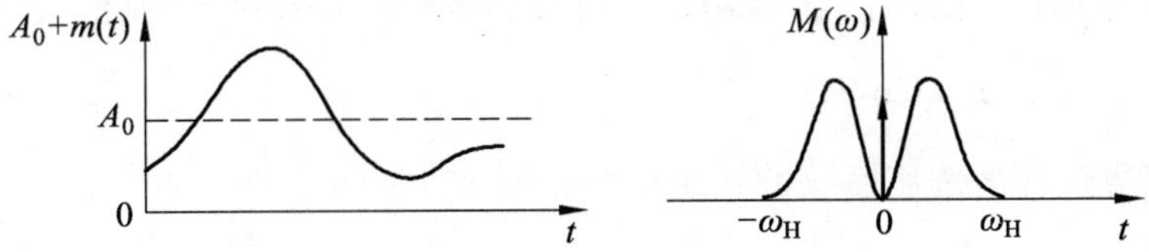

（b）加入直流分量后的调制信号波形及其频谱

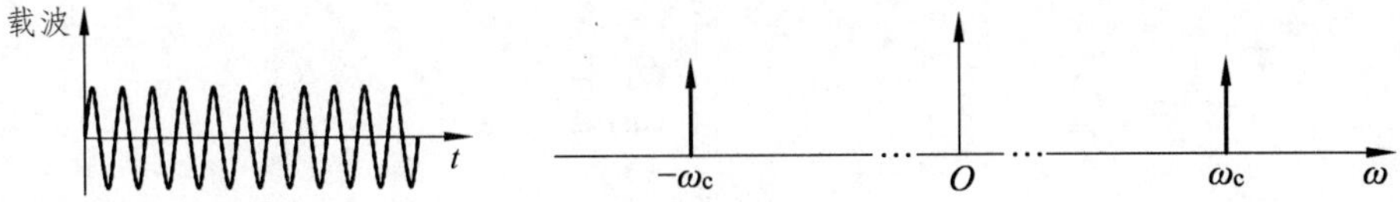

（c）载波及其频谱

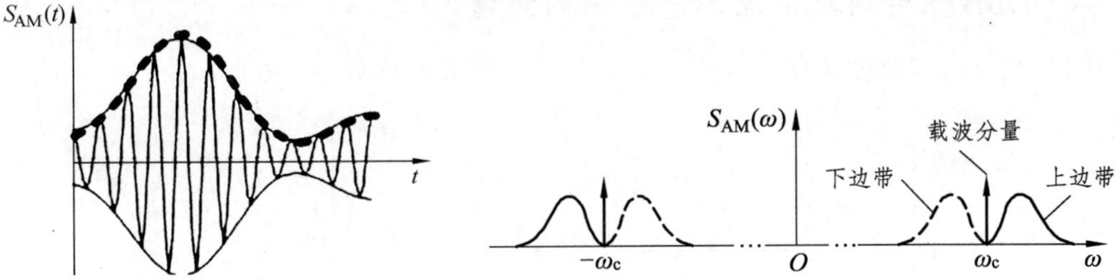

（d）AM 调幅信号波形及其频谱

图 4-4　AM 调制过程中各信号的波形和频谱

由波形和频谱的特点，可以看出以下内容。

（1）由于满足 $A_0 \geqslant |m(t)|_{max}$ 条件，AM 信号的包络与调制信号 $m(t)$ 具有线性关系，即 AM 的包络完全反映了调制信号的变化规律。因此，接收端解调时，用包络检波法很容易恢复出原始的调制信号。

（2）AM 信号的频谱结构与调制信号完全相同，只是信号频谱的位置发生了变化，因此，AM 调制属于线性调制。

（3）AM 信号的频谱由上边带、下边带和载波分量（ ω_c 处）三部分组成。上、下两个边带的结构完全对称的，因此，都包含有原调制信号的完整信息。另外，ω_c 处的冲激信号不携带调制信号的信息，但是要消耗大量功率。

（4）AM 信号的带宽是调制信号带宽的 2 倍。

二、抑制载波双边带幅度调制

如前所述，常规双边带调幅系统的已调信号由载波分量和边带分量组成，其中载波分量需要消耗大量的功率但却不携带调制信号的任何信息，为了节省发射功率，在发送端将已调信号中的载波分量抑制掉，这就成了抑制载波的双边带调幅。由于 AM 信号中的载波分量与调制时的直流分量有关，因此在进行调制时只要消除直流分量，便可以达到抑制载波的目的。

（一）DSB 调制系统的数学模型和系统框图

若调制信号为 $m(t)$，已调信号为 $s(t)$，则抑制载波双边带幅度调制的数学模型为

$$s(t) = m(t)\cos\omega_c t \tag{4-2}$$

抑制载波双边带幅度调制系统的系统框图如图 4-5 所示。

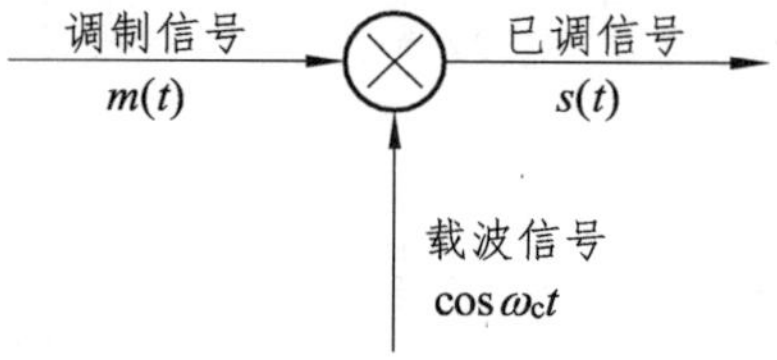

图 4-5　DSB 调制系统的框图

（二）DSB 信号时域的波形和频域的频谱

抑制载波双边带幅度调制过程中，各信号的波形和频谱如图 4-6 所示。

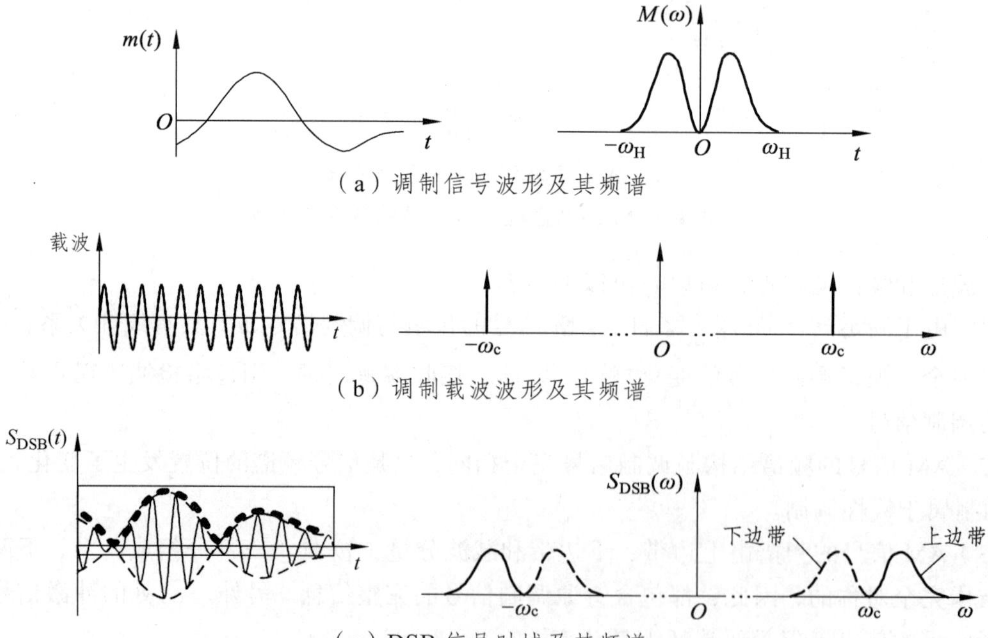

图 4-6　抑制载波双边带幅度调制过程中各信号的波形和频谱

由 DSB 信号的波形和频谱，可以看出：

（1）DSB 信号波形的包络不再与调制信号 $m(t)$ 成线性关系，而是按 $|m(t)|$ 的规律变化。因此接收端不能用包络检波法来恢复原始的调制信号。

（2）与 AM 信号的频谱相比，DSB 信号的频谱没有载波分量，仅由上边带和下边带组成，故 DSB 信号是不带载波的双边带信号，从而提高了发射效率，但 DSB 信号的传输带宽仍是调制信号带宽的两倍。

（3）DSB 信号的频谱结构与调制信号完全相同，区别仅是信号的频谱位置不同，因此，DSB 调制也为线性调制。

三、单边带幅度调制

在 AM 信号和 DSB 信号中，由于其上、下两个边带是完全对称的，并且都携带了调制信号的全部信息，因此仅传输其中的一个边带即可。这样既节省发送功率，还可节省一半传输频带，这种只传输一个边带（上边带或下边带）的调制方式称为单边带幅度调制。

单边带信号可通过滤波法来实现，即先将调制信号按照抑制载波双边带的方式进行调制，然后利用滤波器[传输函数为 $H(\omega)$]滤除抑制载波双边带中的某一个边带，从而得到单边带调幅信号，其调制原理框图如图 4-7 所示。

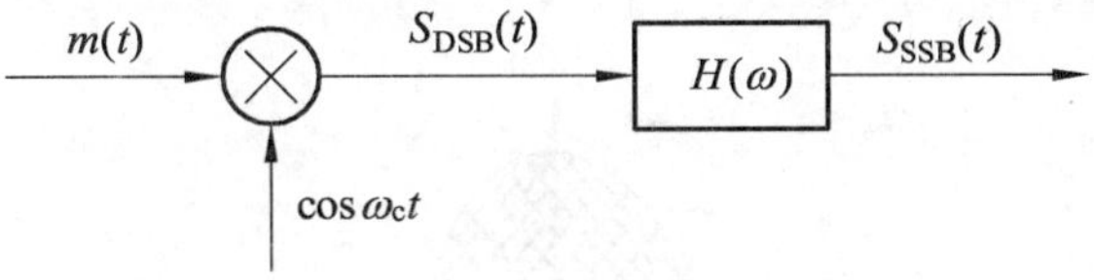

图 4-7　单边带幅度调制的原理框图

若滤波器具有式（4-3）所示的理想高通特性，则可滤除下边带，保留上边带。

$$H(\omega)=\begin{cases}1, & |\omega|>\omega_c\\ 0, & |\omega|\leqslant\omega_c\end{cases} \tag{4-3}$$

若具有式（4-4）所示的理想低通特性，则可滤除上边带，保留下边带。

$$H(\omega)=\begin{cases}1, & |\omega|<\omega_c\\ 0, & |\omega|\geqslant\omega_c\end{cases} \tag{4-4}$$

图 4-8 为用滤波法产生上边带信号的频谱图。

滤波法的技术难点是边带滤波器的制作，因为实际滤波器都不具有陡峭的截止特性，而是有一定的过渡带。

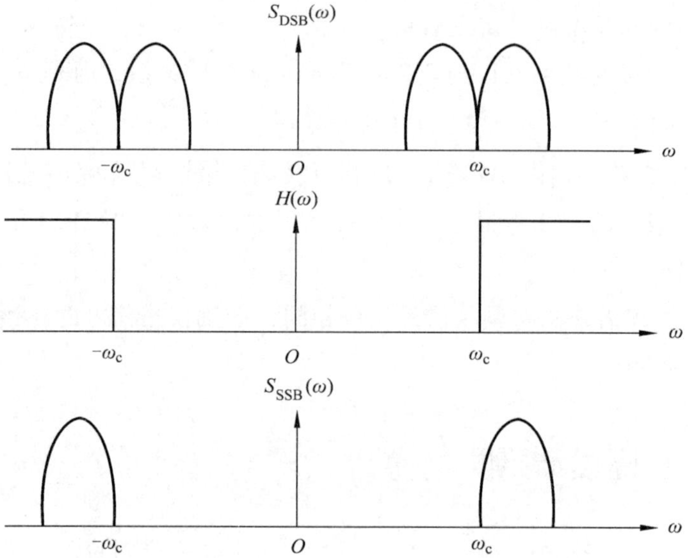

图 4-8　滤波法形成上边带信号的频谱图

四、残留边带幅度调制

残留边带幅度调制（VSB）是介于 SSB 与 DSB 之间的一种折中方式，它既克服了 DSB 信号占用频带宽的缺点，又解决了 SSB 调制中滤波器难以实现的缺点。

在这种调制方式中，不像 SSB 中那样完全抑制 DSB 信号的一个边带，而是逐渐切割，使其残留一小部分，如图 4-9 所示。

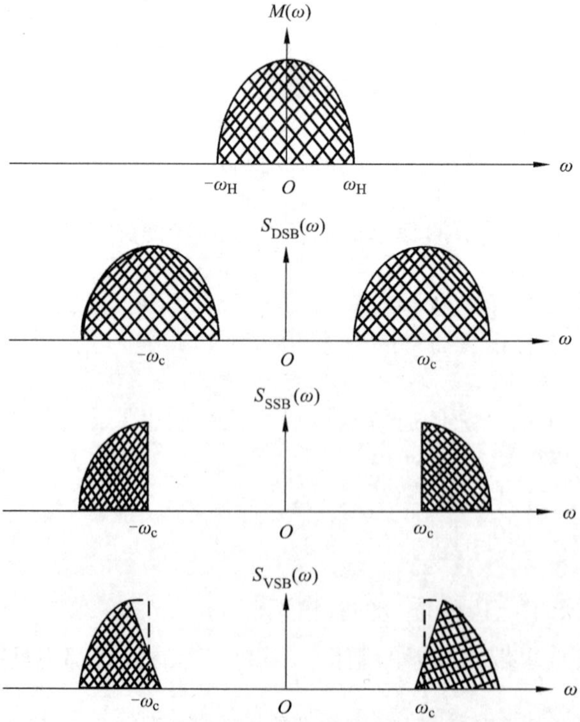

图 4-9　DSB、SSB 和 VSB 信号的频谱

残留边带信号也可用滤波法来实现，其原理与单边带信号基本相同。不过滤波器的特性 $H(\omega)$ 不再要求十分陡峭的截止特性，因而它比单边带滤波器容易制作。

五、调幅信号的解调

解调是调制的逆过程，其作用是从接收的已调信号中恢复出原始的调制信号，类似于人下车的过程。解调方式有两种：相干解调（又叫同步检波）和非相干解调（又叫包络检波）。相干解调适用于所有幅度调制信号的解调，非相干解调一般只适用于 AM 信号。

（一）相干解调

相干解调的实质与调制一样，也是实现信号频谱搬移。调制是把基带信号的频谱搬到载频 ω_c 的位置，解调则是调制的反过程，即把位于载频 ω_c 位置的已调信号的频谱再搬回到原始基带位置。因此相干解调器可用乘法器与相干载波（与发送端载波严格同频同相）相乘来实现。相干解调器的模型如图 4-10 所示。

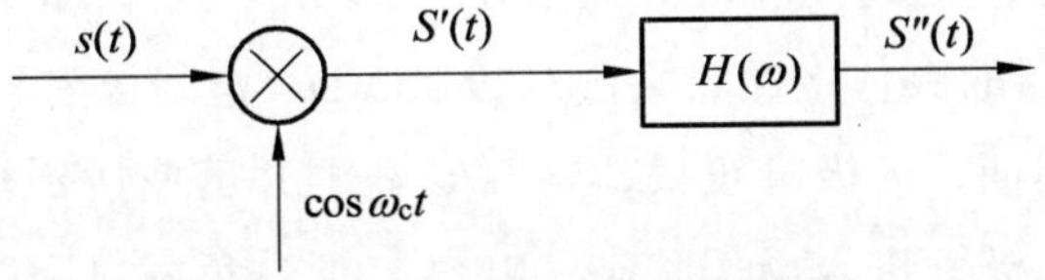

图 4-10　相干解调器的一般模型

1. AM 信号的解调

将已调信号 $s(t)$ 与同频同相的相干载波 $\cos\omega_c t$ 相乘后可得

$$\begin{aligned}s'(t) &= s(t)\cos\omega_c t \\ &= \left[m(t)+A_0\right]\cos^2\omega_c t \\ &= \frac{1}{2}A_0+\frac{1}{2}m(t)+\frac{1}{2}A_0\cos 2\omega_c t+\frac{1}{2}m(t)\cos 2\omega_c t\end{aligned}$$

上式中包含直流分量 $\frac{1}{2}A_0$、调制信号 $\frac{1}{2}m(t)$、载波的二次谐波分量 $\frac{1}{2}A_0\cos 2\omega_c t$，以及位于 $\pm 2\omega_c$ 附近的边带分量 $\frac{1}{2}m(t)\cos 2\omega_c t$。其中，只有直流分量和调制信号才能够通过低通滤波器，故解调器的输出为

$$s''(t)=\frac{1}{2}A_0+\frac{1}{2}m(t)$$

通过“隔直通交”的电容后，即可得到无失真的调制信号 $m(t)$。

2. DSB 信号的解调

DSB 信号的相干解调情况和调幅信号的解调基本相同，只是此时 $A_0=0$，故可写成

$$s'(t) = \frac{1}{2}m(t) + \frac{1}{2}m(t)\cos 2\omega_c t$$

上式中包含调制信号 $\frac{1}{2}m(t)$ 以及位于 $\pm 2\omega_c$ 附近的边带分量 $\frac{1}{2}m(t)\cos 2\omega_c t$，因此通过低通滤波器的输出为

$$s''(t) = \frac{1}{2}m(t)$$

这就是 DSB 信号相干解调后恢复的调制信号。

（二）非相干解调

所谓非相干解调，就是在解调时不需要相干载波，而是利用已调信号的包络信息来恢复原始的调制信号。

最常用的非相干解调器是包络检波器。所谓包络检波器，就是这样一种电路：当其输入端加有已调信号时，其输出信号正比于输入信号的包络。在幅度调制系统中，只有 AM 信号的包络与调制信号成正比，因此，包络检波器只对 AM 信号的非相干解调适用。

图 4-11 为包络检波器的具体电路，它由二极管 VD、电阻 R 和电容 C 组成。其工作原理是：在输入信号的正半周期，二极管正偏，电容 C 充电并迅速达到输入信号的峰值；当输入信号低于这个峰值时，二极管进入反偏状态，电容 C 通过负载电阻缓慢地放电，放电过程将一直持续到下一个正半周期；当输入信号大于电容两端的电压时，二极管再次导通，并重复以上过程。输入输出波形如图 4-12 所示。

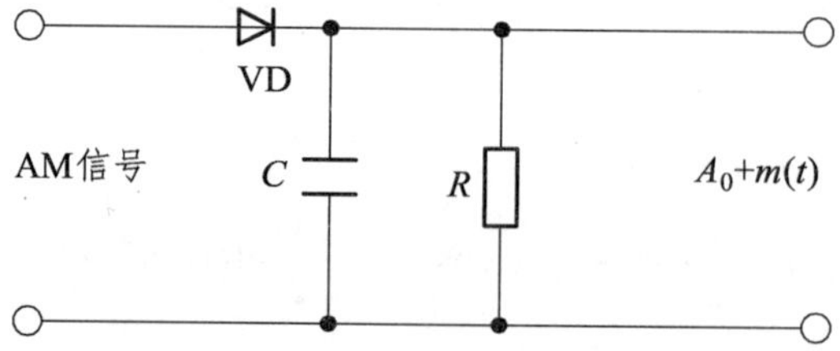

图 4-11　包络检波器的原理框图

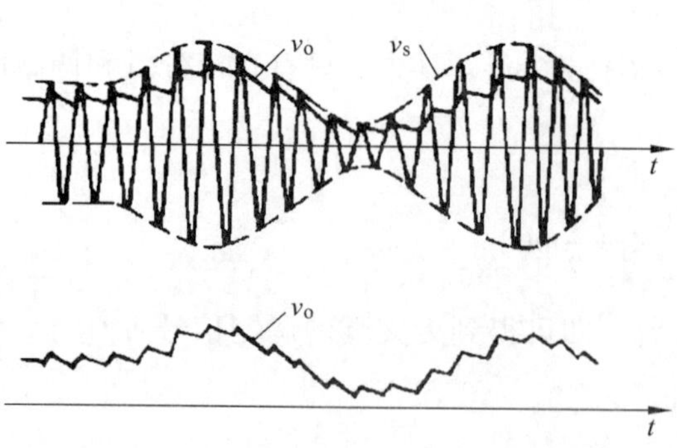

图 4-12　包络检波器的输入 v_s 输出 v_o 波形图

此时，包络检波器的输出与输入信号的包络十分相近，即

$$s''(t) \approx A_0 + m(t)$$

其中，$A_0 \geqslant |m(t)|_{\max}$，隔去直流后就得到原始的调制信号 $m(t)$。

包络检波器的优点：电路简单、效率高，特别是接收端不需要与发送端同频同相位的载波信号，大大降低了实现难度。故几乎所有的调幅（AM）接收机都采用这种电路。

任务三　非线性调制

学习目标

- 理解角度调制的概念。
- 理解调频和调相之间的关系。
- 了解 FM 信号的产生与解调。
- 掌握各种模拟调制系统的性能。

学习内容

调制时，若载波的频率随调制信号变化而变化，则称为频率调制（FM）；若载波的相位随调制信号变化而变化，则称为相位调制（PM），它们均属于非线性调制。

在这两种调制过程中，载波的幅度都保持恒定不变，只有频率和相位受调制。由于频率和相位的变化都可以看成是载波角度的变化，故 FM 和 PM 又称为角度调制。鉴于频率调制应用较多，下面主要讨论频率调制的相关原理。

一、角度调制的基本概念

设载波信号为 $A\cos(\omega_c t+\varphi_0)$，则 FM 信号和 PM 信号可统一表示为瞬时相位 $\theta(t)$ 的函数，即

$$s(t)=A\cos[\theta(t)]$$

根据前面对调频的定义，调频系统中载波信号的频率增量和调制信号 $m(t)$ 成比例，即

$$\Delta\omega=K_{FM}m(t)$$

故调频信号的瞬时角速度 $\omega(t)$ 为

$$\omega(t)=\omega_c+\Delta\omega=\omega_c+K_{FM}m(t)$$

式中，K_{FM} 叫作频偏指数（调频灵敏度），它由电路的参数确定。

由于瞬时角速度和瞬时相位之间是微积分的关系，即

$$\omega(t)=\frac{d\theta(t)}{dt}$$

故瞬时相位为

$$\theta(t)=\omega_c t+K_{FM}\int m(t)\mathrm{d}t$$

调频信号的时域表达式为

$$s_{FM}(t)=A\cos\left[\omega_c t+K_{FM}\int m(t)\mathrm{d}t\right]$$

若某调制信号的最大幅度为 A_m，最大角速度为 ω_m，则

$$\beta_{FM}=\frac{K_{FM}\cdot A_m}{\omega_m}=\frac{\Delta\omega_m}{\omega_m}=\frac{\Delta f_m}{f_m}$$

式中，Δf_m 为调频过程中的最大频偏，β_{FM} 称做调频指数。

可以证明，调频信号 FM 的带宽 B_{FM} 为

$$B_{FM}=2(\beta_{FM}+1)B \tag{4-5}$$

式中，B 为调制信号的带宽。

与幅度调制相比，频率调制有以下两个特点：

（1）较高的抗噪声性能。然而有得就有失，获得这种优势的代价是 FM 需占用比 AM 更宽的带宽。

（2）角度调制属于非线性调制。已调信号的频谱仍然被搬移到 ω_c 两边，但与原调制信号的频谱没有线性关系，而是频谱的非线性变换，会产生与频谱搬移不同的新的频率成分。

由于相位调制与频率调制存在线性关系，上述特点同样适用于相位调制。

【例 3-2】 已知载波信号频率为 100 MHz，调制信号为 $m(t)=20\cos 2\pi\times10^5 t\ \ (\mathrm{V})$，假设调频灵敏度 $K_{FM}=50\pi\times10^3\ \mathrm{rad/V}$。试求：

（1）确定已调信号的带宽。

（2）若调制信号的幅度加倍，则已调信号的带宽为多少？

【解】（1）已调信号的瞬时角速度 $\omega(t)$ 为

$$\begin{aligned}\omega(t)&=\omega_c+\Delta\omega=\omega_c+K_{FM}m(t)\\&=2\pi\times10^5+1\,000\pi\times10^3\cos 2\pi\times10^5 t\end{aligned}$$

其最大频偏为

$$\Delta\omega=K_{FM}\left|m(t)\right|_{max}=\pi\times10^6$$

所以

$$\beta_{FM}=\frac{K_{FM}\cdot A_m}{\omega_m}=\frac{\Delta\omega_m}{\omega_m}=\frac{\pi\times10^6}{2\pi\times10^5}=5$$

$$B_{FM}=2(\beta_{FM}+1)B=1.2\times10^6\ \mathrm{Hz}=1.2\ \mathrm{MHz}$$

（2）若调制信号的幅度加倍，则其最大频偏为

$$\Delta\omega=K_{FM}\left|m(t)\right|_{max}=2\pi\times10^6$$

所以

$$\beta_{FM}=\frac{K_{FM}\cdot A_m}{\omega_m}=\frac{\Delta\omega_m}{\omega_m}=\frac{2\pi\times10^6}{2\pi\times10^5}=10$$

$$B_{FM}=2(\beta_{FM}+1)B=2.2\times10^6\ \text{Hz}=2.2\ \text{MHz}$$

二、调频和调相之间的关系

频率和相位之间存在微积分的关系，即频率的积分是相位，相位的微分是频率。因而 FM 调频器也可用来产生 PM 信号，只需将调制信号在送入 FM 调制器之前先进行微分即可。同样，也可用 PM 调制器来产生 FM 信号，只需将调制信号在送入 PM 调制器之前先进行积分即可。图 4-13 给出了 FM 与 PM 之间的关系。

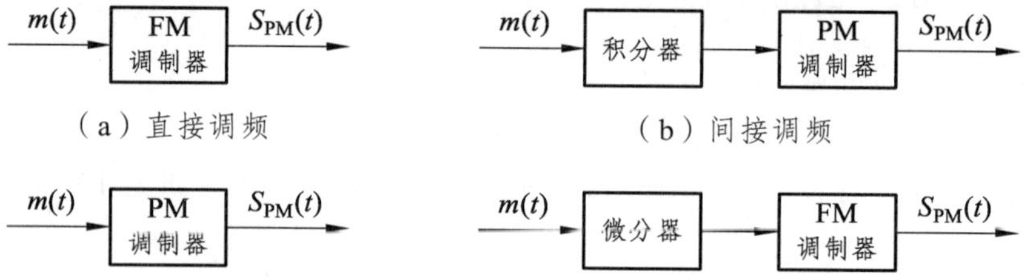

（a）直接调频　（b）间接调频

（c）直接调相　（d）间接调相

图 4-13　FM 与 PM 之间的关系图

图 4-14 画出了以单频信号作为调制信号时调相信号和调频信号的波形图。可以发现，单纯从已调信号的波形上不能区分 FM 和 PM 信号，二者的区别在于 FM 信号的频率（载波疏密程度）的变化规律直接反映了 $m(t)$ 的变化规律，而 PM 信号的频率变化规律反映了信号斜率（对信号的微分）的变化规律。

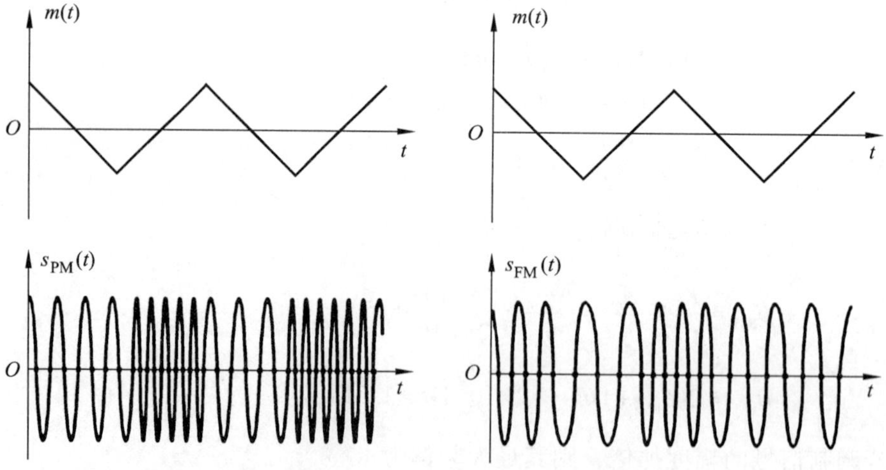

（a）PM 信号波形示例　（b）FM 信号波形示例

图 4-14　PM 与 FM 信号波形比较

三、FM 信号的产生与解调

（一）FM 信号的产生

产生调频信号一般有两种方法：一种是直接调频法，另一种是间接调频法。直接调频法是利用压控振荡器（Voltage Controlled Oscillator，VCO）作为调制器，调制信号直接作用于压控振荡器使其输出频率随调制信号变化而变化的等幅振荡信号；间接调频法不是直接用调制信号去改变载波的频率，而是先将调制信号积分再进行调相，继而得到调频信号。这里只介绍直接调频法。

直接调频法的原理如图 4-15 所示。其原理十分简单，它是由输入的调制信号 $m(t)$ 直接改变电容-电压或电感-电压可变电抗元件的电容值或电感值，使载频振荡器的调谐回路参数改变，从而使输出频率随输入信号 $m(t)$ 成正比地变化。

图 4-15　直接调频法示意图

直接调频法的优点是能得到很大的频率偏移，其缺点是载频会发生飘移，因而需要附加稳频电路。

（二）FM 信号的解调

FM 信号与 AM 信号一样需要进行解调，但一般把 FM 信号的解调器称为鉴频器，把 PM 信号的解调器称为鉴相器。

FM 信号的解调方法通常也有两种，一种是相干解调，另一种是非相干解调，实际中多采用非相干解调。非相干解调器有两种形式：一种是鉴频器，另一种是锁相环解调器，这里只介绍鉴频器。

FM 信号的非相干解调原理框图如图 4-16 所示，主要由限幅带通滤波器、鉴频器和低通滤波器组成，其中鉴频器包括微分器和包络检波器两部分。

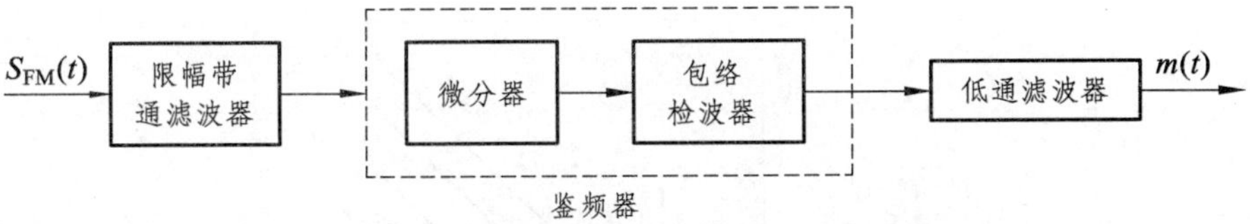

图 4-16　调频信号的非相干解调原理框图

假设输入的 FM 信号为

$$s_{\mathrm{FM}}(t)=A\cos\left[\omega_{\mathrm{c}}t+K_{\mathrm{FM}}\int m(t)\mathrm{d}t\right]$$

输入信号经过限幅及带通滤波器后，滤除信道中的噪声和其他干扰。微分器的作用是把幅度恒定的调频波 $s_{\mathrm{FM}}(t)$ 变成幅度和频率都随调制信号 $m(t)$ 变化的调幅调频波 $s_{\mathrm{d}}(t)$，即

$$s_{\mathrm{d}}(t)=-A[\omega_{\mathrm{c}}t+K_{\mathrm{FM}}m(t)]\sin[\omega_{\mathrm{c}}t+K_{\mathrm{FM}}\int_{-\infty}^{t}m(\tau)\mathrm{d}\tau]$$

包络检波器则将其幅度变化检出并滤除直流，再经过低通滤波器后，滤除调制信号以外的噪声，输出 $m_o(t)$。

$$m_o(t)=K_d K_{FM} m(t)$$

式中，K_d 为鉴频器灵敏度。

四、各种模拟调制系统的性能比较

不同的调制方式，在提高传输的有效性和可靠性方面各有优势。为了便于在实际中合理地选用以上介绍的各种模拟调制系统，下面简单介绍一下各模拟调制系统的有效性和可靠性。

（一）传输带宽

表 4-1 归纳出了各种调制系统的传输带宽、优缺点和主要应用。由表可知，单边带幅度调制的有效性能最好，而调频系统的有效性能最差。

表 4-1　各种模拟调制系统的性能比较

调制方式	传输带宽	优缺点	主要应用
AM	2B	优点：接收设备简单； 缺点：功率利用率低，抗干扰能力差	中波和短波调幅广播
DSB	2B	优点：功率利用率高	应用较少
SSB	B	优点：功率利用率和频带利用率都较高； 缺点：收发设备都复杂	常用于频分复用系统中
FM	$2(\beta_{FM}+1)B$	优点：抗干扰能力强； 缺点：频带利用率低	常用于调频立体声广播

（二）抗噪声性能

图 4-17 画出了各种模拟调制系统的抗噪声性能曲线，图中的圆点表示门限点。门限点以下，曲线迅速下跌；门限点以上，DSB、SSB 的信噪比比 AM 高 4.7 dB 以上，而 FM（$\beta_{FM}=6$）的信噪比比 AM 高 22 dB，而且调频指数 β_{FM} 越大，调频系统的抗噪声性能越好。

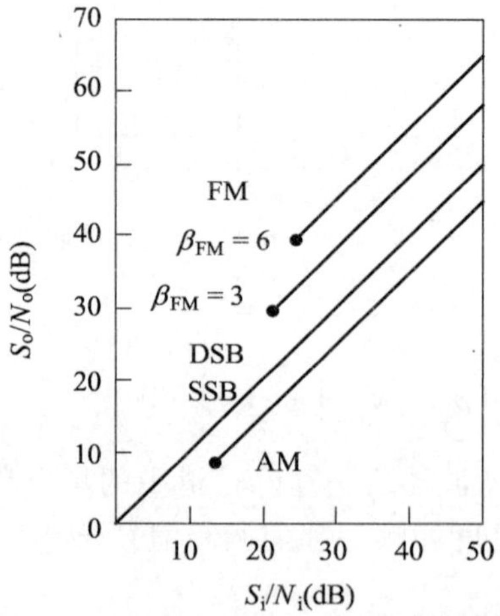

图 4-17　各种模拟调制系统的抗噪声性能曲线

任务四　幅度调制系统的 MATLAB 仿真

一、实训目的

（1）掌握信号频谱计算原理和仿真方法。
（2）掌握模块化编程思想。
（3）进一步加深对幅度调制原理的理解。
（4）培养探究精神和分析问题、解决问题的能力。

二、实训内容

以常规双边带幅度调制为例，用 MATLAB 仿真信号调制、解调、滤波等模块。

三、程序清单

1. 滤波器模块——巴特沃斯低通滤波器

```
function [b, a]= Buttord_Filter(Wp, Ws, Rp, Rs, N, Fs)
% 滤波器设计参数(计算归一化角速度)
Wp=Wp/(Fs/2);          % 通带截止频率
Ws=Ws/(Fs/2);          % 阻带起始频率
% 计算滤波器的最低阶数 n 和 3 dB 截止频率 Wc
[n, Wc]=buttord(Wp, Ws, Rp, Rs);
% 计算系统函数 H(z)的分子、分母多项式系数
[b, a]=butter(n, Wc);
% 计算系统函数 H(z)的幅频响应：freqz(b, a, 计算点数, 采样速率);
[H, F]=freqz(b, a, N, Fs);
```

2. 主程序

```
clear;clc;close all;   % 程序初始化
Fs=500;                % 采样频率
T=1/Fs;                % 采样间隔
N=2000;                % 采样点数
fm=40;                 % 调制信号的频率
fc=100;                % 载波信号的频率
t=(0:1:N-1)*T;         % 定义整个采集时间点
```

```
f=(0:1:N/2)*Fs/N;          % 生成频率范围
% 设置调制信号、载波信号和直流分量
ym=cos(2*pi*fm*t);         % 调制信号
yc=cos(2*pi*fc*t);         % 载波信号
A=2;                       % 直流分量
% 调制和相干解调
y=(A+ym).*yc;              % 已调信号
y1=y.*yc                   % 相干解调
% 设置滤波器指标参数
fp=50;                     % 通带截止频率
fs=80;                     % 阻带起始频率
Rp=1;                      % 通带纹波系数
Rs=20;                     % 阻带衰减系数
% 调用滤波器子函数
[b, a] = Buttord_Filter(fp, fs, Rp, Rs, N, Fs);
y2=filter(b, a, y1);       % filter 函数实现 IIR 滤波器
%时域分析
figure(1)
plot(t, y)                         % 绘制已调信号波形，如图 4-18
title ('已调信号时域波形')         % 对坐标轴进行配置
xlabel('Time in s')
ylabel('Amplitude')
%频域分析
figure(2)
subplot(2, 2, 1)
%调制信号幅度谱
Y_magnitude=fft_magnitude(ym, f, Fs, N);
plot(f, Y_magnitude)          % 绘制幅度谱，如图 4-19（左上）
title ('调制信号幅度谱')      % 对坐标轴进行配置
xlabel('Frequency in Hz')
ylabel('Amplitude')
axis([0 Fs/2 0 2.5])
subplot(2, 2, 2)
%已调信号幅度谱
Y_magnitude=fft_magnitude(y, f, Fs, N);
plot(f, Y_magnitude)          % 绘制幅度谱，如图 4-19（右上）
```

```
title ('已调信号幅度谱')     % 对坐标轴进行配置
xlabel('Frequency in Hz')
ylabel('Amplitude')
axis([0 Fs/2 0 2.5])
subplot(2, 2, 3)
%相干解调后信号幅度谱
Y_magnitude=fft_magnitude(y1, f, Fs, N);
plot(f, Y_magnitude)                    % 绘制幅度谱，如图 4-19（左下）
title ('相干解调后信号幅度谱')          % 对坐标轴进行配置
xlabel('Frequency in Hz')
ylabel('Amplitude')
axis([0 Fs/2 0 2.5])
subplot(2, 2, 4)
%信号经过低通滤波后幅度谱
Y_magnitude=fft_magnitude(y2, f, Fs, N);
plot(f, Y_magnitude)                    % 绘制幅度谱，如图 4-19（右下）
title ('信号经过低通滤波后幅度谱')    % 对坐标轴进行配置
xlabel('Frequency in Hz')
ylabel('Amplitude')
axis([0 Fs/2 0 2.5])
%% 低通滤波器的幅频相频特性
pha=angle(H)*180/pi;
figure(3);
subplot(2, 1, 1);
plot(F, 20*log10(abs(H)));
xlabel('Frequency in Hz');
ylabel('Gain in dB');
axis ([0 Fs/2 -50 0]);
grid on;
subplot(2, 1, 2);
plot(F, pha);
xlabel('Frequency in Hz');
ylabel('Phase');
axis ([0 Fs/2 -50 0]);
grid on;
title('低通滤波器');
end
```

运行结果如图 4-18、图 4-19 所示。

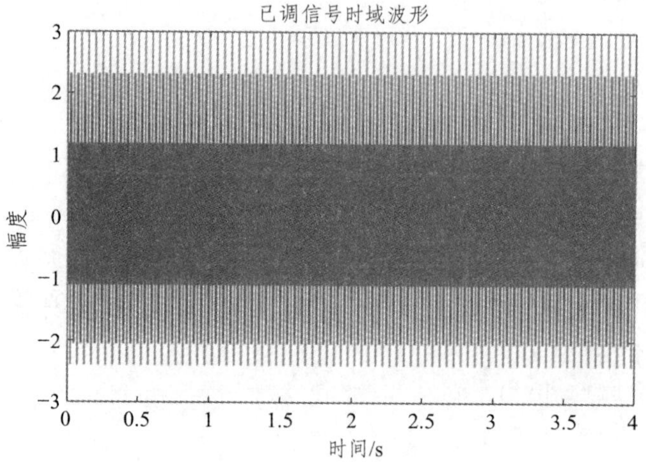

图 4-18　已调信号的波形

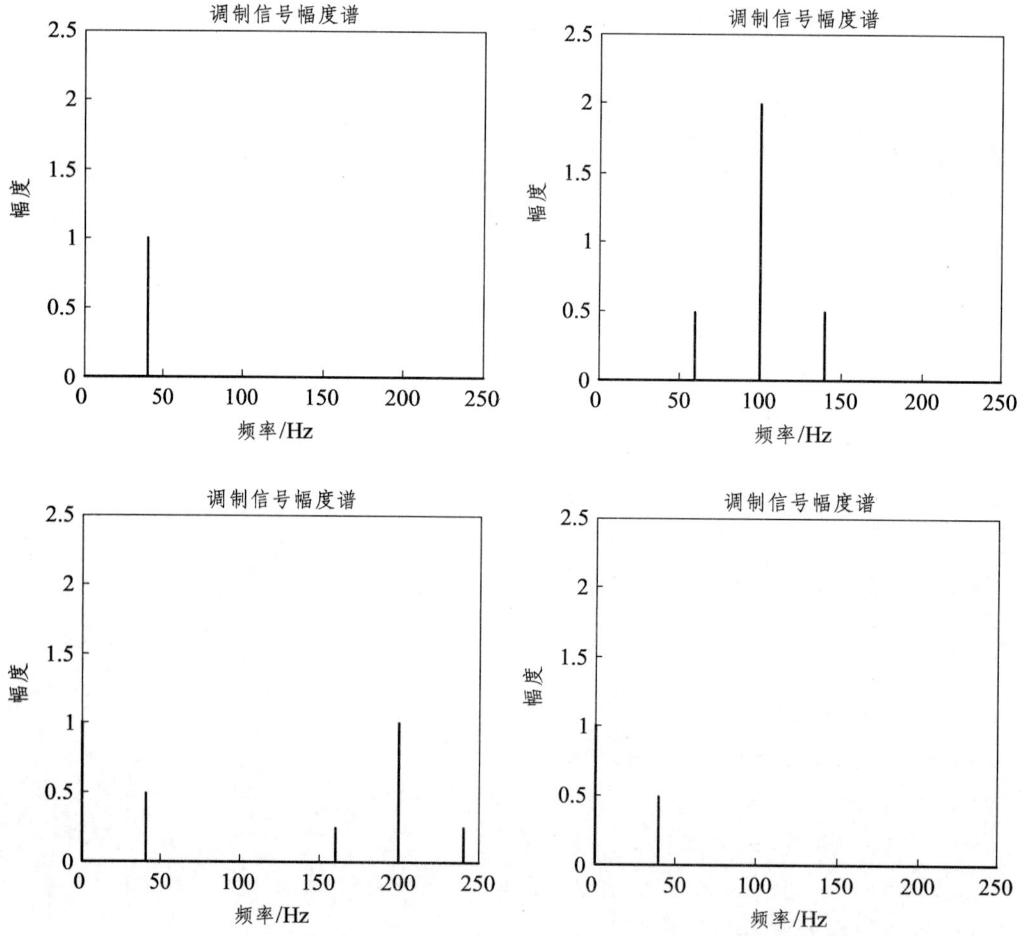

图 4-19　调制信号、已调信号、解调后信号和滤波后信号的幅度谱（自左向右、自上而下）

考核标准

（1）考核形式：理论部分采用闭卷、笔试形式，实验部分采用上机考试。

（2）考核题型：选择题、填空题、判断题、简答题、计算题和 MATLAB 仿真。

（3）考核内容、要求和所占比重如表 4-2 所示。

表 4-2　项目四考核标准

考核内容	考核要求				所占比重
	了解	理解	掌握	会用	
任务一 调制的基本概念					10%
1. 调制的定义	√				
2. 调制的目的		√			
3. 调制的分类		√			
任务二 线性调制					
1.（[常规双边带幅度调制]）		√	√	√	
2.（[抑制载波双边带幅度调制]）		√	√	√	
3.（[单边带幅度调制]）		√	√		
4. 残留边带幅度调制		√			
5.（[调幅信号的解调]）		√	√	√	
任务三 非线性调制					
1. 角度调制的基本概念		√			
2. 调频和调相之间的关系		√			
3. FM 信号的产生与解调		√			
4.（[各种模拟调制系统的性能比较]）		√	√		
任务四 幅度调制系统的 MATLAB 仿真	√				
1.（[幅度调制的基本原理]）		√	√		
2. 信号频谱的计算方法		√	√		

注：表中的“√”表示对知识和技能考核的层次要求；打“[ ]”的为重点内容，打“( )”的为难点内容，打“*”的可作为自学内容。

项目四试题库

1. 什么是调制？调制的作用是什么？

2. 什么是线性调制？常见的线性调制有哪些？

3. AM 信号的波形和频谱有哪些特点？

4. 相对 AM 信号来说，为什么要抑制载波？

5. 什么是频率调制？什么是相位调制？两者关系如何？

6．已知某已调信号的时域表达式为 $s(t)=\cos\omega_{\mathrm{m}}t\cos\omega_{\mathrm{c}}t$，其中载波为 $\cos\omega_{\mathrm{c}}t$，$\omega_{\mathrm{c}}=6\omega_{\mathrm{m}}$。试分别画出已调信号的时域波形图和频谱图。

7．已知某调幅信号的表达式为 $s(t)=(2+A\cos2\pi f_{\mathrm{m}}t)\cos2\pi f_{\mathrm{c}}t$。其中调制信号的频率为 $f_{\mathrm{m}}=10$ kHz，载波频率为 $f_{\mathrm{c}}=20$ MHz，$A=10$。试求：

（1）该调幅信号是否能采用包络检波器进行解调，并说明理由。

（2）画出它的解调原理框图和解调频谱图。

8．某调制方框图如图 4-20（a）所示。已知 $x(t)$ 的频谱如图 4-20（b）所示，载频 $\omega_{\mathrm{c}}>\omega_{\mathrm{m}}$ 且理想带通滤波器的带宽为 $B=2\omega_{\mathrm{m}}$。试求：

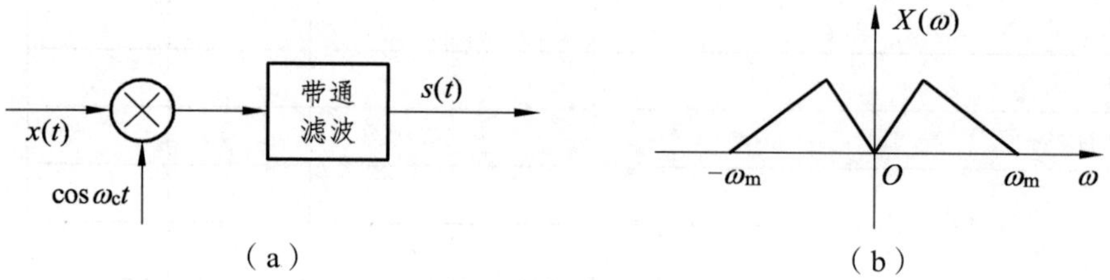

图 4-20　题 8 图

（1）理想带通滤波器的中心频率为多少？

（2）说明 $s(t)$ 为何种已调制信号。

（3）画出 $s(t)$ 的频谱图。

博学之，审问之，慎思之，明辨之，笃行之。

——（西汉）戴圣《礼记·中庸》

项目五　数字信号传输机理

项目导引

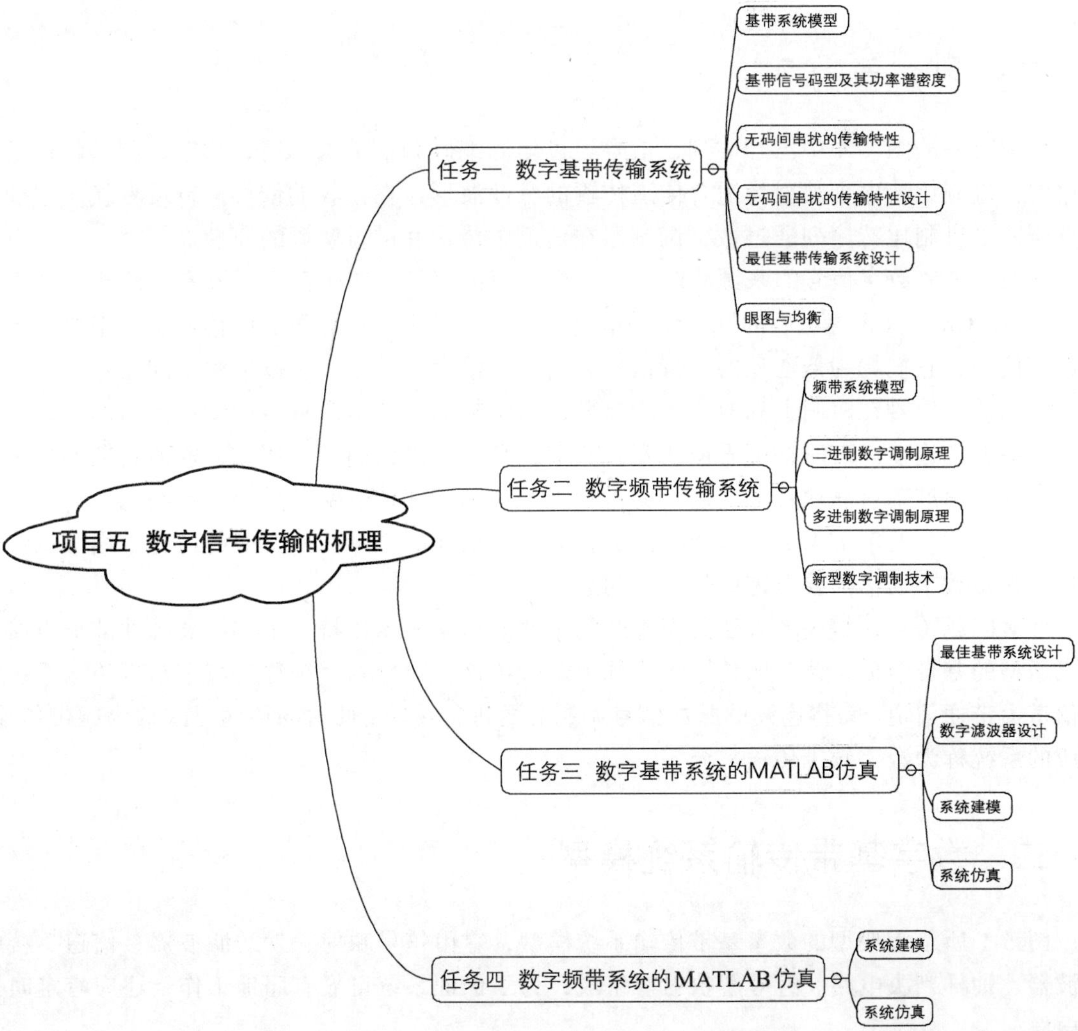

任务一　数字基带传输系统

学习目标

- 掌握数字基带传输系统的组成及工作原理。
- 了解基带信号码型及其功率谱密度。
- 掌握无码间干扰的基带传输特性。
- 掌握无码间干扰的传输波形。
- 了解眼图与均衡的作用。

学习内容

一、引　言

在项目一的图 1-4 中已经讲到，信号经过信源编码和信道编码后，数字调制器将信道编码后的二进制比特序列映射为适合信道传输的脉冲波形，在接收端依次进行反变换。本项目重点研究二进制比特序列通过数字调制器在信道中传输并进行解调的原理。

一般来说，数字信号的来源有两个：一个是模拟信号（如话音、图像等）经过 A/D 变换（PCM、DPCM、AM 等）后的脉冲编码信号；另一个是来自计算机、电传机、发报机等天然的数字信号，它们均为低通型的基带信号。它们在信道中传输面临以下两个问题：

（1）数字信号在时间上和取值上均离散，而实际的物理信道只能传输连续的信号，时间连续，幅度也连续。有时幅度看似跳变，其实只是变化极快而已。那么，取值离散的二进制比特序列如何准确可靠地传输到通信的对端呢？这是数字传输要考虑的首要问题。

（2）实际中的信道大多为带通型信道，如何将低通的基带信号变换成适合带通信道传输的信号，是数字通信需要考虑的另一个问题。

针对问题（1），解决的方法是用连续的脉冲波形来表示比特 1 和 0。若脉冲波形直接通过低通型的基带信道，此时的传输方式称为基带传输，对应的系统称为数字基带传输系统；若信道为带通信道，需将连续的脉冲信号调制后再进行传输，此时的传输方式称为频带传输，对应的系统称为数字频带传输系统。

二、数字基带传输系统模型

图 5-1 所示为典型的数字基带传输系统模型，它由符号映射、发送滤波器、信道、接收滤波器、抽样判决电路、符号解映射等组成，为了保证系统可靠有序地工作，还应有定时提取电路。

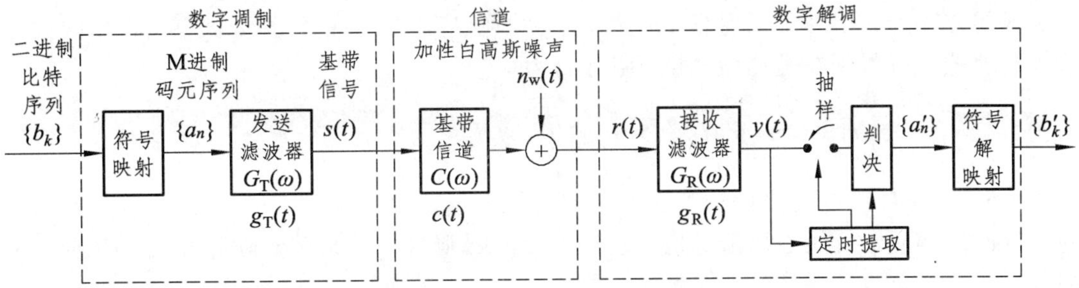

图 5-1　数字基带传输系统模型

系统工作过程及各部分作用如下。

（一）符号映射

数字基带传输系统的输入通常是由一系列抽象的0和1组成的二进制比特序列,用$\{b_k\}$表示，符号映射的作用是将抽象的0和1映射成码元序列。例如，将0映射为低电平0.3 V，将1映射为高电平3.6 V。

符号映射主要包括以下两种情况：

（1）一个比特映射为一个码元，通常应用于二进制传输，映射后的连续信号波形有两个，码元周期T_s与比特周期T_b相同。

（2）K个比特映射为一个码元，主要用于多进制传输，映射后的连续信号波形有M个（$M=2^K$），码元周期T_s是比特周期T_b的K倍（$T_s=KT_b$）。

设输入信号为$d(t)$,为分析问题方便,假设该信号为时间间隔为T_b的一系列冲激信号$\delta(t)$所组成的二进制比特序列$\{b_k\}$，可表示式为$\sum\limits_{k=-\infty}^{\infty} b_k\delta(t-kT_b)$，其中$k$为序号，表示第$k$个比特，$b_k$为第$k$个比特，取值为0或1。

映射后的码元序列$\{a_n\}$的数学表示式为

$$d(t)=\sum_{k=-\infty}^{\infty} a_n\delta(t-nT_s) \tag{5-1}$$

式中，n为序号，表示第n个码元；a_n为第n个码元的电平值。

需要说明的是，符号映射后的码元序列有多种形式。例如，可以将0映射为0.3 V，将1映射为3.6 V；也可以将0映射为－3.6 V，将1映射为3.6 V。将码元序列的结构或排列规律称为码型。不同的映射方式对应不同的码型，码型不同，基带信号的频谱特性也不相同。因此，符号映射又叫码型变换或码型编码。

（二）发送滤波器

符号映射后，比特1和0对应码元的极性和幅值确定下来了，但表示码元的波形通常是矩形脉冲，其频带较宽，不利于信道传输，必须先将其转换成合适的脉冲波形。发送滤波器的功能是将码元序列变换成适合信道传输的连续波形。因此，发送滤波器又称脉冲成形电路。

实现的方法是，让码元序列 $\{a_n\}$ 通过一个冲激响应为 $g_T(t)$ 的线性滤波器，根据线性时不变系统的理论，可得到发送滤波器的输出 $s(t)$ 为

$$s(t)=d(t)*g_T(t)=\sum_{n=-\infty}^{\infty}a_n g_T(t-nT_s) \tag{5-2}$$

式（5-2）就是二进制比特序列所对应的连续波形，即数字基带信号。$g_T(t)$ 是发送滤波器的单位冲击响应，可能是矩形脉冲，也可能是 sinc 脉冲、升余弦滚降脉冲或根升余弦滚降脉冲等。

可见，数字基带信号 $s(t)$ 到底是什么样子，取决于符号映射后的码元 a_n 和发送滤波器的冲激响应 $g_T(t)$。

（三）信　道

基带传输系统的信道通常为电缆等有线信道，信道的传输特性 $C(\omega)$ 通常不满足无失真传输条件，假设信道的数学模型是加性白高斯噪声信道，噪声为 $n_w(t)$，则数字基带信号 $s(t)$ 通过信道后的输出信号 $r(t)$ 可表示为

$$r(t)=s(t)*c(t)+n_w(t)=d(t)*g_T(t)*c(t)+n_w(t) \tag{5-3}$$

（四）接收滤波器

接收滤波器的功能有两个：一是滤除带外噪声，二是对接收的波形进行均衡，以便抽样判决电路正确判决。其输出信号 $y(t)$ 可表示为

$$\begin{aligned}y(t)&=r(t)*g_R(t)\\&=d(t)*g_T(t)*c(t)*g_R(t)+n_w(t)*g_R(t)\\&=d(t)*h(t)+n_o(t)\end{aligned} \tag{5-4}$$

式中，$h(t)=g_T(t)*c(t)*g_R(t)$，表示发送滤波器、信道和接收滤波器构成的总的传输特性。

（五）抽样判决

在传输特性不理想及噪声背景下，在规定时刻（由定时脉冲控制）对接收滤波器的输出 $y(t)$ 的波形进行周期性抽样，获得抽样值序列 $y(kT_s)$，然后将抽样值和最佳判决门限进行比较，做出判决，输出码元序列 $\{a_n'\}$。这里强调以下两点：

（1）用来抽样的定时脉冲是通过位定时提取电路从接收信号 $y(t)$ 中提取的。

（2）与模拟信号的接收系统相比，数字通信系统均增加了“抽样判决”模块，这是数字通信系统所特有的模块，其功能是抽样、判决后将码元再生，恢复出数字序列中的“1”和“0”。

知识卡片

对于模拟信号的接收，在乎的是信号波形的保真度。

对于数字信号的接收，目的不是保持输入信号波形的不变，而是关注输出信号中每个码元在抽样时刻的取值和判决情况。

（六）符号解映射

符号解映射与符号映射相反，其功能是将码元序列 $\{a_n'\}$ 变换回二进制比特序列 $\{b_k'\}$。

可见，通过符号映射和波形成形两个步骤可以将二进制比特序列转换为连续的脉冲波形，进而在实际的物理信道中进行传输。

图 5-2 给出了基带系统各模块的输入输出波形。其中（a）是输入的二进制比特序列 $\{b_k\}$，二进制比特序列中最常见的信号波形是用正电平和零电平表示 1 和 0，或者说，在一个码元周期内，用脉冲的有和无表示 1 和 0；（b）是符号映射后的码元序列 $\{a_n\}$（一个比特映射一个码元）；（c）是脉冲成形后的数字基带信号 $s(t)$；（d）是信道输出信号 $r(t)$，显然由于信道频率特性不理想，波形发生失真并叠加了噪声；（e）为接收滤波器输出信号 $y(t)$，与（d）相比，失真和噪声减弱；（f）是位定时同步脉冲；（g）为抽样值序列 $y(kT_s)$，即 $\{a_n'\}$；（h）为恢复的二进制比特序列 $\{b_k'\}$。其中第 4 个码元发生了误码。误码的原因之一是信道中的加性噪声，原因之二是系统总的传输特性不理想，使码元之间相互串扰。

可见，接收端能否正确恢复信息，关键在于能否有效地抑制噪声和减小码间干扰，这是基带信号可靠传输的两大关键因素。

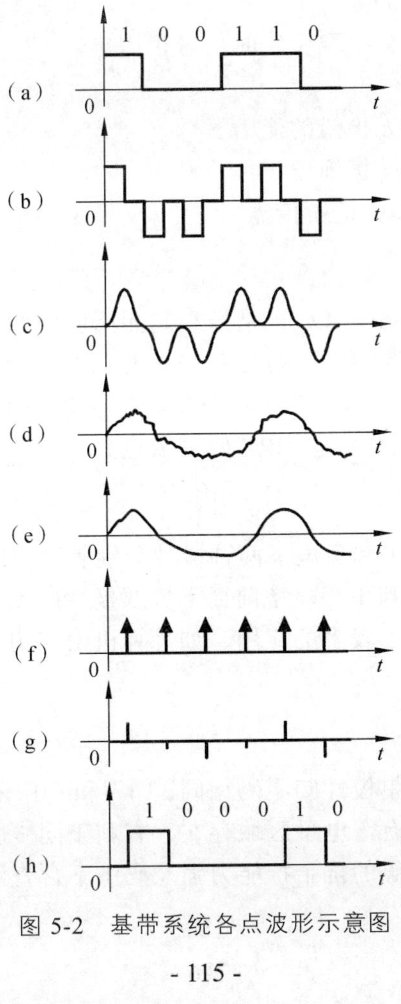

图 5-2　基带系统各点波形示意图

三、基带信号码型及其功率谱密度

对传输用的基带信号主要有两个方面的要求：一是对传输码型的要求，原始的消息代码必须变换成适合于传输用的码型；二是对所选码型的脉冲波形要求，脉冲波形应适合于基带系统的传输。前者属于传输码型的选择，后者是基带脉冲波形的选择。传输码型选择和基带脉冲波形选择是数字基带传输系统设计的两大主要任务，是保证传输误码率最低的关键。

（一）基带信号的码型

为了分析的方便，以传输二进制消息码“01000011000001010”为例，假设一个比特映射为一个码元，发送滤波器的冲激响应 $g_{\mathrm{T}}(t)$ 为矩形脉冲，传输码型主要有以下几种。

1. 单极性不归零码

所谓单极性，是指用正电平和零电平分别对应二进制码“1”和“0”，或者说，它在一个码元时间内用脉冲的有或无来表示“1”和“0”，当然反过来表示也是可以的；所谓不归零（Non-Return-to-Zero，NRZ），是指在整个码元周期内电平保持不变，其占空比 $\tau/T=100\%$。单极性不归零码的波形如图 5-3（a）所示。单极性不归零码有以下缺点：

（1）有直流成分，低频成分大。

（2）遇长连 1 或长连 0 时，提取位定时信号很困难。

（3）码间干扰大。

（4）前后码元相互独立，无检错的能力。

（5）传输时要求信道的一端接地。

因此 NRZ 码不适合在电缆信道中传输。

2. 单极性归零码

所谓归零码（Return-to-Zero，RZ），是指在码元周期内的某个时刻又回到零电平，即电脉冲宽度小于码元宽度。单极性归零码的波形如图 5-3（b）所示，其优点是含有位定时分量，不出现长 0 时，可直接提取。因此，其他码型在提取位定时信号时，通常将 RZ 码作为一种过渡码型。除此以外，RZ 码同样具有 NRZ 码的缺点。

3. 双极性不归零码

所谓双极性，是指用正电平和负电平两种极性分别表示“1”和“0”，双极性不归零码的波形如图 5-3（c）所示，在 0 和 1 等概率前提下，双极性码无直流成分，可以在电缆等无接地的传输线上传输，因此得到了较多的应用，如计算机中使用的串行 RS-232 接口就采用这种编码传输方式。

4. 双极性归零码

双极性归零码构成原理与单极性归零码相同，“1”和“0”在传输线路上分别用正电平和负电平表示，且相邻脉冲间必有零电平区域存在，有利于同步脉冲的提取，除此之外，双极性归零码也具有双极性非归零码的抗干扰能力强及码中不含直流成分的优点。双极性归零码的波形如图 5-3（d）所示。

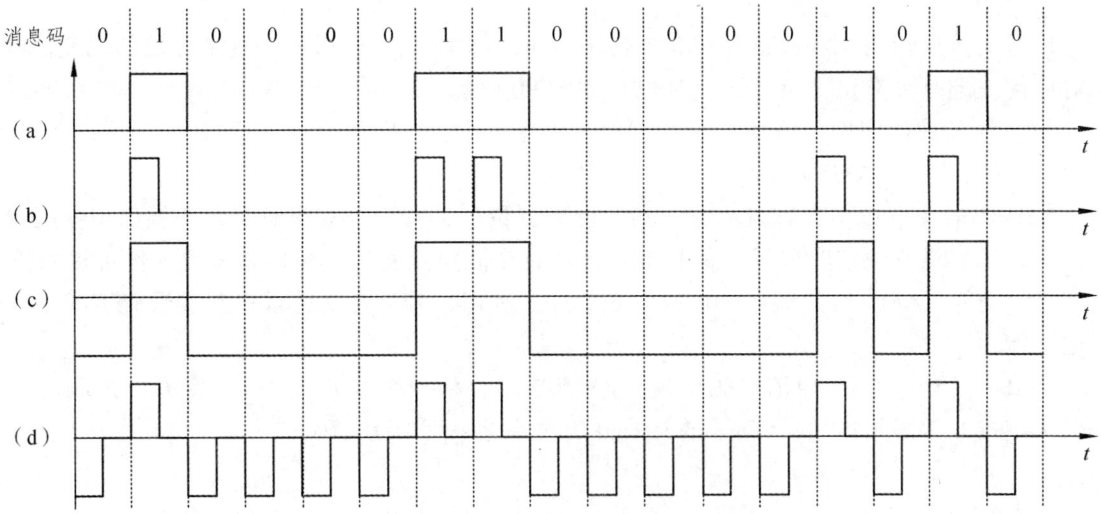

（a）单极性 NRZ 码　（b）单极性 RZ 码　（c）双极性 NRZ 码　（d）双极性 RZ 码

图 5-3　数字基带信号的基本码型

（二）常用的线路码型

在实际的基带传输系统中，并不是所有码型都适合在信道中传输。例如，前面介绍的 4 种码型均为前后码元相互独立，无检错的能力。含有直流分量和较丰富低频分量的单极性基带波形就不适宜在低频传输特性差的信道中传输，又如，当消息代码中包含长串的连续“1”或“0”符号时，非归零波形呈现出连续的固定电平，因而无法获取定时信息。通常，传输用的线路码型应具有下列主要特性：

（1）相应的基带信号无直流分量，且低频分量少。

（2）便于从信号中提取定时信息。

（3）信号中高频分量尽量少，以节省传输频带并减少码间干扰。

（4）不受信息源统计特性的影响，即能适应于信息源的变化。

（5）具有内在的检错能力。

（6）编译码设备要尽可能简单。

满足或部分满足以上特性的线路码型种类繁多，这里介绍目前常见的几种线路码型。

1. 差分码

在差分码中，用相邻码元的电平跳变和不变来表示“1”和“0”，图 5-4（a）中，以电平跳变表示“1”，以电平不跳变表示“0”。当然也可以以电平跳变表示“0”，以电平不变表示“1”。由于电平只具有相对意义，所以又称为相对码。用差分波形传送代码可以消除设备初始状态的影响。

在电报通信中，常把“1”称为传号（Mark），把“0”称为空号（Space）。若用电平跳变表示“1”，称为传号差分码；若用电平跳变表示“0”，则称为空号差分码。

2. AMI 码

传号交替反转码（Alternative Mark Inversion，AMI）是一种适用于基带传输的码型。AMI 码对应的波形是具有正、负、零三种电平的脉冲序列。

AMI 码的编码规则是将消息码的“1”（传号）交替地变换为“+1”和“−1”，而“0”（空号）保持不变。AMI 码的波形如图 5-4（b）所示。

AMI 码的优点：不含直流成分，高、低频分量少，可用于有交流耦合（例如用变压器）的信道；虽然没有位定时分量，但只要将其经过全波整流变为单极性归零码，便可提取位定时信号。此外，AMI 码的编译码电路简单，便于利用传号极性交替规律观察误码情况，具有检错的能力。

AMI 码的不足：当原消息码出现长连“0”时，信号的电平长时间不跳变，提取定时信号较为困难。解决长连“0”问题的有效方法之一是采用 HDB_3 码。

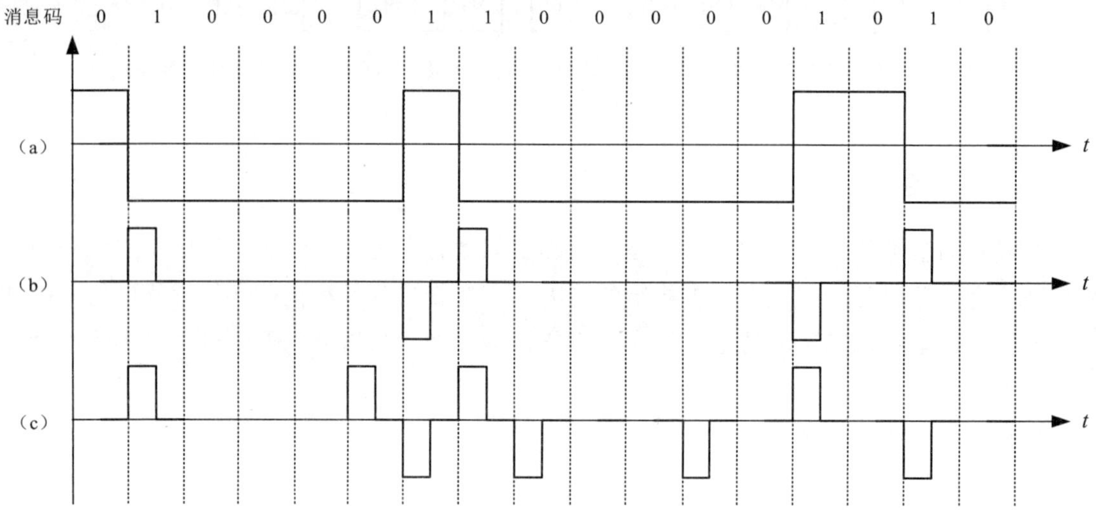

（a）差分码　　（b）AMI 码　　（c）HDB_3 码

图 5-4　常用的传输码型

3. HDB_3 码

HDB_3 码的全称是三阶高密度双极性码（High Density Bipolar of Order 3，HDB_3 码），它是 AMI 码的一种改进型。HDB_3 码保留了 AMI 码的所有优点，还可将连“0”码限制在 3 个以内，以解决 AMI 码遇长连“0”时提取位定时信号的困难。

HDB_3 码编码规则如下：

（1）当消息码中的连“0”个数不超过 3 时，仍按 AMI 码的规则编，即传号极性交替。

（2）当连“0”个数超过 3 时，先将消息码中的“1”码用 B 码代替，然后每 4 个连“0”用取代节 000 V 或 B00V 代替。替换时要确保任意两个相邻 V 脉冲间的 B 脉冲数目为奇数，即当两个 V 脉冲之间的传号数为奇数时采用 000V 取代节，偶数时采用 B00V 取代节。

取代节中 V 称为破坏脉冲，其功能是破坏极性交替变换，即 V 与前一个相邻的非“0”脉冲的极性相同；B 称为调节脉冲，其功能是满足极性交替变换。V 和 B 均代表“1”码且可正可负，即“V±”和“B±”脉冲与“±1”脉冲波形相同。

HDB_3码的波形如图 5-4（c）所示。HDB_3码具有无直流、低频成分少，频带较窄，提取同步信息方便等优点，是应用最广泛的码型，目前四次群以下的 A 律 PCM 终端设备的接口码型均为 HDB_3码。

（三）基带信号的功率谱密度

研究基带信号的频谱结构是十分必要的，通过谱分析，可以了解信号需要占据的频带宽度、所包含的频谱分量、有无直流分量、有无定时分量等。

在通信中，除特殊情况（如测试信号）外，数字基带信号通常都是随机脉冲序列，不能用傅里叶变换法确定其频谱，只能用统计的方法研究其功率谱。由于功率谱计算比较复杂，这里只给出推导的结果。

图 5-5、图 5-6 和图 5-7 分别给出了单极性不归零码和归零码、双极性不归零码和归零码以及 AMI 码和 HDB_3码的功率谱。

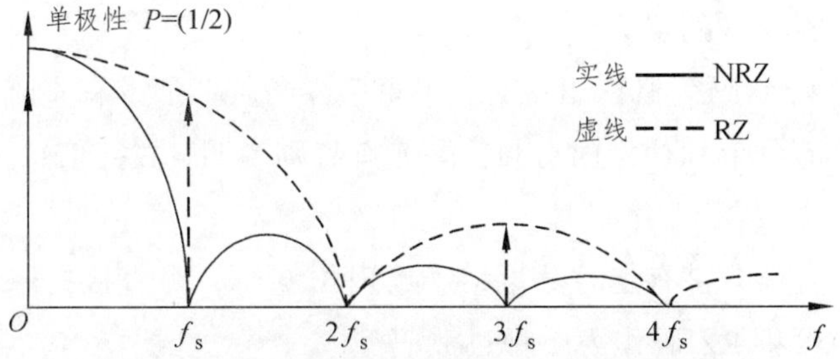

图 5-5　单极性 NRZ 码和 RZ 码的功率谱

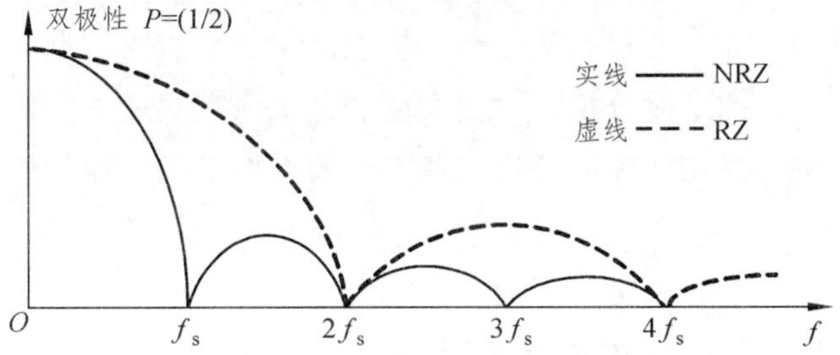

图 5-6　双极性 NRZ 码和 RZ 码的功率谱

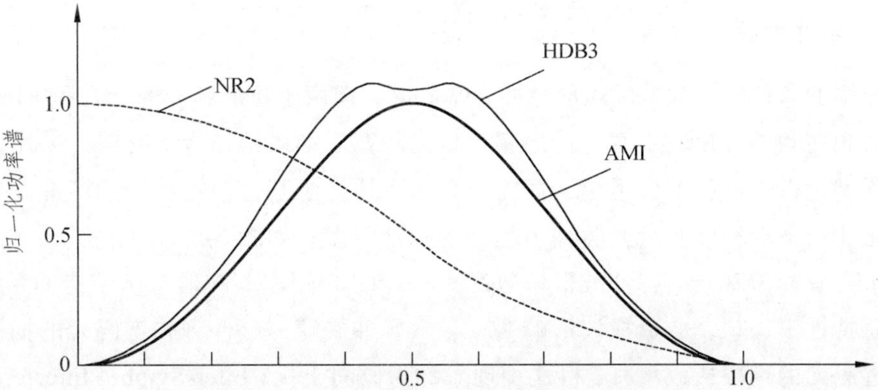

图 5-7　AMI 码和 HDB_3码的功率谱

从上面的功率谱可以看出：

（1）功率谱的形状取决于单个脉冲波形 $g_T(t)$ 的频谱函数。例如矩形波的频谱函数为 $\mathrm{Sa}(x)$，功率谱形状为 $\mathrm{Sa}^2(x)$。

（2）基带信号的带宽主要取决于时域波形的占空比。占空比越小，频带越宽。若码元周期为 T_s，以第一过零点计算，单极不归零码的带宽为 $f_s = 1/T_s$（占空比为 1），单极归零码的带宽为 $f_s = 2/T_s$（占空比为 50%时）。

（3）功率谱一般包含连续谱和离散谱两部分。其中，连续谱总是存在的，通过连续谱在频谱上的分布，可以看出信号功率在频率上的分布情况，从而确定传输数字信号的带宽。离散谱包括直流、位定时分量 f_s 及 f_s 的谐波，但离散谱不一定存在，它取决于矩形脉冲的占空比，而离散谱的存在与否关系到能否从脉冲序列中直接提取位定时信息，这一点，在本书研究位同步、载波同步等问题时将是十分重要的。如果做不到这一点，则要设法变换基带信号的码型，以利于位定时信号的提取。

（4）双极性码在 1、0 码等概率出现时，不论归零与否，都没有直流成分和离散谱。这就意味着双极性码无直流分量和位定时分量。除非有特别说明，数字信息一般都指 0、1 等概的情况。

（5）单极性 RZ 信号中含有定时分量，不出现长 0 时，可直接提取。因此，其他码型在提取位定时信号时，可将 RZ 码作为一种过渡码型。

有了以上这些结论，对其他脉冲序列的功率谱可以进行定性的分析，当然，具体的功率谱公式必须经过定量的计算。通过频谱分析，可以确定信号需要占据的频带宽度，还可以获得信号谱中的直流分量、位定时分量、主瓣宽度和谱滚降衰减速度等信息。这样，人们可以针对信号频谱的特点来选择相匹配的信道，或者说根据信道的传输特性来选择适合的信号波形和码型。

四、无码间干扰的传输特性

（一）码间干扰

上面介绍的各种码型都是以矩形脉冲为基础的，但由于矩形脉冲的上升和下降是突变的，其低频分量和高频成分比较丰富，占用频带也比较宽。如果信道带宽有限，采用以矩形脉冲为基础的码型进行传输就不合适了，而需要采用更适合于基带信道传输的脉冲波形，实际中常采用变化比较平滑的以升余弦脉冲为基础的脉冲波形，如图 5-8 所示。

以升余弦脉冲为基础的脉冲波形一般都有一定的“拖尾”，在通过基带传输系统时，由于系统传输总特性不理想，会造成波形畸变，导致脉冲展宽，延伸到临近码元的抽样时刻上，从而对邻近码元的判决造成干扰，将这种现象称为码间干扰（Inter-Symbol Interference，ISI），如图 5-8 所示。

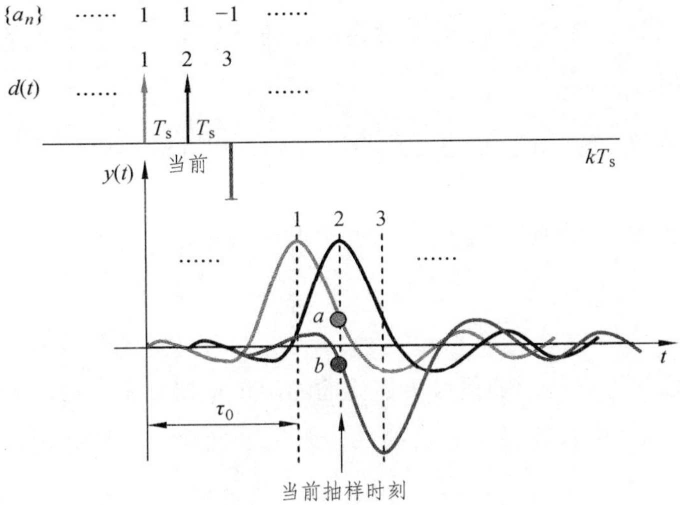

图 5-8　码间干扰示意图

在图 5-8 中，接收端收到 3 个连续形式的脉冲波形，在对第二个波形进行抽样时，先前的波形（图中的 1）和后续的波形（图中的 3）为非零值（分别是 a 和 b），对当前码元的判决造成干扰。

（二）码间干扰的数学分析

系统的输出 $y(t)$ 由式（5-4）整理可得

$$\begin{aligned} y(t) &= r(t) * g_{\mathrm{R}}(t) \\ &= d(t) * g_{\mathrm{T}}(t) * c(t) * g_{\mathrm{R}}(t) + n_{\mathrm{w}}(t) * g_{\mathrm{R}}(t) \\ &= d(t) * h(t) + n_{\mathrm{o}}(t) \\ &= \sum_{n=-\infty}^{\infty} a_n \delta(t - nT_{\mathrm{s}}) h(t) + n_{\mathrm{o}}(t) \\ &= \sum_{n=-\infty}^{\infty} a_n h(t - nT_{\mathrm{s}}) + n_{\mathrm{o}}(t) \end{aligned} \tag{5-5}$$

式（5-5）表明，$y(t)$ 的波形是由码元序列 $\{a_n\}$、系统总的传输特性 $h(t)$ 以及噪声决定的。

对 $y(t)$ 进行抽样判决后，即可得到所传输的数字序列。例如，为了抽取第 k 个码元 a_k 的数值，一般选取在 $t = kT_{\mathrm{s}} + \tau_0$ 时刻上对 $y(t)$ 进行抽样（τ_0 是系统总的传输延时）。

由式（5-5）可得抽样后的信号 $y(kT_{\mathrm{s}} + \tau_0)$ 为

$$y(kT_{\mathrm{s}} + \tau_0) = \underline{\underline{a_k h(\tau_0)}} + \underline{\underline{\sum_{\substack{n=\infty \\ n\neq k}} a_n h(kT_{\mathrm{s}} + \tau_0 - nT_{\mathrm{s}})}} + \underline{\underline{n_{\mathrm{R}}(kT_{\mathrm{s}} + \tau_0)}} \tag{5-6}$$

从式（5-6）可以看出，抽样后的信号 $y(kT_{\mathrm{s}} + \tau_0)$ 由三部分组成：

第一项是 $a_k h(\tau_0)$，它是在 $t = kT_s$ 时刻发送出去的符号 a_k 在抽样时刻的输出，它是期望获得的信号，是有用信号。

第二项是 $\sum\limits_{\substack{n=\infty \\ n\neq k}}^{\infty} a_n h(kT_s + \tau_0 - nT_s)$，它是除第 k 个码元以外的其他码元波形在第 k 个抽样时刻上的叠加值（代数和），当此项值不为零时，对当前码元 a_k 的判决造成干扰，形成码间干扰，如图 5-8 所示。

第三项是噪声信号。

因此，码间干扰和噪声是影响信号可靠传输的两个重要因素，要改善系统的性能（即降低误码率），在系统设计中就要设法尽可能减少码间干扰和噪声的影响，即消除第二项和第三项。

由于码间干扰和噪声产生的机理不同，本书仅讨论在没有噪声的条件下码间干扰与系统总的传输特性之间的关系。

（三）无码间干扰的传输条件

1. 消除码间干扰的基本思想

由前面的分析可知，若要消除码间干扰，应使

$$\sum_{\substack{n=\infty \\ n\neq k}}^{\infty} a_n h(kT_s + \tau_0 - nT_s) = 0 \tag{5-7}$$

如果接收机的位定时系统能够实现精确同步，即准确估计传输时延 τ_0，在后面的分析中可以忽略时延的影响（即 $\tau_0 = 0$）。式（5-7）可改写为

$$\sum_{\substack{n=-\infty \\ n\neq k}}^{\infty} a_n h(kT_s - nT_s) = 0 \tag{5-8}$$

可考虑以下三种措施：

措施 1：控制 a_n 的取值，使各项相互抵消进而使码间干扰为 0。但由于 a_n 是随机量，该措施行不通。因此，只能够通过设计等效信道的冲激响应 $h(t)$，使得整个求和项为 0。

措施 2：对 $h(t)$ 的波形提出要求。将 $h(t)$ 的波形限制在码元周期内。即相邻码元中，前一个码元的波形到达后一个码元抽样时刻时已衰减到 0（如矩形脉冲）。实际中这种波形很难实现，$h(t)$ 的波形往往有很长的“拖尾”，该措施也行不通。

措施 3：对 $h(t)$ 的波形再提要求。如果“拖尾”不能避免，若 $h(t)$ 能在本码元抽样时刻波形达到最大值，而在其他码元抽样判决时刻本码元的判决值正好为 0，也能消除码间干扰，如图 5-9 所示。这就是消除码间干扰的基本思想。

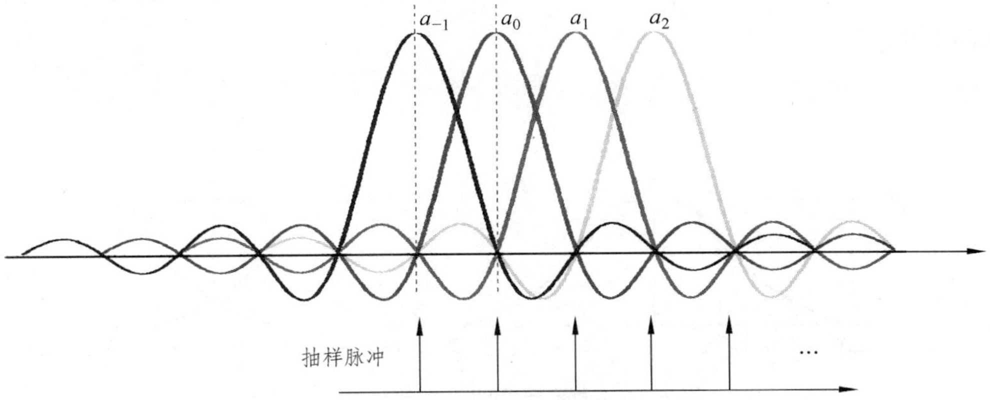

图 5-9　消除码间干扰的原理

满足什么样的条件就能够产生上述所需要的 $h(t)$ 波形呢？下面分别推导无码间干扰传输的时域条件和频域条件。

2. 无码间干扰传输的时域条件

从时域看，只要基带传输系统的冲激响应 $h(t)$ 的波形仅在本码元的抽样时刻上有最大值，并在其他码元的抽样时刻上均为 0，则可消除码间干扰。也就是说，若对 $h(t)$ 在时刻 $t=kT_s$ 抽样，则应有下式：

$$h(kT_s)=\begin{cases}1 & k=0\\ 0 & k\text{为其他整数}\end{cases} \tag{5-9}$$

式（5-7）称为无码间干扰的时域条件。

3. 无码间干扰传输的频域条件

如何产生满足式（5-9）的 $h(t)$ 波形呢？其充要条件是系统总的传输特性 $H(\omega)$ 应满足

$$\sum_i H\left(\omega+\frac{2\pi i}{T_s}\right)=T_s \quad |\omega|\leqslant\frac{\pi}{T_s} \tag{5-10}$$

式（5-10）就是无码间干扰传输的频域条件。

凡是符合此要求的基带传输系统，就能产生抽样值无串扰的波形，就能消除码间干扰。这就给检验一个给定的基带传输系统 $H(\omega)$ 是否会引起码间干扰提供了一种准则，此准则就是前面提到的奈奎斯特第一准则。

频域条件的物理意义：将传递函数 $H(\omega)$ 在 ω 轴上以 $2\pi/T_s$ 为间隔分段，然后再将各段平移到 $(-\pi/T_s,\pi/T_s)$ 区间内进行叠加，若叠加其幅度为一常数，就说明此基带传输系统可实现无码间干扰。

如图 5-10 所示，在$(-\pi/T,\pi/T)$范围，系统的传递函数叠加后为一常数，则该系统可实现无码间干扰。

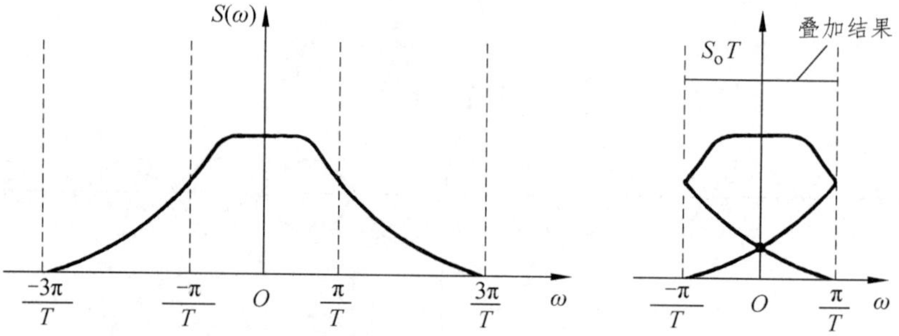

图 5-10　满足无码间干扰的传递函数

五、无码间干扰的传输特性设计

如何设计无码间干扰的基带传输系统，其实质就是设计系统总的传输特性$H(\omega)$。

（一）理想低通系统

满足奈奎斯特第一准则的$H(\omega)$有很多种，容易想到的一种极限情况就是$H(\omega)$为理想低通型，即

$$H(\omega)=\begin{cases}T_s & |\omega|\leqslant\dfrac{\pi}{T_s}\\[2mm] 0 & |\omega|>\dfrac{\pi}{T_s}\end{cases}$$

如图 5-11（a）所示，其冲激响应为

$$h(t)=\frac{\sin\pi t/T_s}{\pi t/T_s}=\mathrm{Sa}(\pi t/T_s)$$

从图 5-11 中可以看出，$h(t)$在$t=\pm kT_s$（$k\neq 0$）时有周期性零点，当发送序列的时间间隔为T_s时，正好巧妙地利用了这些零点（图中虚线），只要接收端在$t=kT_s$时间点上抽样，就能实现无码间干扰。

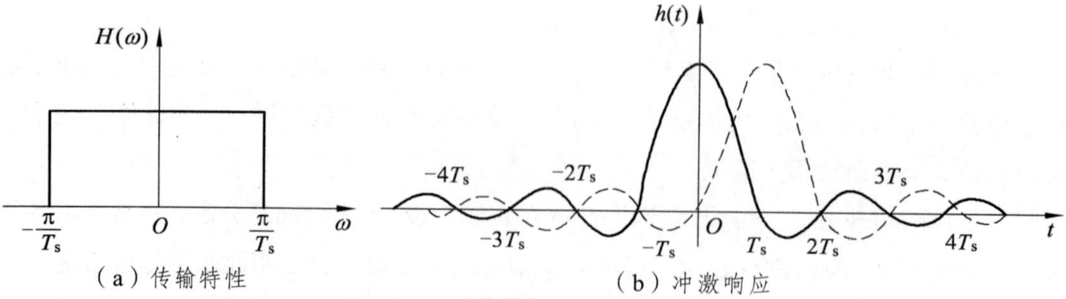

图 5-11　理想低通传输系统特性

由图 5-11 可以看出，对于带宽为

$$B=\frac{\pi/T_s}{2\pi}=\frac{1}{2T_s}\ (\text{Hz})$$

的理想低通传输特性。若码元序列以 $R_s=1/T_s$ 的速率进行传输，则在抽样时刻上不存在码间干扰，若以高于 $1/T_s$ 的速率传输时，将存在码间干扰。$R_s=1/T_s$ 时的频带利用率 η 为

$$\eta=\frac{R_s}{B}=\frac{1/T_s}{1/2T_s}=2\ \text{Baud/Hz}$$

这是在无码间干扰条件下，理想低通系统所能达到的极限情况。

通常，把理想低通传输特性的带宽（$1/2T_s$）称为奈奎斯特带宽（最窄带宽），记为 f_N，将该系统无码间串扰的最高传输速率（$1/T_s$ 波特）称为奈奎斯特速率。

这里说明两点：

（1）上述码元是二进制，实际中也可以是多进制。由于码元速率相同时，二进制码元和 M 进制码元的传输带宽是相同的。这样，M 进制码元所达到的最高频带利用率为

$$\eta=\frac{R_s\log_2 M}{B}[\text{bit}/(\text{s}\cdot\text{Hz})]$$

因此，当传输系统的带宽一定时，在无码间干扰条件下，可以通过提高多进制数 M 来提高系统的信息传输速率。当然，M 的提高将要求系统提供更高的信噪比来保证接收端的正确判决。

（2）若码元速率满足 $\frac{R_{s\max}}{n}=\frac{1}{nT_s}$ 这个条件，均可实现无码间干扰传输。

虽然理想低通传输特性可达到系统传输能力的极限值，但是这种波形在实际工程中是不可实现的，这是因为理想低通系统的传输特性具有无限陡峭的过渡带。即使获得了这种传输特性，其冲激响应 $h(t)$ 的波形尾部“拖尾”长，衰减慢，这就要求接收端的抽样定时脉冲必须准确无误，若定时稍有偏差即会产生严重的码间干扰。

（二）升余弦滚降系统

理想低通传输特性是设计者追求的目标，它不仅能消除码间干扰，而且能够达到性能极限，然而它是非物理可实现的。为了解决这个问题，可对理想低通的锐截止特性进行适当“圆滑”（通常称为滚降），即把锐截止变成缓慢截止，这样的滤波器物理上是可实现的。

目前常用的滚降特性有余弦滚降和直线滚降两种，下面以常用的余弦滚降特性为例讲解无码间干扰传输。

余弦滚降滤波器的传递函数 $H(\omega)$ 为

$$H(\omega)=\begin{cases}T_s & 0\leqslant|\omega|<\dfrac{(1-\alpha)\pi}{T_s}\\[2ex] \dfrac{T_s}{2}\left[1+\sin\dfrac{T_s}{2\alpha}\left(\dfrac{\pi}{T_s}-\omega\right)\right] & \dfrac{(1-\alpha)\pi}{T_s}\leqslant|\omega|<\dfrac{(1+\alpha)\pi}{T_s}\\[2ex] 0 & |\omega|\geqslant\dfrac{(1+\alpha)\pi}{T_s}\end{cases}$$

系统的冲激响应 $h(t)$ 为

$$h(t)=\frac{\sin \pi t/T_s}{\pi t/T_s}\times\frac{\cos \alpha\pi t/T_s}{1-4\alpha^2t^2/T_s^2}$$

式中，α 为滚降系数，用于描述滚降程度，它定义为

$$\alpha=\frac{f_\Delta}{f_N}$$

α 的取值范围是 $0\leqslant\alpha\leqslant 1$。$\alpha=0$ 时，$f_\Delta=0$，为理想低通特性；$\alpha=1$ 时，$f_\Delta=f_N$，为升余弦特性。

在图 5-12 中，滚降特性 $H(\omega)$ 可以看成是理想低通和另一传递函数的叠加。可以证明，只要 $H(\omega)$ 在滚降段中心频率处（f_N，0.5）呈奇对称的幅度特性，就必然可以满足奈奎斯特第一准则，从而实现无码间干扰传输。图中的 f_N 称为奈奎斯特带宽，f_Δ 称为超出奈奎斯特带宽的扩展量，（f_N，0.5）称为互补对称点。

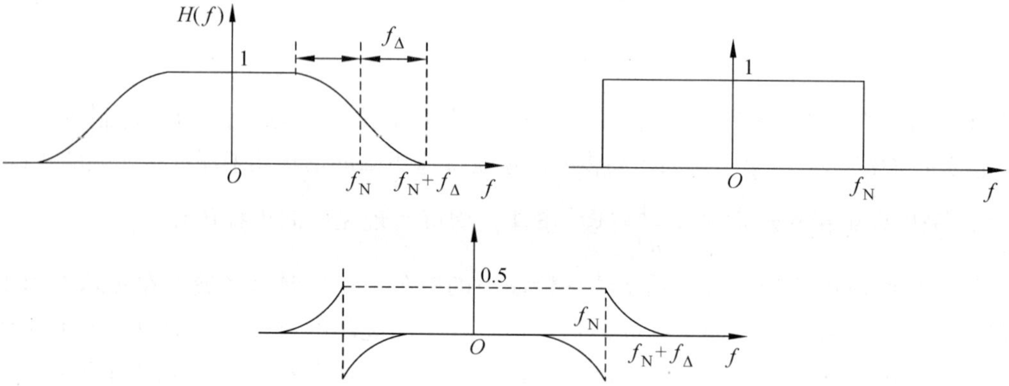

图 5-12　奇对称的余弦滚降特性

图 5-13 给出了几种滚降特性和冲激响应曲线，可以看出，滚降系数越大，$h(t)$ 的拖尾衰减越快，对定时精度要求越低。但是，滚降使传输带宽增大为 $B=f_\Delta+f_N=(1+\alpha)f_N$，所以频带利用率降低。

余弦滚降系统的最高频带利用率为

$$\eta=\frac{R_s}{B}=\frac{2f_N}{(1+\alpha)f_N}=\frac{2}{(1+\alpha)}\ \text{(Baud/Hz)}$$

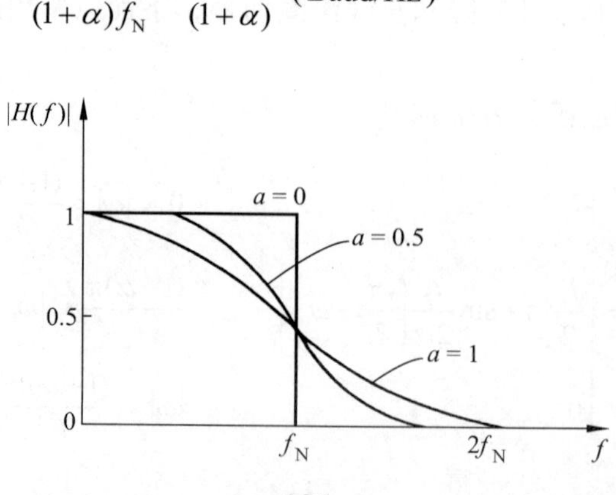

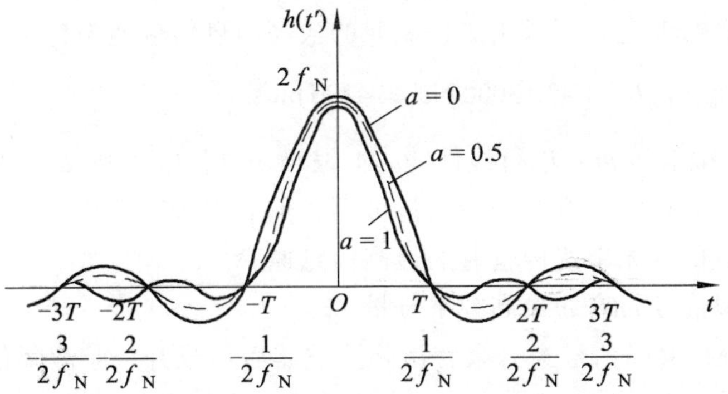

图 5-13　几种滚降特性和冲激响应曲线

【例 5-1】 某一基带传输系统特性如图 5-14 所示。试求：

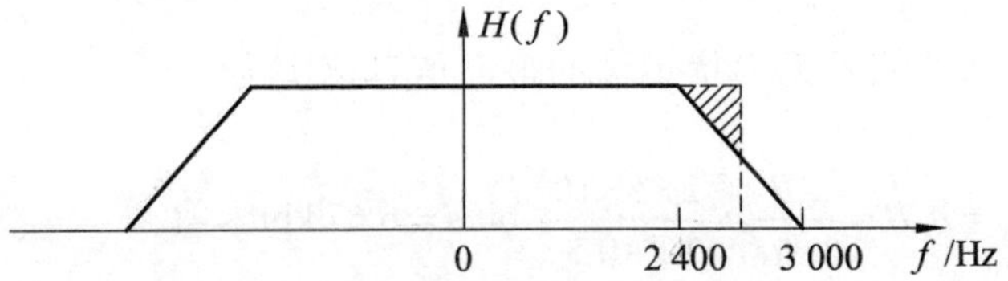

图 5-14　某基带传输系统特性

（1）奈奎斯特带宽 f_N、系统滚降系数 α 和码元速率 R_s。

（2）采用四电平传输时的信息传输速率 R_b 和频带利用率 η。

【解】（1）$f_N = 2400 + \dfrac{3000-2400}{2} = 2700$（Hz）

（2）$\alpha = \dfrac{300}{2700} = \dfrac{1}{9}$

（3）$R_B = 2f_N = 5400\ \text{Baud}$

（4）$R_b = R_B \log_2 4 = 10800\ \text{bit}$

（5）$\eta = \dfrac{10800}{3000} = 3.6\ [\text{bit/(s}\cdot\text{Hz)}]$

【例 5-2】 理想低通型信道的截止频率为 3000 Hz，当传输以下二电平信号时，试求信号的频带利用率和最高信息速率。

【解】（1）理想低通信号的频带利用率为 2 Baud/Hz，取信号的带宽为信道的带宽，由 η_b 的定义式

$$\eta_b = \frac{R_b}{B}$$

可求出二进制时最高信息传输速率

$$R_b = \eta_b B = 2 \times 3000\ \text{bit/s} = 6000\ \text{bit/s}$$

（2）升余弦滚降信号的频带利用率为

$$\eta_b = \frac{2}{1+\alpha} = \frac{2}{1+0.4}\ \text{bit/(s}\cdot\text{Hz)} = 1.43\ \text{bit/(s}\cdot\text{Hz)}$$

取信号的带宽为信道的带宽，可求出二进制时的最高信息传输速率为

$$R_{\mathrm{h}} = \eta_{\mathrm{b}} B = 1.43 \times 3000\ \mathrm{bit/s} = 4290\ \mathrm{bit/s}$$

【例 5-3】 对模拟信号 $m(t)$ 进行线性 PCM 编码，量化电平数 $L = 16$。PCM 信号先通过 $\alpha = 0.5$，截止频率为 5 kHz 的升余弦滚降滤波器，然后再进行传输。试求：

（1）二进制基带信号无串扰传输时的最高信息速率。

（2）可允许模拟信号 $m(t)$ 的最高频率分量 f_{H}。

【解】（1）PCM 编码信号经升余弦滚降滤波器后形成升余弦滚降信号，由 α 和频带利用率公式得

$$\eta = \frac{2}{1+\alpha} = \frac{2}{1+0.5} = \frac{4}{3}$$

又因为 $\eta = \dfrac{R_{\mathrm{b}}}{B}$，所以基带信号无串扰传输的最高信息速率为

$$R_{\mathrm{h}} = \eta_{\mathrm{b}} B = \frac{2B}{1+\alpha} = \frac{2 \times 5 \times 10^{3}}{1+0.5}\ \mathrm{bit/s} = 6.67\ \mathrm{kbit/s}$$

（2）对最高频率为 f_{H} 的模拟信号 $m(t)$ 以速率 f_{s} 进行抽样，当量化电平数 $L = 16$ 时，编码位数 $n = \log_2 L = 4$。PCM 编码信号的信息速率可表示为

$$R_{\mathrm{b}} = f_{\mathrm{s}} n$$

抽样频率 $f_s \geqslant 2 f_{\mathrm{H}}$，取等号时信息速率为

$$R_{\mathrm{b}} = 2 f_{\mathrm{H}} n$$

因此可允许模拟信号的最高频率为

$$f_{\mathrm{H}} = \frac{R_{\mathrm{b}}}{2n} = \frac{6.67 \times 10^{3}}{2 \times 4}\ \mathrm{Hz} = 834\ \mathrm{Hz}$$

（三）部分响应系统

通过前面的讲述不难发现，理想低通系统和余弦滚降系统的优缺点正好相反。理想低通系统的优点是频带利用率高，缺点是“拖尾”长，对定时精度要求高，频谱具有锐截止特性，工程上无法实现；滚降系统的优点是物理可实现，“拖尾”衰减快，定时抖动不敏感，缺点是频带利用率低。能否设计一种兼具以上两者优点的系统，即同时具有频带利用率高和拖尾收敛快的优点？答案是肯定的，那就是采用部分响应系统。

部分响应系统的出发点与上述两个系统的考虑完全相反，它不是千方百计地消除码间干扰，而是有意识地利用码间干扰，使传输速率达到极限。其基本思想是在发送端的波形中引入码间干扰，在接收机中再根据约定方式消除所引入的码间干扰，以达到频带利用率高和拖尾收敛快两个优点。由于要恢复的信息码元只是接收信号中的一部分，因此叫作部分响应信号，利用部分响应波形进行信息传送的基带传输系统称为部分响应系统。

关于部分响应信号产生的原理，在此不再赘述，感兴趣的话，大家可以查阅相关文献。

六、最佳基带传输系统设计

所谓最佳基带传输系统是指在抽样点上能消除码间干扰且抗噪声性能最理想的系统。在设计最佳基带传输系统时，常采用以下两种方案：

方案 1：接收滤波器采用低通滤波器，让所传输的基带信号波形基本上不失真地通过，然后再进行抽样、判决，输出数据。此时，系统的升余弦滚降特性完全由发送滤波器实现，接收滤波器为直通系统。

方案 2：接收滤波器采用与发送信号频谱共轭的匹配滤波器。

知识卡片

匹配滤波器是一种能在输出抽样判决时刻获得最大输出信噪比的最佳线性滤波器，其特性与信号特性相匹配，可构造最佳接收机，替代相关器。

图 5-15 是在 AWGN 干扰下利用匹配滤波器及抽样、判决器进行最佳接收的框图。

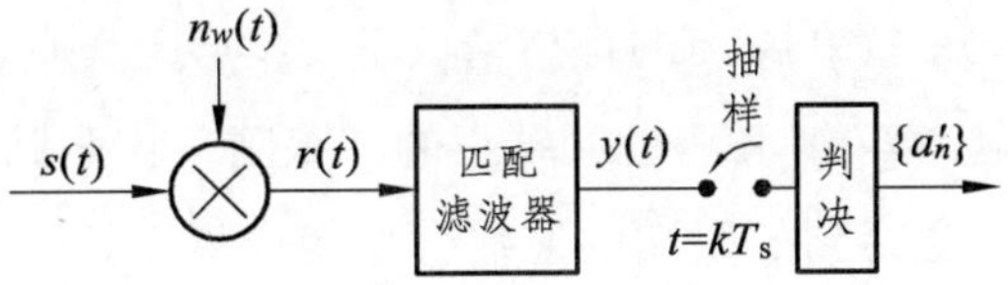

图 5-15　利用匹配滤波器进行最佳接收的框图

关于匹配滤波器，应注意以下两点：

（1）匹配滤波器匹配的对象是特定信号 $s(t)$，可使得信号 $s(t)$ 在匹配滤波器输出的特定时刻信噪比达到最大。

（2）匹配滤波器的冲激响应是信号 $s(t)$ 的镜像，即 $h(t)=K\cdot s(T_s-t)$。

由于信道为 AWGN，$C(\omega)=1$，则有

$$H(f)=G_T(f)\cdot G_R(f)$$

$$G_R(f)=G_T^*(f)$$

$$|G_T(f)|=|G_R(f)|=|H(f)|^{1/2}$$

因此，在采用匹配滤波器法时，升余弦滚降特性是由发送滤波器和接收端的匹配滤波器共同实现的，每个滤波器均为平方根升余弦特性。

需要说明的是，最佳接收理论是以接收问题为研究对象，研究从噪声中如何最好地提取有用信号。“最佳”并非一个绝对的概念，它是在某个准则下的一个相对概念。也就是说，在某个准则下的最佳接收机，在另一个准则下并非一定是最佳的。

七、眼图与均衡

（一）基带传输系统的测量工具——眼图

一个实际的基带传输系统，尽管经过了精心设计，但要使其传输特性完全符合理想情况也是很困难的，甚至是不可能的，因此码间干扰也就不可能完全避免。由前面的讨论可知，码间干扰与发送滤波器、信道、接收滤波器传输特性等因素有关，而计算这些因素引起的误码是非常困难的，尤其是在信道特性不能完全确知的情况下，几乎得不到一种合适的定量分析法。在码间干扰和噪声同时存在的情况下，系统性能的分析就更加困难。为此人们引出实验的手段进行分析，即用示波器观察接收信号波形的方法来分析码间干扰和噪声对系统性能的影响，这就是眼图分析法。

何为眼图？眼图是利用示波器和人眼的视觉暂留效应，将扫描所得的每一个码元波形重叠在一起，从而在示波器上形成很像人眼睛的图形，眼图因此而得名。具体的操作方法是：将示波器跨接在接收滤波器的输出端[图 5-1 中的 $y(t)$]，然后调整示波器扫描周期，使示波器水平扫描周期与接收码元的周期同步，这时示波器屏幕上看到的图形就称为眼图。

眼图中包含了丰富的信息，从眼图上可以观察出码间干扰的大小和噪声的强弱。如图 5-16（a）和（b）所示，在无码间干扰和噪声的理想情况下，波形无失真，每个码元将重叠在一起，最终在示波器上看到的是迹线又细又清晰又端正的“眼睛”，“眼睛”开启最大。当存在噪声时，噪声将叠加在信号上，观察到的眼图的迹线会变得模糊不清，若同时存在码间干扰，“眼睛”将张得更小。而且噪声越大，线迹越宽，越模糊；码间干扰越大，眼图越不端正。此时的眼图如图 5-17（c）和（d）所示。

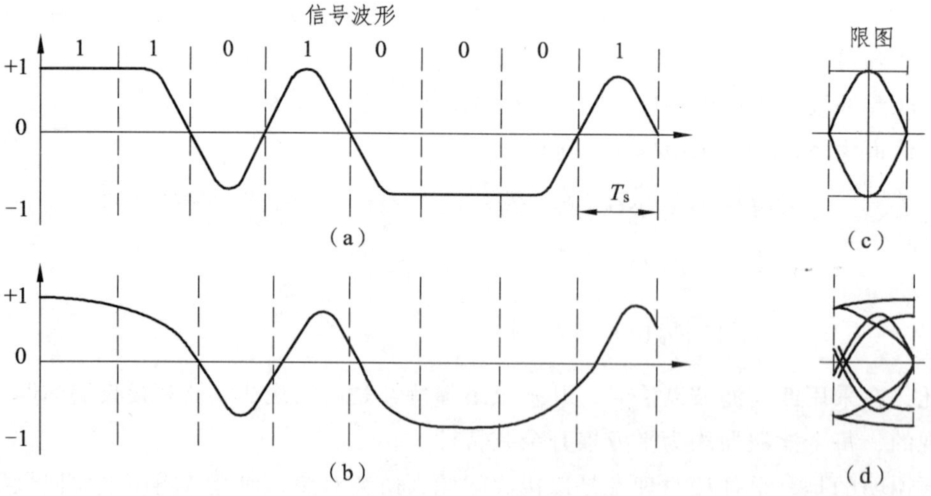

图 5-16　双极性二元码的波形及眼图

为了解释眼图与系统性能之间的关系，可把眼图抽象为一个模型，如图 5-17 所示。

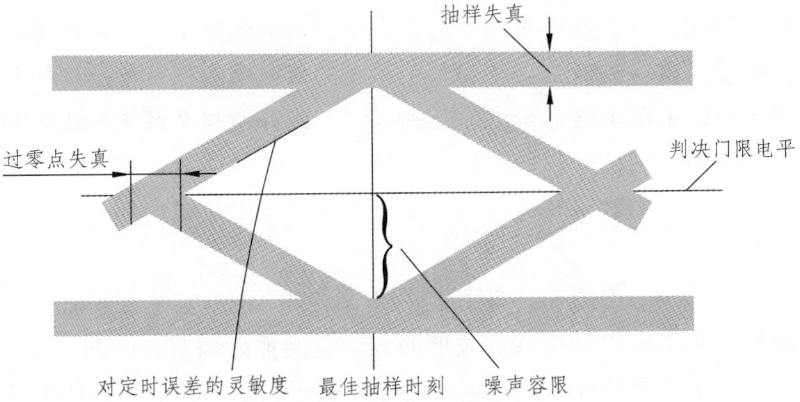

图 5-17　眼图模型

由眼图可以获得的信息如下：

（1）最佳取样时刻应选在眼图张开最大的时刻，此时的信噪比最大。

（2）眼图斜边的斜率反映出系统对定时误差的灵敏度，斜边越陡，对定时误差越灵敏，对定时稳定度要求越高。

（3）在抽样时刻，上下两阴影区的间隔距离之半为噪声容限，若噪声瞬时值超过它就可能发生错判。

（4）图中央的横轴位置对应于判决门限电平。

需要说明的是，平时使用示波器一般测量的信号是一些位或某一段时间的波形，反映的是细节信息，而眼图则反映的是信道上传输的所有数字信号的整体特征。两者的对比如图 5-18 所示。

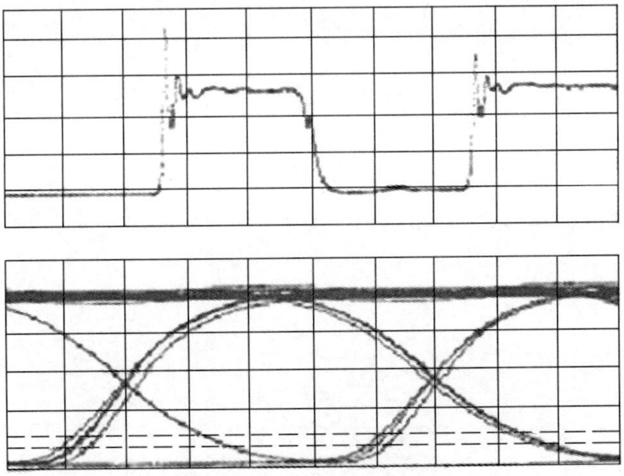

图 5-18　示波器中的信号与眼图

（二）基带传输系统的调整工具——均衡器

前面已经从理论上找到了消除码间干扰的方法，即使基带系统的传输总特性 $H(\mathrm{j}\omega)$ 满足奈奎斯特第一准则。但实际实现时，由于难免存在滤波器的设计误差和信道特性的变化，无法实现理想的传输特性，故在抽样时刻上总会存在一定的码间干扰，从而导致系统性能的下降。当码间干扰造成严重影响时，必须对整个系统的传递函数进行校正，使其接近无失真传输条件。这种校正可以采用串接一个滤波器的方法，以补偿整个系统的幅频和相频特性。如果校正是在频域进行的，则称为频域均衡；如果校正在时域进行，即直接校正系统的冲激响应，则称为时域均衡。目前数字基带传输系统中大部分采用时域均衡，下面对时域均衡的基本原理作简单介绍。

时域均衡的基本思想可用图 5-19 所示的波形来简单说明。它是利用波形补偿的方法对失真的波形加以直接校正，可以利用观察波形的方法直接加以调节。在图 5-19（a）中，接收到的单个脉冲波形由于信道特性不理想而产生了“拖尾”现象，对其他码元波形形成了码间干扰。如果设法加上一条补偿波形，如图 5-19（a）中虚线所示，那么这个补偿波形恰好把原来失真波形的“尾巴”抵消掉，使校正后的波形不再有“拖尾”，如图 5-19（b）所示，这就消除了码间干扰。

时域均衡器的作用就是形成图 5-19（a）中虚线所示的补偿波形。由于该补偿波形的形成过程较复杂，本书不作过多介绍，感兴趣的话，大家可以查阅相关文献。

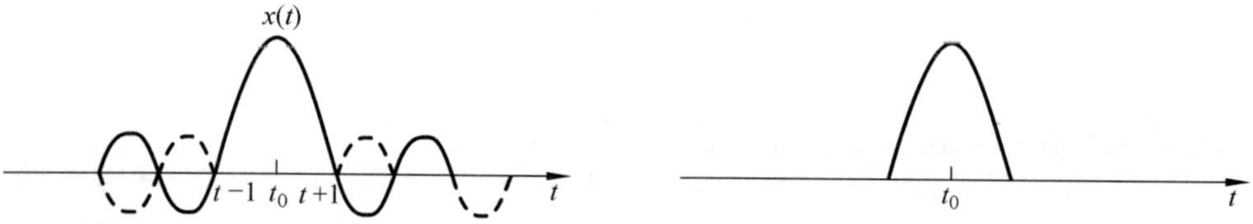

图 5-19　时域均衡原理

任务二　数字频带传输系统

学习目标

- 掌握数字频带传输系统组成及工作原理。
- 掌握二进制数字调制原理。
- 理解多进制数字调制原理。
- 了解新型数字调制技术。

学习内容

一、数字频带传输系统模型

实际中的大多数信道（如无线信道和有线信道中的光纤通信）因具有带通特性而不能直接传送数字基带信号。为了使数字基带信号能够在这些信道中传输，解决的办法是将数字基带信号的频谱搬移到这些信道的频带上，即采用调制的方式来实现数字基带信号传输，该种方式称为数字频带传输，能够实现该功能的系统称为数字频带传输系统，其模型如图5-20所示。

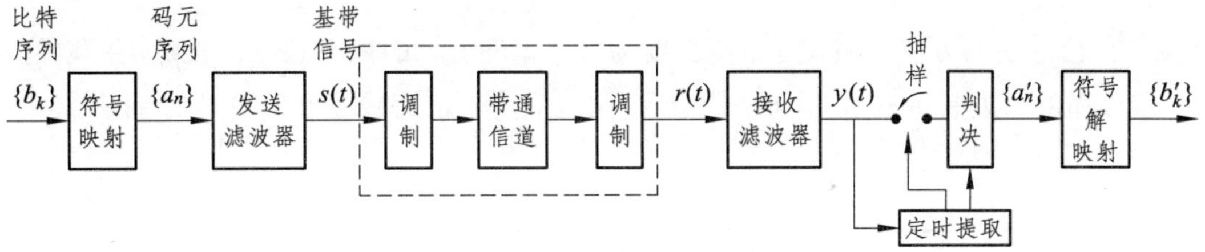

图 5-20　数字频带传输系统模型

不难发现，与数字基带传输系统相比，数字频带传输系统是在数字基带传输系统的基础上在收、发两端增加调制和解调两个模块得到的。

在数字调制系统中，采用什么样的信号来充当载波呢？从原理上说，可以采用正弦载波来加载数字基带信号，也可以用高频的周期脉冲信号来加载数字基带信号。但实际上，在大多数数字通信系统中都选择正弦信号作为载波。这是因为正弦信号形式简单，便于产生及接收。

由于数字信号有离散取值的特点，实现数字调制有两种方法：① 利用模拟调制的方法去实现数字调制；② 利用开关键控载波来实现数字调制。因此，数字调制又称键控。

根据基带信号控制正弦载波参数的不同，通常有三种基本的键控方式：幅度键控（Amplitude Shift Keying，ASK）、频移键控（Frequency Shift Keying，FSK）和相移键控（Phase Shift Keying，PSK）。图5-21给出了相应的信号波形示例。

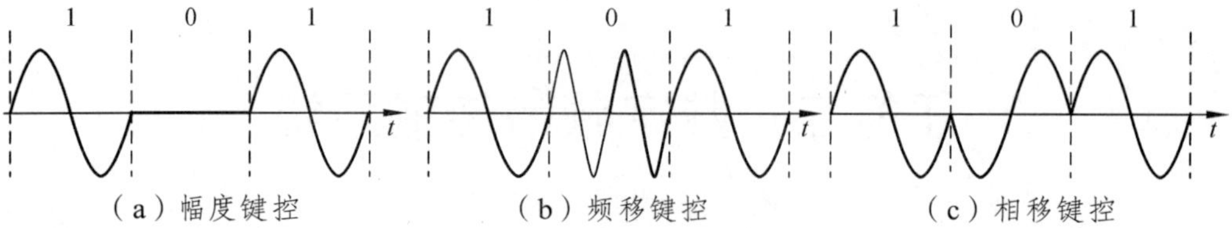

图 5-21　正弦载波的三种键控波形

数字基带信号有二进制和多进制之分，因此，数字调制可分为二进制调制和多进制调制。在二进制调制中，信号参量只有两种可能的取值；而在多进制调制中，信号参量有 M（$M>2$）种取值。

书写方面，二进制调制中，常在调制方式前面加“2”或“B”，多进制调制中，常在调制方式前加具体的进制数或“M”。

本书主要讨论二进制数字调制的原理及系统性能，简要介绍多进制数字调制和几种新型数字调制技术。

二、二进制数字调制原理

（一）二进制幅度键控

1. 二进制幅度键控原理

前面已经讲到，数字基带信号 $s(t)$ 的数学表达式为

$$s(t)=\sum_{n=-\infty}^{\infty}a_n g(t-nT_s)$$

为了分析问题的方便，假设 $g(t)$ 为高度为 1、宽度为 T_s 的矩形脉冲，假设 a_n 的取值为 1 或 0。若传输的二进制序列为“1 0 1 1 0 1”，则对应的基带信号波形如图 5-22 所示。

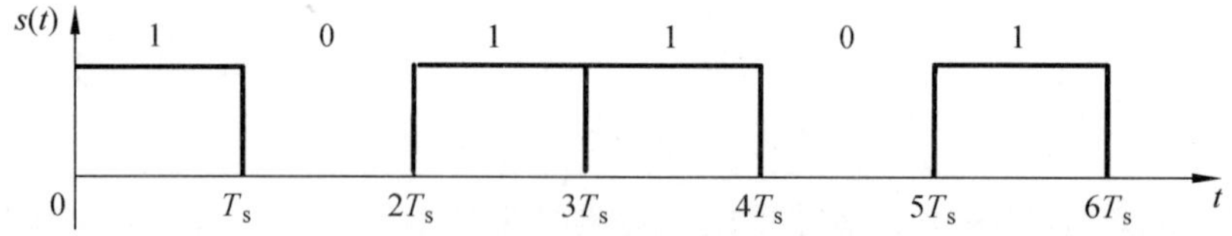

图 5-22　数字基带信号波形示意图

幅度键控是利用载波的幅度变化来传递数字信息，而其频率和初始相位保持不变。在 2ASK 中，载波的幅度只有两种变化状态，分别对应二进制信息“0”或“1”，载波传输变为时通时断，因此二进制幅度键控又称通-断键控（ON-OFF Keying，简称 OOK）。已调信号 $s_{2ASK}(t)$ 的数学表达式为

$$s_{2ASK}(t)=s(t)\cos\omega_c t$$

二进制比特序列{1 0 1 1 0 1}经幅度调制后，所得到的 2ASK 信号波形如图 5-23 所示。

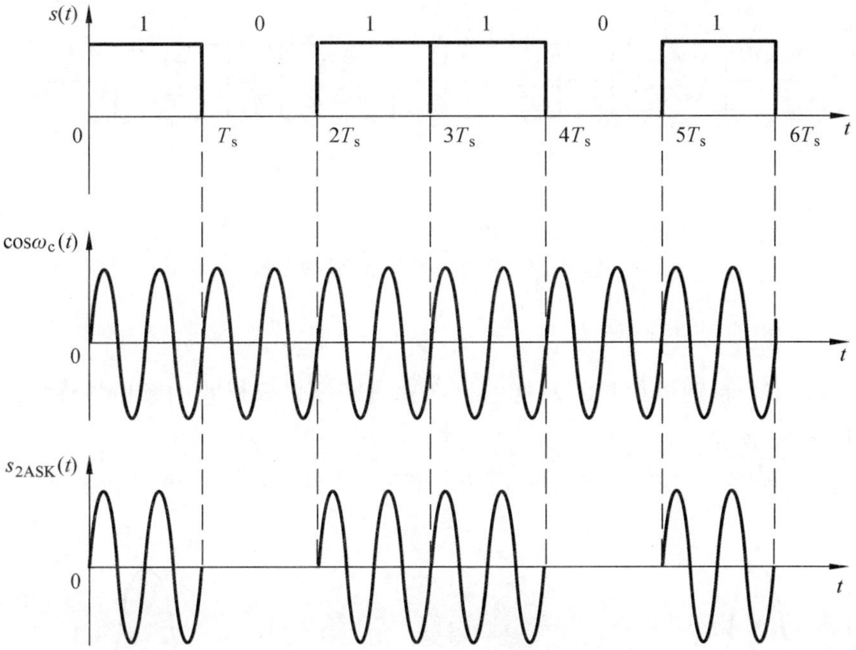

图 5-23　2ASK 信号波形

2ASK 信号的产生通常有两种方法：模拟调制法和键控法，相应的调制器如图 5-24 所示。图（a）是一般的模拟幅度调制的方法，用乘法器实现；图（b）是一种数字键控法，其中的开关电路受数字基带信号控制。

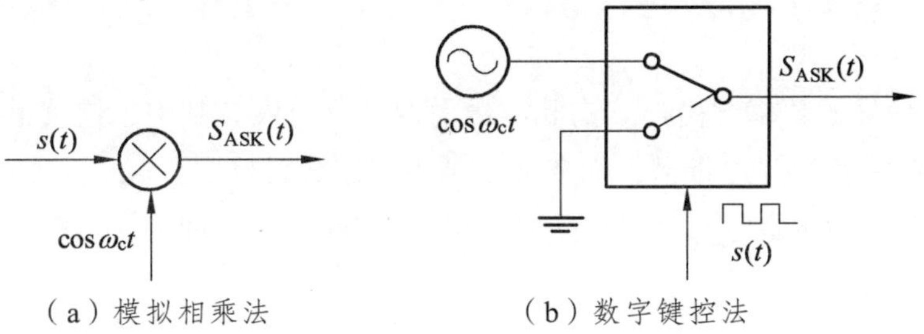

图 5-24　2ASK 信号调制器原理框图

2. 2ASK 信号的解调

2ASK 信号解调同模拟幅度调制一样，也有两种解调方法：非相干解调和相干解调。

非相干解调如图 5-25（a）所示，带通滤波器用以通过所需的频带信号并限制带外噪声，全波整流器构成包络检波器，低通滤波器将波形平滑，并滤去高频噪声；相干解调如图 5-25（b）所示，图中用乘法器替代非相干解调的包络检波器，同时需要一个本地载波，它的频率和相位与发送端载波信号一致。

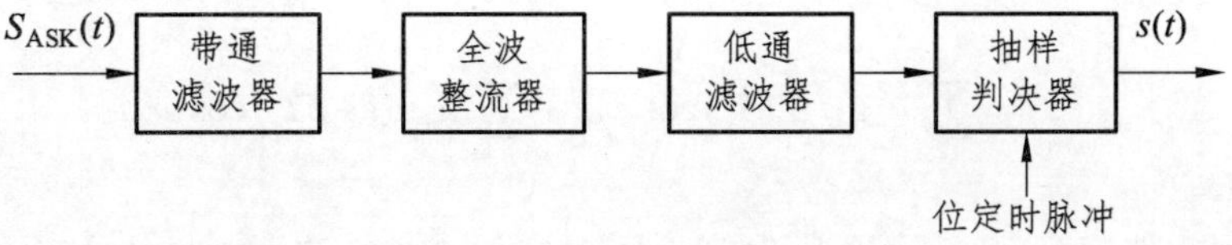

（a）非相干解调

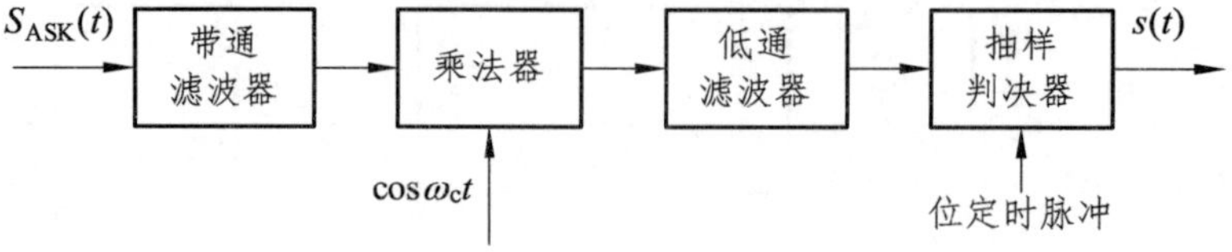

（b）相干解调

图 5-25　2ASK 信号的解调方式

3. 2ASK 信号的功率谱密度

由于 2ASK 信号是随机信号，只能通过功率谱密度来分析它的频谱特性。2ASK 信号功率谱密度如图 5-26 所示。

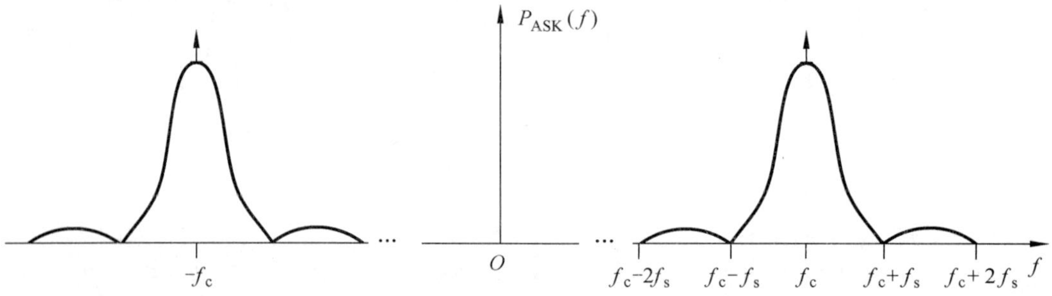

图 5-26　2ASK 信号的功率谱密度

由图 5-26 可知：

（1）2ASK 信号的功率谱由连续谱和离散谱两部分组成。其中，连续谱取决于数字基带信号 $s(t)$ 经线性调制后的双边带谱，而离散谱则由载波分量确定。

（2）2ASK 信号的带宽 B_{2ASK} 是数字基带信号带宽的两倍，即

$$B_{ASK}=2B=2f_s$$

式中，f_s 为数字基带信号的带宽，在数值上等于码元速率 R_s（$R_s=1/T_s$）。

（二）二进制频移键控

1. 二进制频移键控原理

频移键控系统中用不同的载波频率来表征数字基带信息。对于二进制信号来讲，用两个载波频率就可以完全表征。因此，2FSK 信号的数学表达式为

$$s_{2FSK}(t)=\sum_{n=-\infty}^{\infty}a_n g(t-nT_s)\cos\omega_{c1}t+\sum_{n=-\infty}^{\infty}a_n g(t-nT_s)\cos\omega_{c2}t$$

仍以二进制比特序列{1 0 1 1 0 1}为例，则对应的 2FSK 波形如图 5-27 所示。

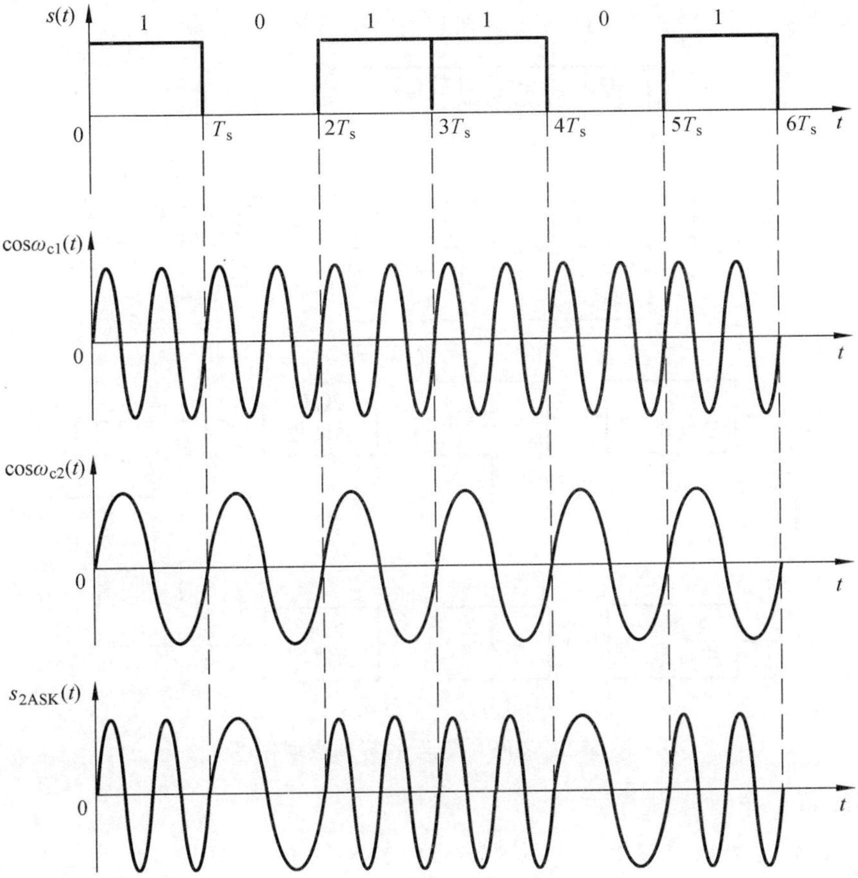

图 5-27　2FSK 信号波形

由图 5-27 可见，一个 2FSK 信号可以看成是两个不同载频的 2ASK 信号的叠加。

类似的，2FSK 信号的产生也有两种方法：一是采用模拟调频电路来实现，如图 5-28（a）所示。二是采用键控法来实现，如图 5-28（b）所示。

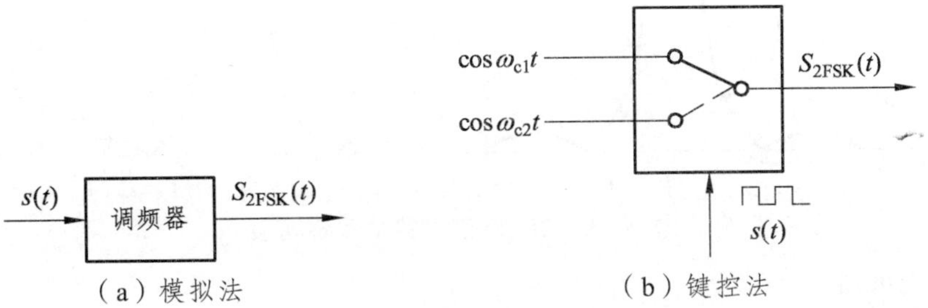

图 5-28　2FSK 信号调制的原理框图

2. 2FSK 信号的解调

2FSK 信号的解调方法有相干解调、非相干解调和过零检测等。图 5-29 所示为最常见的非相干解调和相干解调。其解调原理是将 2FSK 信号分解为上下两路 2ASK 信号分别进行解调，然后进行抽样判决。这里的抽样判决是直接比较两路信号抽样值的大小，可以不专门设置门限。判决规则应与调制规则相呼应，调制时若规定“1”符号对应载波频率 ω_1，则接收时上支路的样值较大，应判为“1”，反之则判为“0”。

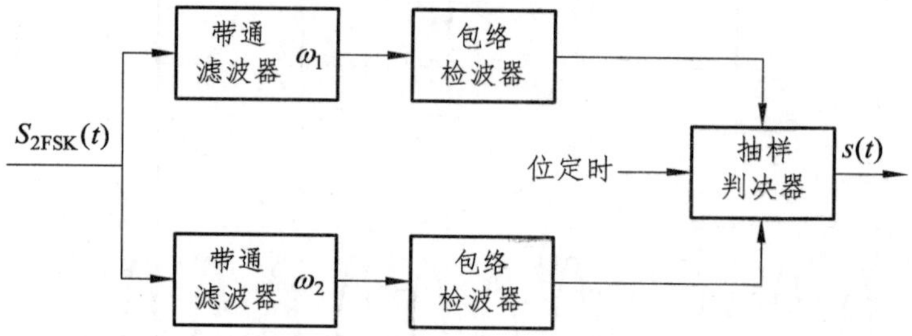

（a）非相干解调

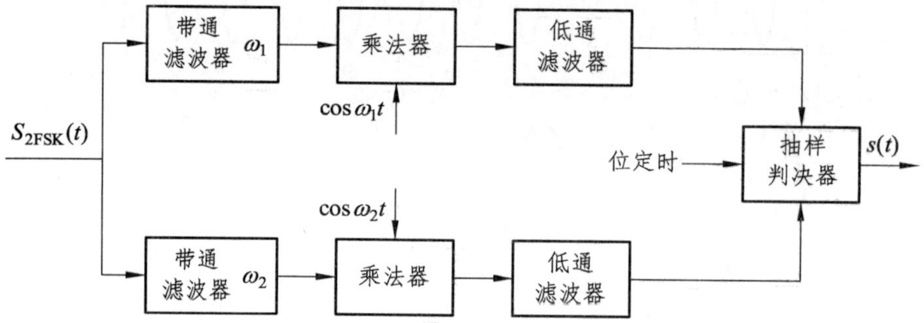

（b）相干解调

图 5-29　2FSK 信号的解调原理框图

3. 2FSK 信号的功率谱密度

由于 2FSK 信号可以看成由两个不同载频的 2ASK 信号的叠加，因此 2FSK 频谱可以近似表示成中心频率分别为 f_1 和 f_2 的两个 2ASK 信号的频谱组合。2FSK 信号的功率谱密度如图 5-30 所示。

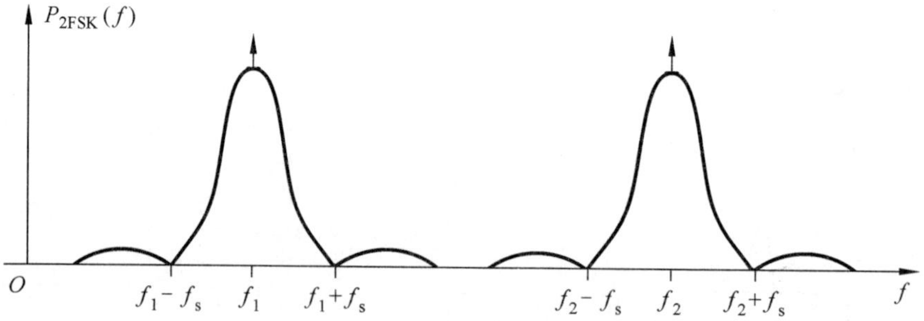

图 5-30　2FSK 信号的功率谱密度

由图 5-30 可知：

（1）2FSK 信号的功率谱由连续谱和离散谱组成。其中，连续谱由两个中心位于 f_1 和 f_2 处的双边谱叠加而成，离散谱位于两个载频 f_1 和 f_2 处。

（2）若以功率谱第一个零点之间的频率间隔计算 2FSK 信号的带宽，则其带宽近似为

$$B_{2FSK}=|f_2-f_1|+2f_s$$

式中，f_s 为数字基带信号的带宽。

（三）二进制相移键控

1. 二进制相移原理

在 2PSK 中，用码元载波的起始相位（0 或 π）来表示二进制序列“1”和“0”。因此，2PSK 信号的时域表达式为

$$s_{2PSK}(t) = A\cos(\omega_c t + \varphi_n)$$

式中，φ_n 表示第 n 个码元载波的相位。

例如，若信息码元与起始码元之间的关系定义为（当然，也可以定义与此相反的关系）

$$\varphi = \begin{cases} 0, & \text{发送“1”时} \\ \pi, & \text{发送“0”时} \end{cases}$$

上式可以改写为

$$s_{2PSK}(t) = \begin{cases} A\cos\omega_c t, & \text{发送“1”时} \\ -A\cos\omega_c t, & \text{发送“0”时} \end{cases}$$

由于两种码元的波形相同，极性相反，故 2PSK 信号可以表述为一个双极性不归零的矩形脉冲序列与一个正弦载波相乘，即

$$s_{2PSK}(t) = s(t)\cos\omega_c t$$

可以发现，2PSK 信号的时域表达式与 2ASK 的时域表达式完全相同，区别仅在于基带信号 $s(t)$ 的码型不同（a_n 不同）。

仍假设数字基带信号的序列为{1 0 1 1 0 1}，则该序列所对应的 2PSK 波形如图 5-31 所示。

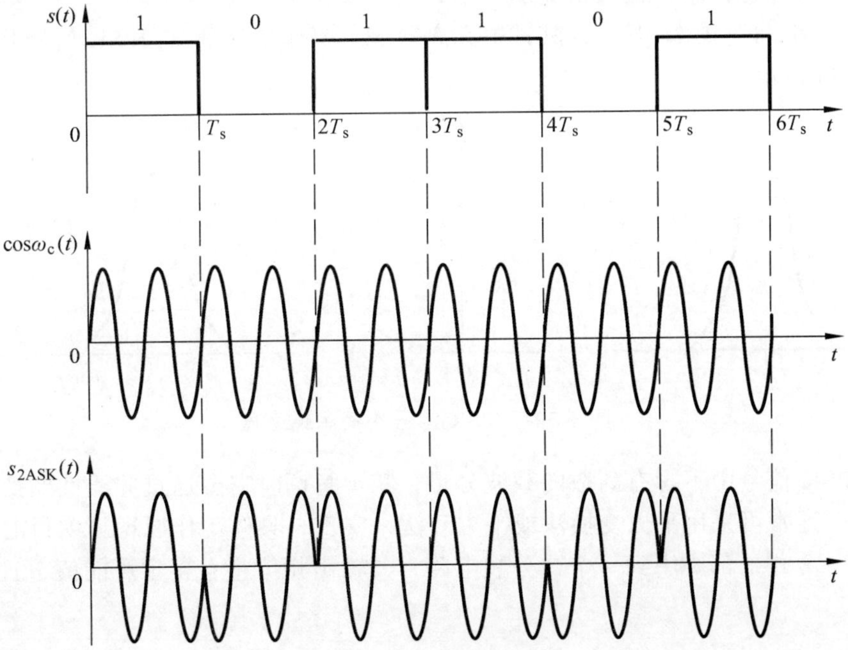

图 5-31　2PSK 信号波形

类似的，2PSK 信号的产生可以采用模拟调相的方式，如图 5-32（a）所示。也可以采用开关电路的键控方式，如图 5-32（b）所示。实际中多采用键控方式实现。

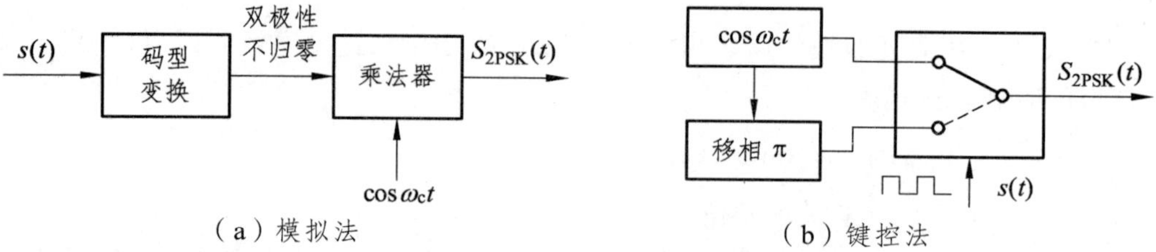

图 5-32　2PSK 信号调制的原理框图

2. 2PSK 信号的解调

由于 2PSK 信号具有恒定的包络，因而不能用包络检波法进行解调，只能用相干解调法解调，其原理框图如图 5-33 所示。

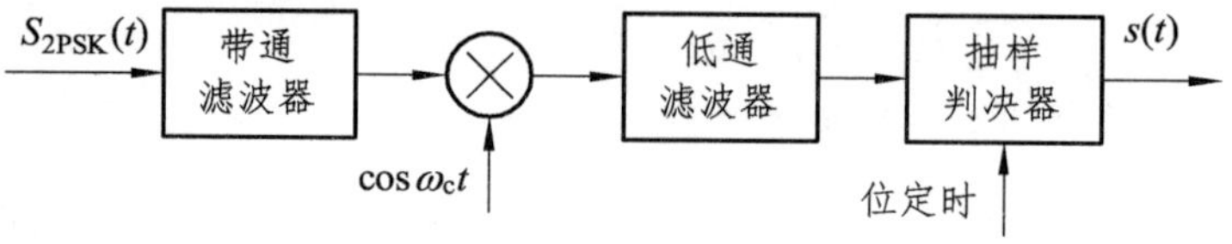

图 5-33　2PSK 信号的相干解调原理框图

在 2PSK 信号相干解调中，如何从接收端获取与发送端同频同相的载波信号是一个关键问题。

3. 2PSK 信号的功率谱密度

由于 2PSK 信号的表达式与 2ASK 信号完全相同，因此，2PSK 信号的频谱特性与 2ASK 的十分相似，带宽也是基带信号带宽的 2 倍，区别仅在于当发“0”和发“1”等概时（通常情况下，“0”和“1”概率相等），其谱中无离散谱（即载波分量）。2PSK 信号此时的功率谱密度如图 5-34 所示。

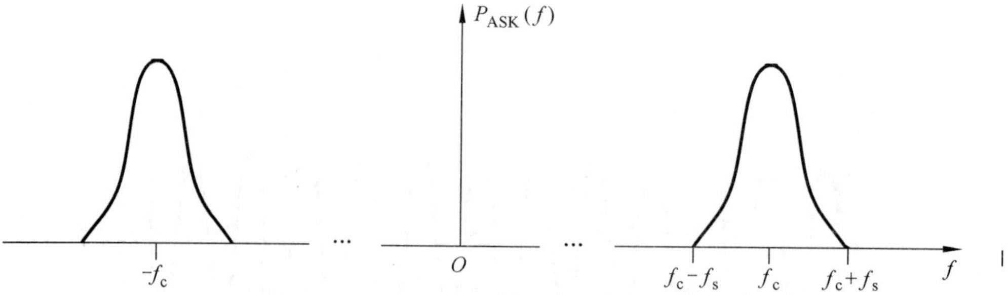

图 5-34　2PSK 信号的功率谱密度

由于 2PSK 信号中不含有离散的载波分量，相干解调时需要通过非线性变换来产生离散的载波分量。通常可采用平方变换法或平方环法来实现，具体工作原理见项目七，但无论采用二者中任一方式，都要用到一个二分频电路，其输出相位将有多个可能值，且为 π 的整数倍，即

$$c(t)=\cos(\omega_c t+\theta_n)+\cos(\omega_c t+n\pi)$$

工程上，将上述相干载波相位的不确定性称为相位模糊。

由于接收端数字信号的恢复是靠相干载波的标准相位来确定的，一旦标准相位发生变化，将会直接影响到数字信号的正确接收。当 n 为偶数时，相干载波的相位与发送端的标准相位相同，对信号恢复没有影响；当 n 为奇数时，相干载波的相位与发送端的标准相位恰好相反，将这种情况称为“倒 π”现象，此时将出现误码。

由此可见，系统一旦发生相位模糊将引起解调信号输出的不确定性。这也是 2PSK 方式在实际中很少采用的主要原因。为了克服相位模糊对相干解调的影响，通常采用差分相移键控（2DPSK）的方法。

（四）二进制差分相移键控

1. 二进制差分相移键控的原理

上面已经谈到，2PSK 系统容易发生相位模糊，克服的措施就是采用差分相移键控方式。所谓差分相移键控，是利用前后相邻码元载波的相对相位变化来传递信息，也就是说，2DPSK 信号的相位并不直接代表基带信号，而前后相邻码元载波的相对相位差 $\Delta\varphi$ 才唯一决定信息码元。因此，2DPSK 信号的时域表达式为

$$s_{\text{2PSK}}(t) = \text{A}\cos(\omega_{\text{c}}t + \Delta\varphi_n)$$

式中，$\Delta\varphi_n$ 表示第 n 个码元载波相位与第 $n-1$ 个码元载波相位之差。

因此，将 2PSK 称为绝对相移键控，将 2DPSK 称作相对相移键控。$\Delta\varphi$ 通常定义为当前码元载波的起始相位与前一码元载波的起始相位之差。

注意：当谈到相位差的时候，已经隐含了两个信号（码元）频率相同的意思。

例如，若信息码元与 $\Delta\varphi$ 之间的关系定义为（当然，也可以定义与此相反的关系）

$$\Delta\varphi = \begin{cases} 0, & \text{发送“0”时} \\ \pi, & \text{发送“1”时} \end{cases}$$

上式可以改写为

$$s_{\text{2DPSK}}(t) = \begin{cases} \text{A}\cos\omega_{\text{c}}t, & \text{发送“0”时} \\ -\text{A}\cos\omega_{\text{c}}t, & \text{发送“1”时} \end{cases}$$

由于两种码元的波形相同，极性相反，故 2DPSK 信号也可以表述为一个双极性不归零的矩形脉冲序列与一个正弦载波相乘，即

$$s_{\text{2PSK}}(t) = s(t)\cos\omega_{\text{c}}t$$

可以发现，2DPSK 信号的时域表达式与 2ASK 和 2PSK 完全相同，区别仅在于 $\cos\omega_{\text{c}}t$ 的相位不同。

仍假设数字基带信号的序列为{1　0　1　1　0　1}，则该序列所对应的 2DPSK 波形如图 5-35 所示。

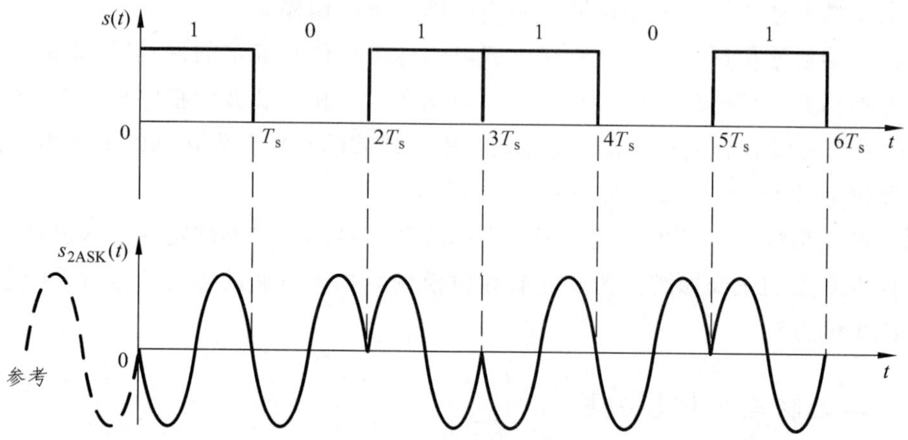

图 5-35　2DPSK 信号波形

2DPSK 信号的产生是通过码变换加 2PSK 调制产生，其产生原理如图 5-36 所示。这种方法是把基带信号经过绝对码-相对码（差分码）变换后，根据相对码进行绝对相移键控，其输出便是 2DPSK 信号。

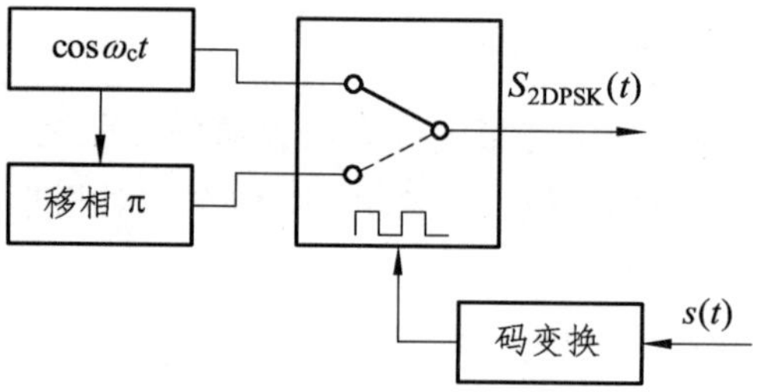

图 5-36　2DPSK 信号产生的原理图

2. 2DPSK 信号的解调

2DPSK 信号的解调可以采用相干解调，也可以采用差分相干解调。相干解调中，由于解调出来的数字序列为相对码，故在接收端还要经过一个码反变换电路，将相对码转换成绝对码。相干解调的原理如图 5-37 所示。

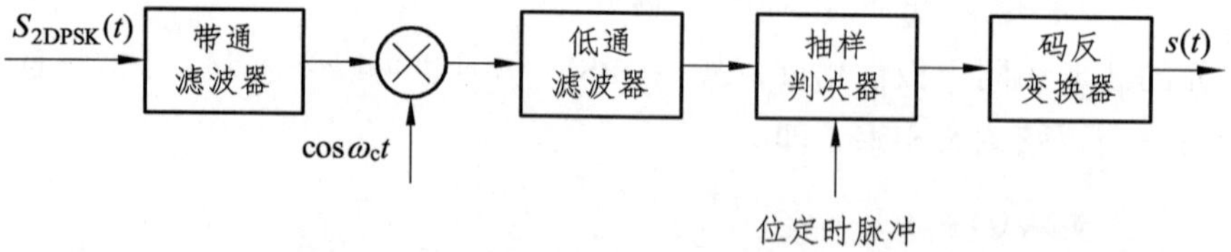

图 5-37　2DPSK 信号的相干解调原理图

2DPSK 差分相干解调实际上是把信号中当前码元的相位与前一码元的相位进行比较，通常又称作相位比较法。差分相干解调中由于不需要提取相干载波，因而在恢复相干载波比较困难的情况下，将得到很好的应用。差分相干解调的原理如图 5-38 所示。

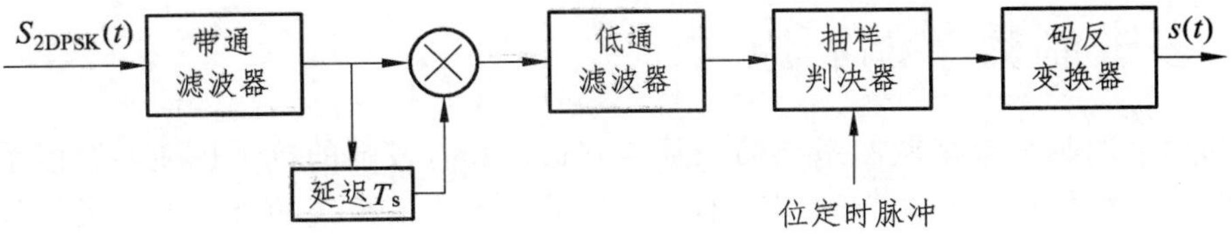

图 5-38　2DPSK 差分相干解调原理框图

3. 2DPSK 信号的带宽

由于 2DPSK 信号的表达式与 2ASK 信号和 2PSK 信号完全相同，因此，2DPSK 信号的功率谱密度也是码元速率的 2 倍，即

$$B_{2DPSK}=2f_s$$

（五）二进制数字调制系统的性能比较

1. 传输带宽

假设基带信号的码元周期为 T_s，则基带信号的带宽为 $f_s=\dfrac{1}{T_s}$。由前面的讲述可知，2ASK 系统、2PSK 系统和 2DPSK 系统的带宽均为基带信号带宽的 2 倍，即

$$B_{2ASK}=B_{2PSK}=B_{2DPSK}=2f_s$$

2FSK 系统的带宽约为 $|f_2-f_1|+2f_s$。因此，在相同条件下，2FSK 信号的有效性最差。

2. 误码率

图 5-39 示出了三种数字调制系统的误码率与信噪比的关系曲线，可以看出：

（1）信噪比一定时，抗噪性能最好的是 2PSK，其次是 2DPSK 和 2FSK，最差的是 2ASK。

（2）信噪比一定、调制方式相同时，相干解调方式的抗噪性能优于非相干解调方式。

（3）误码率一定时，所需信噪比最高的是 2ASK，其次是 2FSK，最低是 PSK。

由此看来，在抗加性高斯白噪声方面，相干 2PSK 性能最好，2FSK 次之，2ASK 最差。

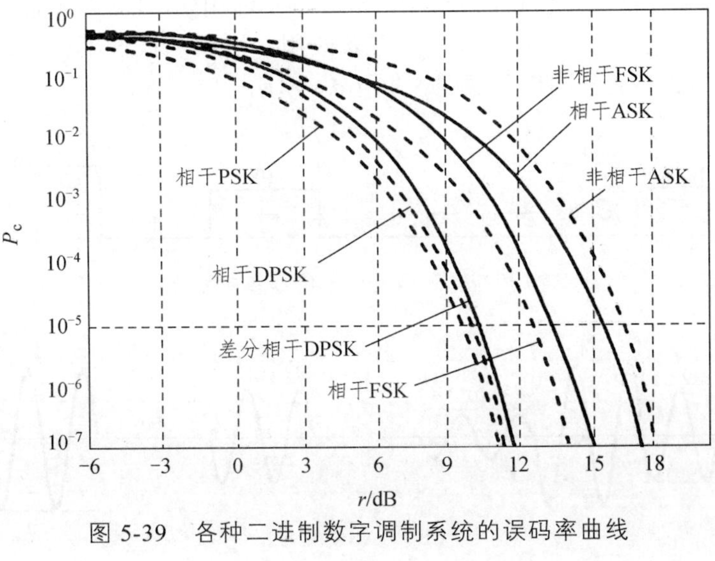

图 5-39　各种二进制数字调制系统的误码率曲线

三、多进制数字调制原理

二进制数字调制是数字调制系统的最基本方式，具有较强的抗干扰能力，但系统中每个码元只传输 1 比特信息，其频带利用率不高。为了提高通信系统的有效性，最有效的办法是使一个码元传输多个比特的信息，这就是多进制数字调制。

假设信息传输速率为 R_b，码元传输速率为 R_s，则在 M 进制的情况下有如下关系：

$$R_b = R_s \log_2 M$$

由此可见，在相同码元周期的情况下，多进制数字系统的信息传输速率是二进制数字系统的 $\log_2 M$ 倍。因此，在多进制系统中，可以获得较高的频带利用率。

但是，在相同的噪声下，多进制数字调制系统的抗噪声性能低于二进制数字调制系统。或者说为了保证一定的误码率，需要更高的信噪比，即需要更大的信号功率，这就是为了传输更多信息量需要付出的代价。

在 M 进制的数字调制系统中，利用 M 进制的数字信号去控制正弦载波的幅度、频率和相位的变化，从而分别得到多进制幅度键控（MASK）、多进制频移键控（MFSK）和多进制相移键控（MPSK）信号。下面分别介绍其原理。

（一）多进制幅度键控

在多进制数字调制系统中，数字基带信号的数学表达式仍为

$$s(t) = \sum_{n=-\infty}^{\infty} a_n g(t - nT_s)$$

其中，码元序列 $\{a_n\}$ 有 M 种取值，第 n 个码元的取值为 a_n。

所谓多进制幅度键控，实际上是用 M 个离散电平值去控制载波幅度的过程，因此又称作多电平调幅。其数学表达式为

$$s_{\text{MASK}}(t) = s(t)\cos\omega_c t$$

图 5-40 给出了这种基带信号和相应的 MASK 信号的波形。图中的信号是 4ASK 信号，即 $M = 4$。每个码元含有 2 比特的信息。在图 5-40（a）中示出的基带信号是多进制单极性不归零脉冲，已调信号如图 5-40（b）所示；若改用多进制双极性不归零脉冲作为调制信号[如图 5-40（c）]，此时的已调信号如图 5-40（d）所示。

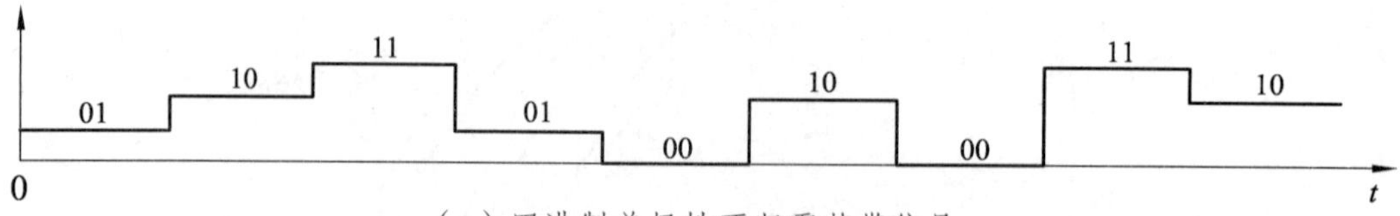

（a）四进制单极性不归零基带信号

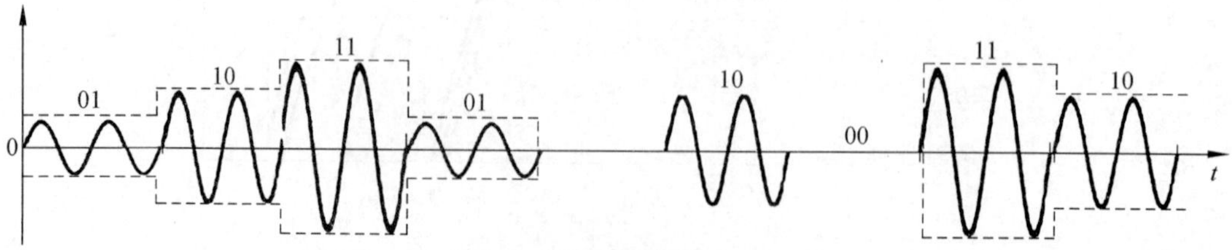

（b）4ASK 信号

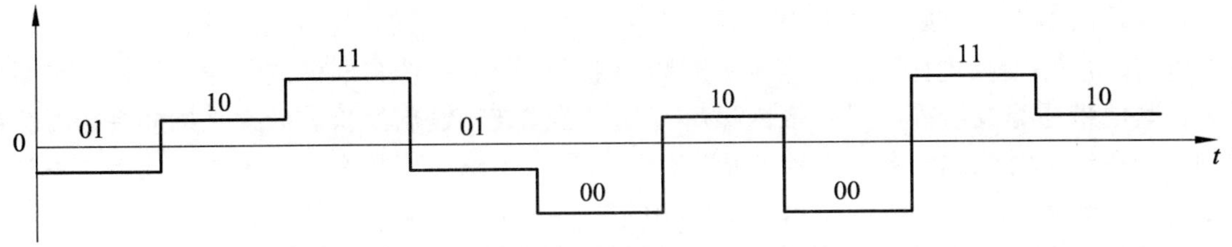

（c）四进制双极性不归零基带信号

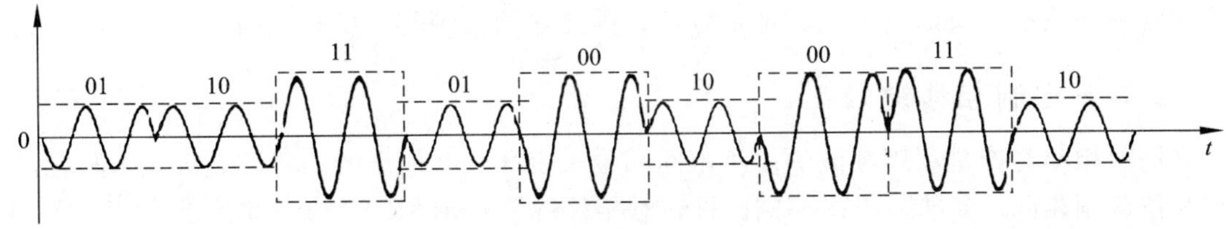

（d）抑制载波 4ASK 信号

图 5-40　4ASK 信号波形

由于 MASK 信号的表达式与 2ASK 信号完全相同，因此 MASK 信号的带宽也是码元速率的 2 倍，即$2/T_s$。需要注意的是，此时的T_s是M进制码元的宽度。

（二）多进制频移键控

多进制频移键控是用多个频率的正弦载波代表不同的多进制数字信号，且在某一码元间隔内只发送其中一个频率，每个频率的振荡可代表一个多进制码。多进制频移键控系统的组成如图 5-41 所示。

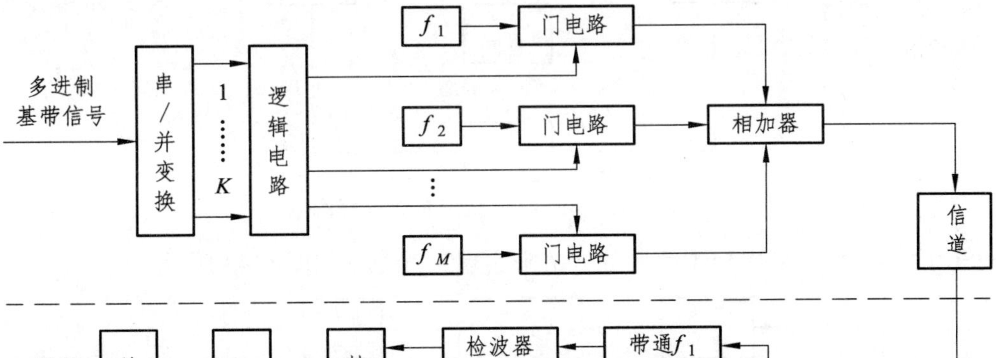

图 5-41　MFSK 系统组成框图

发送端的串/并变换电路将输入的串行二进制码每K位分成一组，由逻辑电路转换成具有多种状态（$M=2^K$个状态）的多进制码，并打开相应的门电路，使相应的载波发送出去，同时关闭其他门电路。

接收端由多个带通滤波器（中心频率为 f_1，f_2，…，f_M）、包络检波器、抽样判决器及逻辑电路、并/串变换电路组成。当某一载频到来时，只有一个带通滤波器输出有信号和带内噪声，其他带通滤波器输出只有带内噪声。各带通滤波器输出经检波后送至抽样判决器，抽样判决器在给定时刻比较各检波器的输出，选出最大者输出（只有一个）并以此判决发送来的是哪一个载频，最大者输出相当于多进制的某一码元，经逻辑电路转换成 K 位的二进制并行码，最后经并/串变换电路转换成串行二进制数字信号。

理论上，多进制频移键控应该具有多进制调制的一切特点，但由于 MFSK 的码元采用 M 个不同频率的载波，所以它占用较宽的频带，因此它的频带利用率并不高。

（三）多进制相移键控

多进制相移键控是利用载波的多种不同相位来表征数字信息的一种调制方式。与二进制数字相位调制相同，多进制相移键控也有绝对相移键控（MPSK）和差分相移键控（MDPSK）两种。本书仅以 $M = 4$ 为例，对 4PSK 进行介绍。

4PSK 常称为正交相移键控（Quadrature Phase Shift Keying，QPSK）。4PSK 调制的原理框图如图 5-42 所示。输入序列按照每两个比特为一组进行串/并变换，通过电平发生器分别产生双极性信号 $I(t)$ 和 $Q(t)$，然后分别对 $\cos\omega_c t$ 和 $\sin\omega_c t$ 进行调制，相加后即可得到 4PSK 信号。

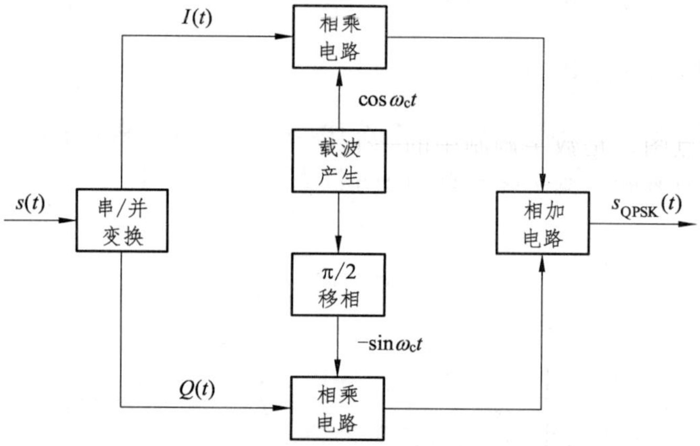

图 5-42　4PSK 正交调制原理框图

4PSK 的解调可以采用相干解调的方法来实现，其原理如图 5-43 所示。

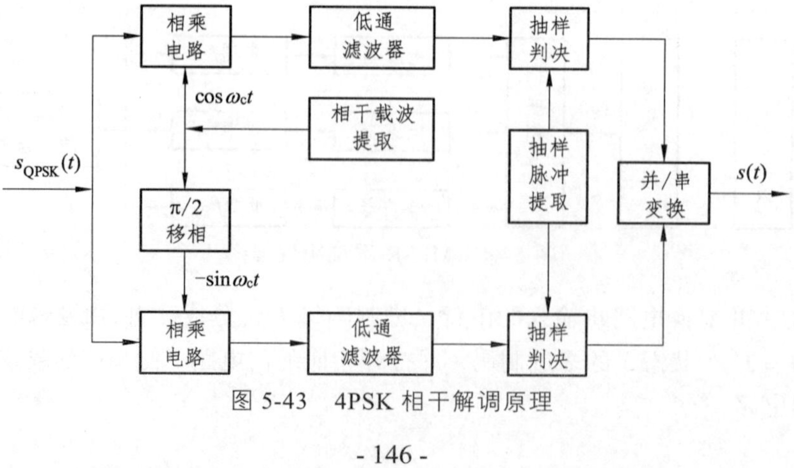

图 5-43　4PSK 相干解调原理

在 4PSK 系统中，相位的取值通常有 A、B 两种方式，具体如图 5-44 所示。

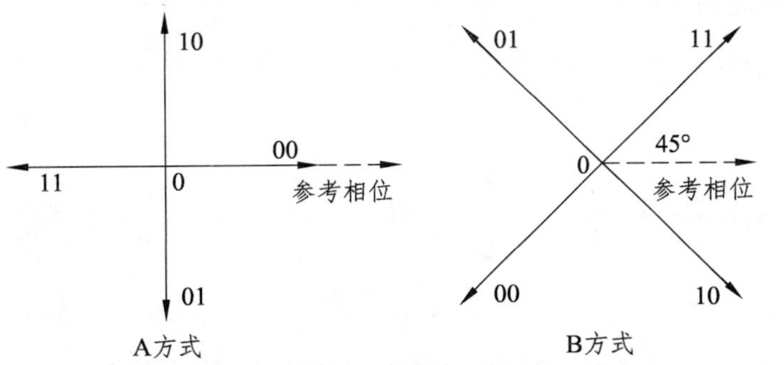

图 5-44　4PSK 系统的相位

通常情况下，A 方式中的相位大都是连续变化的，而 B 方式中的相位都是跳跃变化的。在实际的应用系统中，B 方式被多数相移键控系统所采用，因为相位的跳跃变化有利于接收端提取定时信息。

四、新型数字调制技术

（一）星座图

星座图又称散点图，是数字调制中的一个基本概念，其功能类似于眼图，也是分析信号时域特性的利器，对判断调制方式的误码率等有很直观的作用。

星座图中的一个星点对应一个码元信息。例如，二进制数字调制中，一个星点代表“0”或“1”；四进制数字调制中，一个星点代表“00”“01”“10”或“11”4 个状态中的某一个，以此类推。

星座图可理解为信号矢量端点的分布图，可用极坐标来描述，星点与原点间的连线代表信号的幅度，星点和原点构成的连线与横坐标的夹角代表信号的相位，星点之间的距离称为欧氏距离。如图 5-45 所示。

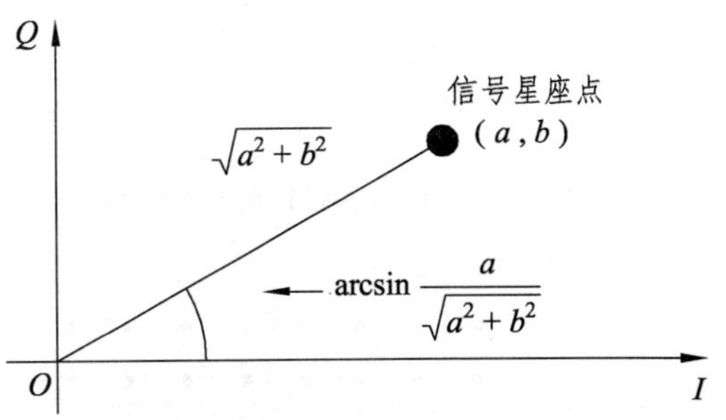

图 5-45　信号星座图

星座图代表的物理意义：星点与原点之间的距离越大，代表信号能量越大；星点之间的欧氏距离越近，代表两信号越相似，就越容易相互干扰，误码率就越高，反之代表抗干扰能力越强。

星座图中，横坐标记为 I 轴（In-phase component，同相分量），纵坐标一般记为 Q 轴（Quadrature component，正交分量）。

图 5-46 示出了 8ASK、8PSK、16PSK 系统的星座图。不难看出，8ASK 的信号点是分布在一条直线上的，而 8PSK 的信号点则分布在一个圆周上。很明显，8ASK 系统中两信号点的距离小于 8PSK 系统，故 8PSK 系统抗干扰能力强于 8ASK 系统。对于 8PSK 和 16PSK 系

统来讲，16PSK 系统两信号点的距离明显小于 8PSK 系统，这就意味着在相同噪声条件下，16PSK 系统将有更高的误码率。

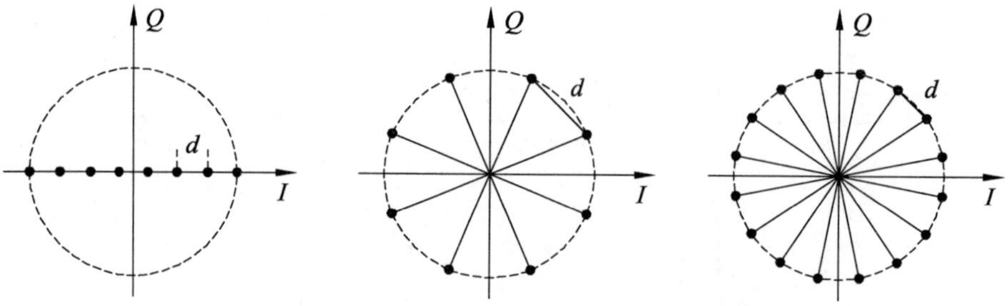

图 5-46　8ASK、8PSK、16PSK 系统的星座图

为了增大欧氏距离，可以采用增大发射功率的方法，即增加圆周半径。但在许多通信系统中，发射功率常常受到限制。所以，在不增加信号平均功率的前提下，通过安排星点在星座图中的位置，可以增大两个信号点之间的距离，从而降低系统的误码率。

（二）正交幅度调制

正交幅度调制（Quadrature Amplitude Modulation，QAM）是幅度和相位联合调制的技术，它同时利用了载波的幅度和相位传递码元信息，不同的幅度和相位代表不同的码元信息，在一定条件下可实现更高的频带利用率，而且抗干扰能力强、实现技术简单，因而广泛应用于卫星通信和有线电视网络中。图 5-47 示出了 4 种 QAM 的星座图。

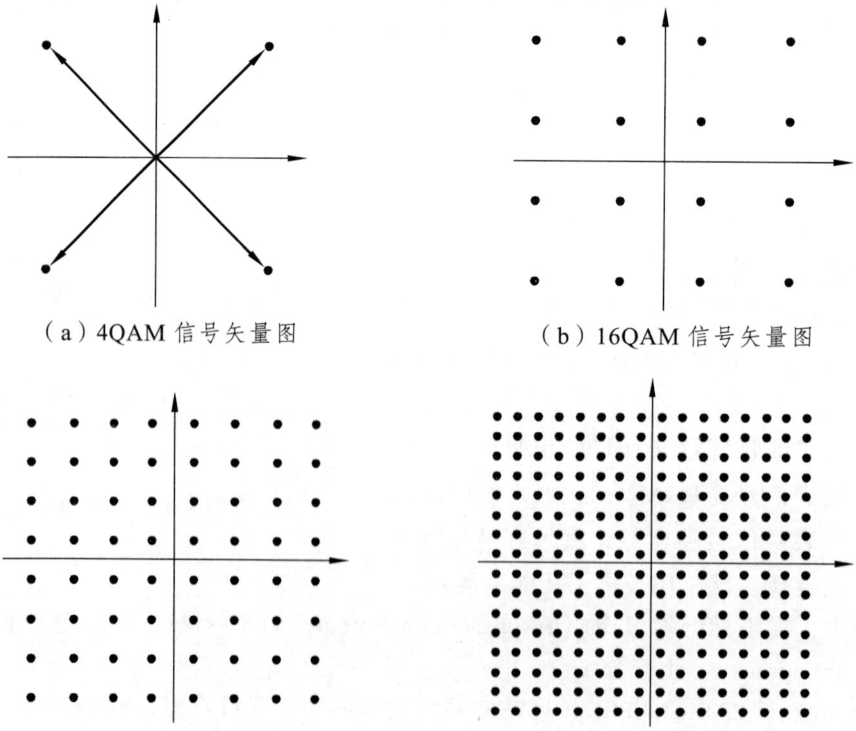

（a）4QAM 信号矢量图　（b）16QAM 信号矢量图

（c）64QAM 信号矢量图　（d）256QAM 信号矢量图

图 5-47　QAM 系统的星座图

除了 QAM 调制技术，还有 MSK（Minimum Frequency Shift Keying，最小频移键控）、OQPSK（Offset-QPSK，交错正交相移键控）、GMSK（Guassian Minimum Shift Keying，高斯最小移频键控）等新型数字调制技术，这些新型技术主要是围绕寻找频带利用率高、抗干扰能力强的调制方式而展开的。

任务三　数字基带系统的 MATLAB 仿真

一、实训目的

（1）掌握基带系统各模块的仿真方法。

（2）会通过观测眼图和星座图判断信号传输质量。

（3）进一步加深对基带传输原理的理解。

（4）培养探究精神和分析问题、解决问题的能力。

二、实训内容

在加性白高斯噪声干扰下，编写数字基带系统的 MATLAB 仿真程序。

（一）相关知识点

（1）系统设计方法：匹配滤波器法或非匹配滤波器法。

（2）数字滤波器分类：IIR 数字滤波器或 FIR 数字滤波器。

（3）IIR 数字滤波器设计方法：脉冲响应不变法或双线性变换法。

（4）FIR 数字滤波器设计方法：窗函数法或频率抽样法。

（二）系统的离散分析

由于 MATLAB 只能仿真离散时间信号或系统，因此对图 5-1 所示的基带传输系统作如下离散分析。

以二进制数字通信系统为例，若码元序列的码元周期为 T_s，传输速率为 R_s（$R_s = 1/T_s$）。由抽样定理可知，抽样频率 f_0 至少应为 $2/T_s$，即 1 个码元周期内至少抽取 2 个样值。本实验中的抽样点数设为 A，且取 $A = 4$，抽样点之间的时间间隔设为 T_0，此时 $T_s = AT_0$。

特别说明的是，$A = 4$ 表示二进制码元序列送入发送滤波器前进行了 4 倍插值，抽样频率 $f_0 = A * R_s$。注意，这里虽然是插值了 4 倍，但码元速率并未改变。

（1）若信源发送 L 个码元，则码元序列 $\{a_n\}$ 的数学表达式为

$$d(t) = \sum_{n=0}^{L-1} a_n \delta(t - nT_s)$$

离散后，其表达式为

$$d(kT_0)=\sum_{n=0}^{L-1}a_n\delta(kT_0-nAT_0)$$

式中，k 为抽样点的序号；n 为发送码元的序号。

（2）发送滤波器输出的数字基带信号 $s(t)$ 的数学表达式为

$$s(t)=d(t)*g_{\mathrm{T}}(t)=\sum_{n=-\infty}^{\infty}a_n g_{\mathrm{T}}(t-nT_{\mathrm{s}})$$

离散后，其表达式为

$$s(kT_0)=d(kT_0)*g_{\mathrm{T}}(kT_0)=\sum_{n=0}^{L-1}a_n g_{\mathrm{T}}(kT_0-nAT_0)$$

（3）接收滤波器的输出信号 $y(t)$ 的数学表达式为

$$y(t)=r(t)*g_{\mathrm{R}}(t)=d(t)*h(t)+n_{\mathrm{o}}(t)$$

离散后，其表达式为

$$y(kT_0)=d(kT_0)*h(kT_0)+n_{\mathrm{o}}(kT_0)$$

注：$y(t)$ 用于绘制眼图。

（4）忽略系统总的延时，第 n 个码元的抽样时刻为 $nT_{\mathrm{s}}=nAT_0$，$n=0\sim L-1$。

（5）第 n 个码元的抽样值为 $y(nAT_0)$。

注：$y(nAT_0)$ 用于绘制星座图。

（6）第 n 个码元的判决值为 $\{a_n'\}$。

注：$\{a_n'\}$ 与 $\{a_n\}$ 比较即可得到误码率，即可分析传输质量。

（三）编程思想

尽量采用模块化结构或子函数形式，合理设计各子函数的输入和输出参数。系统模块或子函数可参考如下：

（1）信源模块。

（2）匹配滤波器模块（可选）。

（3）非匹配滤波器模块（可选）。

（4）加性白高斯噪声模块。

（5）抽样判决模块。

（6）眼图模块。

（7）星座图模块。

（8）误码率模块。

本实验采用匹配滤波器法设计基带传输系统。

三、程序清单

1. 信源模块

```
%信源模块，生成 1、-1 等概分布的双极二进制码元序列
function[a, dt]=source(L, A)  %L 为码元数，A 为 1 个码元内采样点数
a=rand(1, L);                         %产生 0-1 之间均匀分布的随机序列
for i=1:L
    if (a(i)>0.5)             %若产生的随机数在（0.5, 1）区间内，则为 1
        a(i)=1;
    else
        a(i)=-1;              %若产生的随机数在（0, 0.5）区间内，则为-1
    end
end
dt=zeros(1, length(a)*A); %产生一个 1 行、L*A 列的零向量
for i=1:length(a)
    dt(1+A*(i-1))=a(i);       %每两点之间插入三个零点，即模拟每周期取 4 个样点
end
```

2. 匹配滤波器模块

```
% 产生平方根升余弦滚降滤波器
function [ht, Hrf, n, f]=matched_filter(Ts, F0, N, alpha)
n=[-(N-1)/2:(N-1)/2];         %时域序列自变量取值范围
f1=(1-alpha)/(2*Ts);
f2=(1+alpha)/(2*Ts);
k=n;                          %频域序列自变量取值范围
f=n*F0/N;                     %频域频率取值范围
Hf=zeros(1, N);               %升余弦滚降滤波器频域特性
for i=1:N
    if (abs(f(i))<=f1)
        Hf(i)=Ts;
    elseif(abs(f(i))<=f2)
        Hf(i)=Ts/2*(1+cos(pi*Ts/alpha*(abs(f(i))-(1-alpha)/(2*Ts))));
    else Hf(i)=0;
    end
end
Hrf=sqrt(Hf);                           %根升余弦滚降滤波器频域特性
ht=1/N*Hrf*exp(j*2*pi/N*k'*n);          %根升余弦滚降滤波器时域特性
end
```

3. 加性白高斯噪声模块

利用 awgn 函数实现。

4. 抽样判决模块

```
function[sample1, sample]=samples(L, A, yt)
sample1=zeros(1, L);          %抽样值序列
sample=zeros(1, L);           %判决值序列
m=1:L;
for i=1:L
   sample1(i)=real(yt(1+(i-1)*A)); %取出 A*T0+1 位置上的 L 个值
end
for i=1:L
   if sample1(i)>0            %若抽样值为正，判为 1
      sample(i)=1;
   else sample(i)=-1;         %若抽样值为负，判为-1
   end
end
end
```

5. 误码率模块

```
function j=BER(a, b, L)
j=0;
for i=1:L
   if a(i)~=b(i)      %与发送序列进行比较
      j=j+1;
   end
end
```

6. 主程序

```
% Generated by MATLAB(R) 9.1
% Generated on: 07-May-2019 14:57:11
%% 数字基带传输系统仿真主程序
clc;clear all;close all; %初始化
%输入基带系统各模块参数
L=20;          %传送码元个数
A=4;           %每个码元周期的抽样点数
Rs=1200;       %码元速率
N=32;          %滤波器长度
SNR=50;        %信噪比
alpha=0.5;     %滚降系数
```

```
Ts=1/Rs;        %Ts 为码元周期
T0=Ts/A;        %T0 为抽样点的间隔
F0=1/T0;        %F0 为抽样频率
%信源模块
[a, dt]=source(L, A)
%发送滤波器模块
[ht, Hrf, n, f]=matched_filter(Ts, F0, N, alpha)
st=conv(dt, ht);           %st 为发送滤波器输出的基带信号
st=st(1+floor(N/2):L*F0/Rs+floor(N/2));
%加性白高斯噪声（AWGN 信道）
rt=awgn(st, SNR)           %rt 为 AWGN 信道输出信号
%接收滤波器模块
yt=conv(rt, ht);           %yt 为接收滤波器输出信号
yt=yt(1+(N-1)/2:L*F0/Rs+(N-1)/2);
%抽样判决模块
[sample1, sample]=samples(L, A, yt)
%% 绘制程序运行结果
%绘制二进制码元序列和 4 倍插值后序列，如图 5-48 Figure1
figure(1)
subplot(2, 1, 1);
stem(0:L-1, a);
title('二进制码元序列');
subplot(2, 1, 2);
stem(0:L*A-1, dt);
title('4 倍插值后序列');
figure(2)
%绘制发送滤波器冲击响应、频率响应，如图 5-48 Figure2
subplot(2, 1, 1);
stem(n, ht);
title('发送滤波器冲击响应');
subplot(2, 1, 2);
stem(f, Hrf);
title('发送滤波器频率响应');
%绘制基带信号 st 和信道输出信号 rt，如图 5-48 Figure3
figure(3)
t=0:L*A-1;
subplot(2, 1, 1);
plot(t, real(st));
title('发送滤波器输出信号')
subplot(2, 1, 2);
plot(t, real(rt));         %绘制加入加性白高斯噪声后的波形
title('加入噪声后的信号波形')
```

```
%绘制接收滤波器输出信号 yt、抽样值和判决值，如图 5-48 Figure4
figure(4)
subplot(3, 1, 1);
plot(t, real(yt));
title('接收滤波器输出信号')
subplot(3, 1, 2);
m=1:L;
stem(m, sample1);
title('抽样值序列')
subplot(3, 1, 3);
stem(m, sample);
title('判决值序列')
%% 系统性能分析
%生成眼图、星座图(散点图)，计算误码率，如图 5-48 Figure5、6、7 和 8
subplot(3, 1, 1)
eyediagram(yt, A);
title('系统输出信号的眼图');
scatterplot(sample1, A);
title('抽样值序列星座图');
scatterplot(a);
title('原二进制码元序列星座图');
j=BER(a, sample, L)
sprintf('BER: %2.2f%%', j/L*100)
```

7. 程序运行结果（见图 5-48）

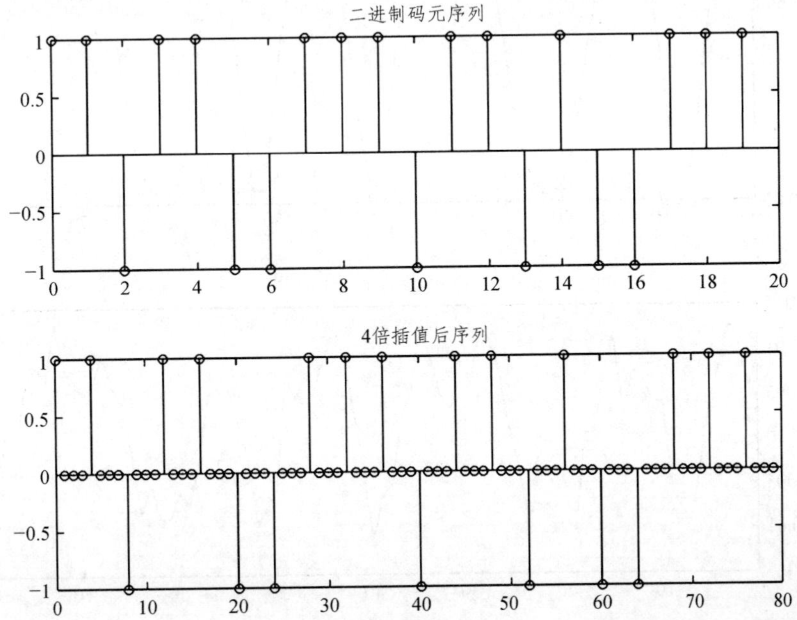

Figure 1

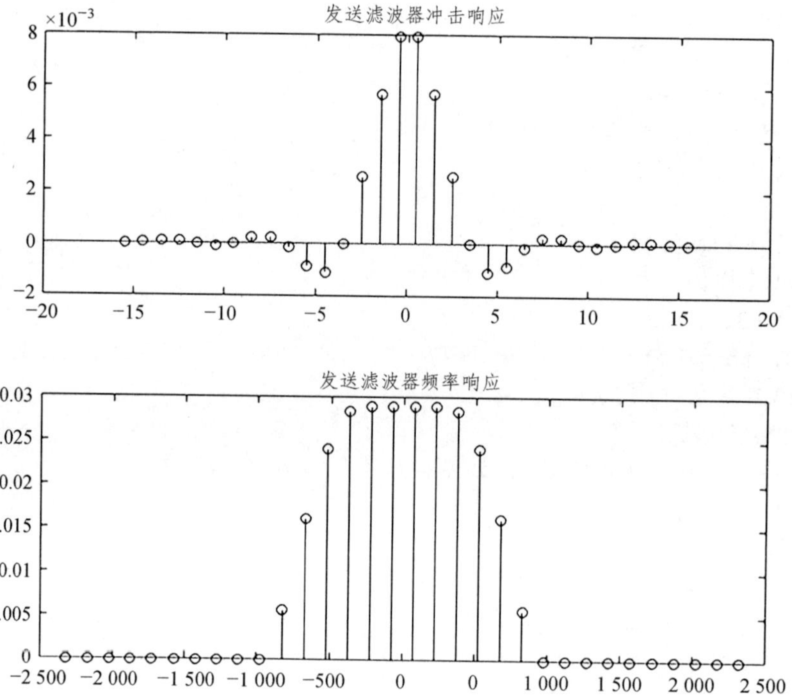

Figure 2

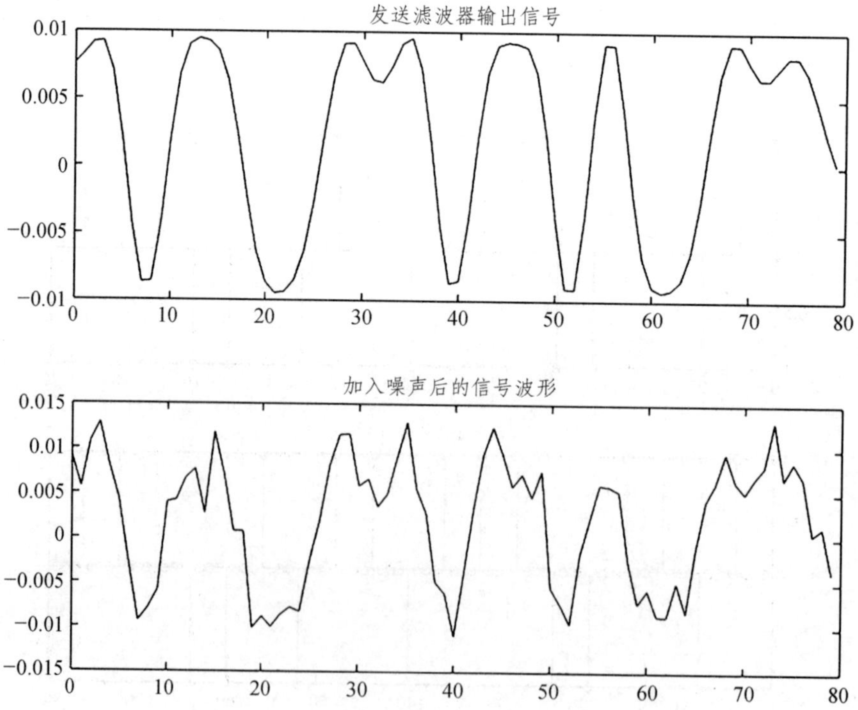

Figure 3

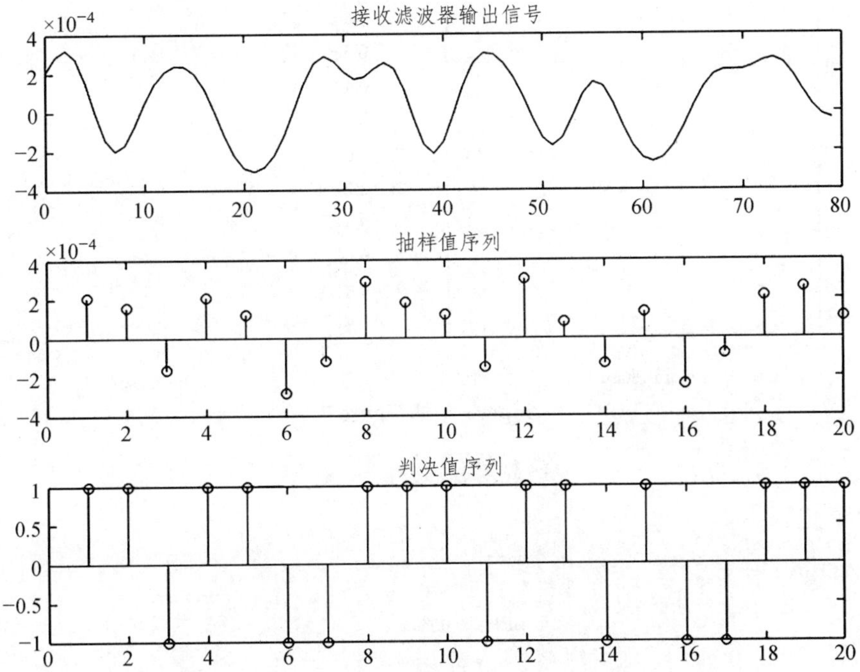

Figure 4

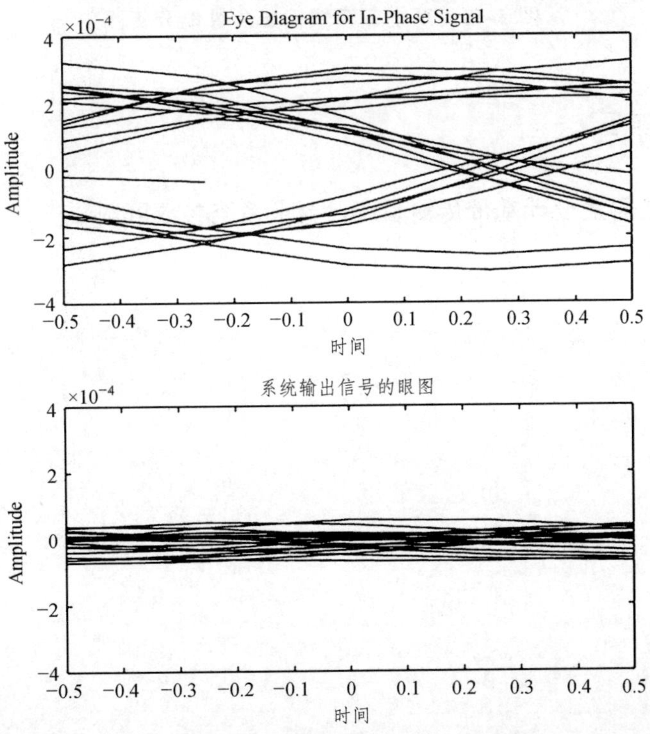

Figure 5

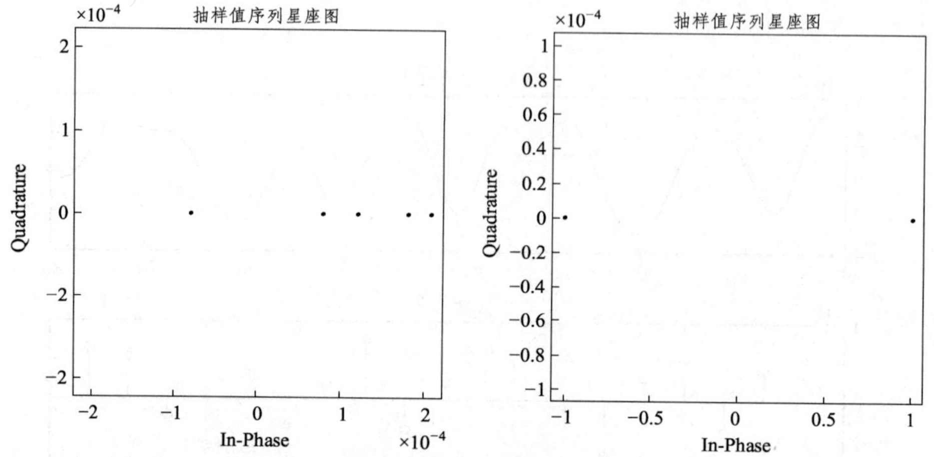

Figure 6 和 Figure 7

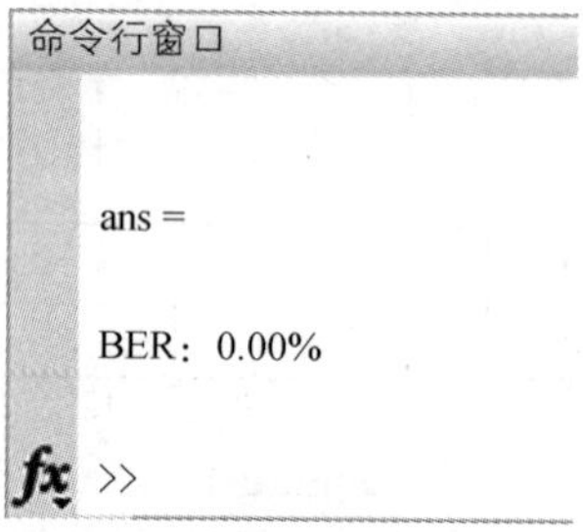

Figure 8

图 5-48　系统各模块输出及性能分析图

四、拓展练习

采用非匹配滤波器法设计基带传输系统，要求系统参数可调。

任务四　数字频带系统的 MATLAB 仿真

一、实训目的

（1）掌握频带系统各模块的仿真方法。
（2）掌握频带传输系统的性能分析。
（3）进一步加深对频带传输原理的理解。
（4）培养探究精神和分析问题、解决问题的能力。

二、实训内容

在加性白高斯噪声干扰下，以 2ASK 调制为例，编写数字频带系统的 MATLAB 仿真程序。其中码元周期和码元速率采用归一化，基带信号的码型假设为单极性不归零码，码元波形假设为矩形波。

编程思想：按照信号传输的流程，采用模块化编程，对应编写基带信号生成、2ASK 调制、AWGN 噪声、2ASK 解调（以相干解调为例）、低通滤波（以巴特沃斯低通滤波器为例）和抽样判决等子函数。

三、程序清单

1. 基带信号生成模块

```
%基带信号生成模块，生成 0、1 等概分布的单极不归零基带信号
function[a, st]=source(L, A)
a=rand(1, L);             %产生 0-1 之间均匀分布的随机序列
for i=1:L
    if (a(i)>0.5)         %若产生的随机数在（0.5, 1）区间内，则为 1
        a(i)=1;
        st(1,1+A*(i-1):A*i)=1;   %将向量 st 中第 1+A*(i-1)项至 A*i 置为 1
    else
        a(i)=0;           %若产生的随机数在（0, 0.5）区间内，则为 0
        st(1, 1+A*(i-1):A*i)=0;   %将向量 st 中第 1+A*(i-1)项至 A*i 置为 1
    end
end
end
```

2. 抽样判决模块

```
%抽样判决
function ask_sample=sample(L, A, ask_lpf)
for i=1:L
    if ask_lpf(1, (i-1)*A+A/2)<0.1
        ask_sample(1, 1+(i-1)*A:A*i)=0;
    else
        ask_sample(1, 1+(i-1)*A:A*i)=1;
    end
end
```

3. 主程序

```
clc;clear all;close all;
L=10;           %发送码元个数
A=20;           %每个码元周期插入点数，20 倍插值
Ts=1;           %码元周期 Ts 和速率 Rs 采用归一化
T0=Ts/A;        %采样间隔为 Ts/A
F0=1/T0;        %采样频率
t=0:T0:(L*A-1)*T0  ;    %自变量取值范围
SNR=30;         %信噪比
fc=10;          %载波频率
ct=cos(2*pi*fc*t);      %载波信号
%基带信号生成模块
[a, st]=source(L, A)
%调制模块
ask=st.*ct;
%AWGN 信道模块
ask_n=awgn(ask, SNR)
%相干解调模块
st2=ask_n.*ct;
%低通滤波器模块，巴特沃斯低通滤波器
[B2, A2]=butter(1, 4/(50/2));
ask_lpf=filter(B2, A2, st2);
%butter 函数中，1 代表滤波器阶数，4/(50/2)代表截止频率
%抽样判决模块
```

```
ask_sample=sample(L, A, ask_lpf)
%可视化模块，对相关信号进行绘制
figure(1);          %如图 5-49 Figure1
subplot(3, 1, 1);
plot(t, st);
title('基带信号 st');
axis([0, L, -2, 2])
subplot(3, 1, 2);
plot(t, ask);
title('已调信号 2ask');
axis([0, L, -2, 2])
subplot(3, 1, 3);
plot(t, ask_n);
title('通过 AWGN 信道后信号 ask_n', 'Interpreter', 'none');
%'Interpreter', 'none'的功能是正确显示下划线"_"
figure(2);          %如图 5-49 Figure2
axis([0, L, -2, 2])
subplot(3, 1, 1);
plot(t, st2);1
title('相干解调后信号 st2');
axis([0, L, -2, 2])
subplot(3, 1, 2);
plot(t, ask_lpf);
title('低通滤波后信号 ask_lpf', 'Interpreter', 'none');
axis([0, L, -2, 2])
subplot(3, 1, 3);
plot(t, ask_sample);
title('抽样判决后信号 ask_sample', 'Interpreter', 'none');
axis([0, L, -2, 2])
```

4. 程序运行结果（见图 5-49）

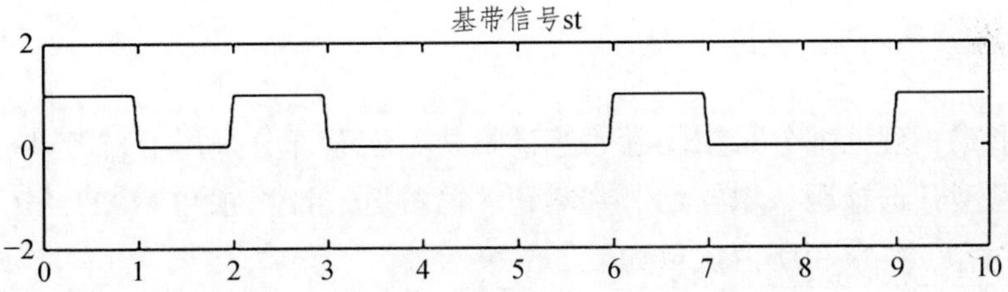

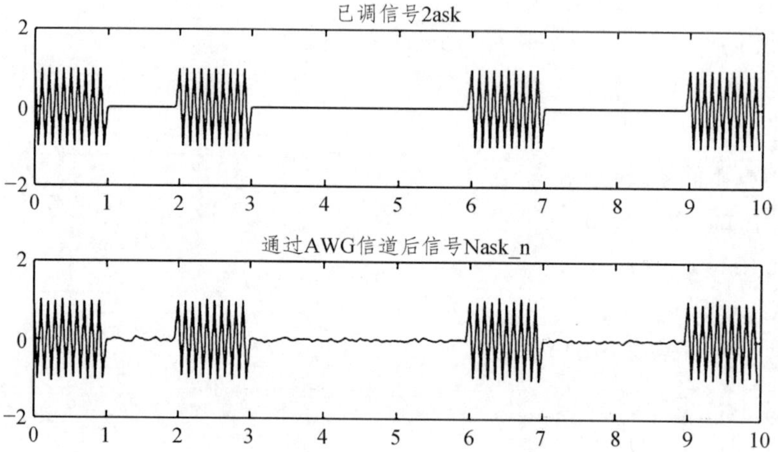

Figure 1

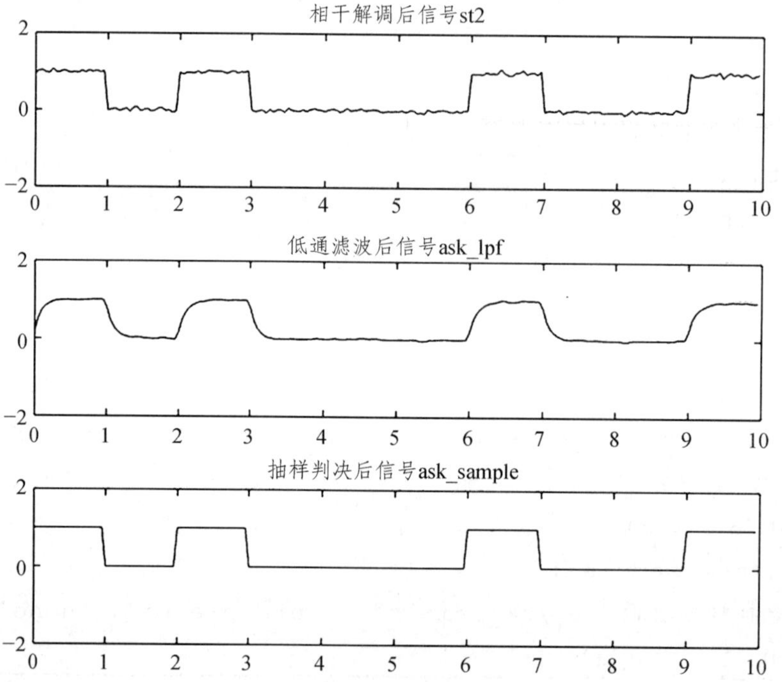

Figure 2

图 5-49　系统各模块输出的波形

考核标准

（1）考核形式：理论部分采用闭卷、笔试形式，实验部分采用上机考试。

（2）考核题型：选择题、填空题、判断题、简答题、计算题和 MATLAB 仿真。

（3）考核内容、要求和所占比重如表 5-1 所示。

表 5-1　项目五考核标准

考核内容	考核要求				所占比重
	了解	理解	掌握	会用	
任务一　数字基带传输系统					25%
1. 数字基带传输系统模型		√			
2. 基带信号码型及其功率谱密度		√			
3.（[无码间干扰的传输特性]）		√	√	√	
4. [无码间干扰的传输特性设计]		√	√	√	
5. 最佳基带传输系统设计		√			
6. 眼图与均衡	√	√			
任务二　数字频带传输系统					
1. [数字频带传输系统模型]		√			
2. [二进制数字调制原理]		√	√		
3. 多进制数字调制原理		√			
4. 新型数字调制技术	√				
任务三　数字基带系统的 MATLAB 仿真					
1.（匹配滤波器法设计最佳基带传输系统）		√			
2.（直通法设计最佳基带传输系统）		√			
3.（IIR 数字滤波器设计）		√			
4.（FIR 数字滤波器设计）					
任务四　数字频带系统的 MATLAB 仿真					
1.（数字频带传输原理及仿真方法）		√			

注：表中的"√"表示对知识和技能考核的层次要求；打"[ ]"的为重点内容，打"( )"的为难点内容，打"*"的可作为自学内容。

项目五试题库

1．简述数字通信中比特、码元、码型、波形之间的关系。

2．什么是码间干扰？它对通信质量有什么影响？为了消除码间干扰，对传输波形有什么要求？

3．数字基带信号的功率谱有什么特点？它的带宽主要取决于什么？

4．奈奎斯特第一准则的时域条件和频域条件是什么？

5．理想低通传输系统和具有升余弦滚降特性的基带传输系统相比较，在可实现性、最大频带利用率 η_b、拖尾衰减速度等方面有哪些区别？

6．何谓眼图?它有什么用处?

7．已知信息代码为 100000000011，求相应的 AMI 码和 HDB_3 码，并分别画出它们的波形图（采用半占空比矩形脉冲）。

8．无串扰传输码元速率为 R_B 的信号时，传输系统所需的最窄带宽为多少？二元码时传输系统的最高频带利用率为多少？

9．当二进制码元速率为 R_B 时，滚降系数为 α 的升余弦信号的传输带宽和频率利用率分别为多少？

10．假设某二进制信息序列为 100101001 1，采用 2ASK 方式进行传输。已知码元传输速率为 2400 Baud，载频为 4800 Hz。

（1）画出该二进制信息序列的 2ASK 时域波形图。

（2）画出该 2ASK 信号采用非相干解调的原理图和时域波形图。

（3）计算二进制信息序列和所对应的 2ASK 已调信号的传输带宽。

11．已知某二进制信息序列为 11010010，采用 2FSK 方式进行传输。其中码元传输速率为 1200 Baud，“1”码的载频为 2400 Hz，“0”码的载频为 3600 Hz。

（1）画出 2FSK 信号的时域波形图及调制器原理框图。

（2）画出 2FSK 采用非相干解调的原理波形图。

（3）计算二进制序列和所对应的 2FSK 已调信号的传输带宽。

12．已知某二进制信息序列为 01101101，分别采用 2PSK、2DPSK 进行传输。其中码元周期是载波周期的两倍。

（1）根据二进制信息序列写出相对码序列。

（2）画出在 B 方式下 2PSK 和 2DPSK 的时域波形图。

（3）解释相位模糊的现象。

13．设发送的绝对码序列为 011010，采用 2DPSK 方式传输。已知码元传输速率为 1200 Baud，载波频率为 1800 Hz。定义相位差 $\Delta\varphi$ 为后一码元起始相位和前一码元结束相位之差：

（1）若 $\Delta\varphi=0°$ 代表“0”，$\Delta\varphi=180°$ 代表“1”，试画出这时的 2DPSK 信号波形。

（2）若 $\Delta\varphi=270°$ 代表“0”，$\Delta\varphi=90°$ 代表“1”，则这时的 2DPSK 信号波形又如何？

14．设数字基带信号的码元间隔为 T_s，基带传输系统的传递函数 $H(\omega)$ 如图 5-50 所示，试问有无码间干扰，说明原因。

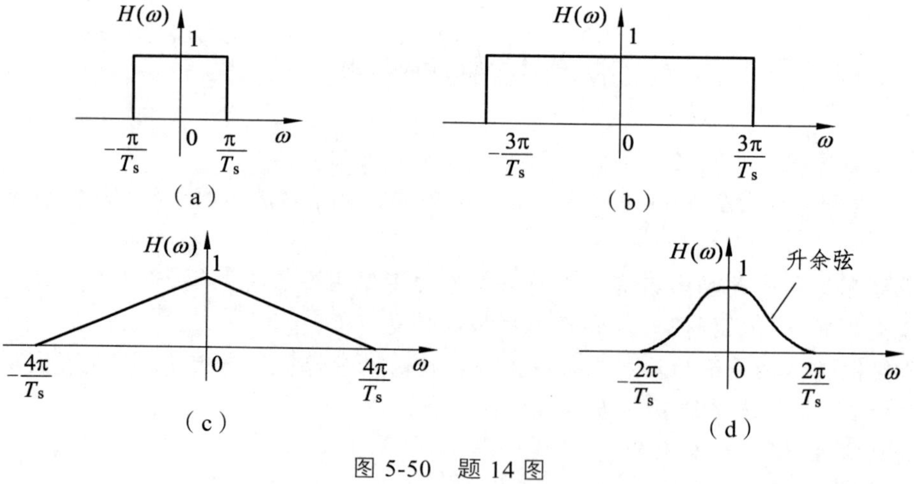

图 5-50　题 14 图

15．设基带传输系统的发送滤波器、信道、接收滤波器组成总特性为 $H(\omega)$，若要求以 $2/T_b$ 波特的速率进行数据传输，试判断图 5-51 所示的各种系统是否满足无码间干扰条件。

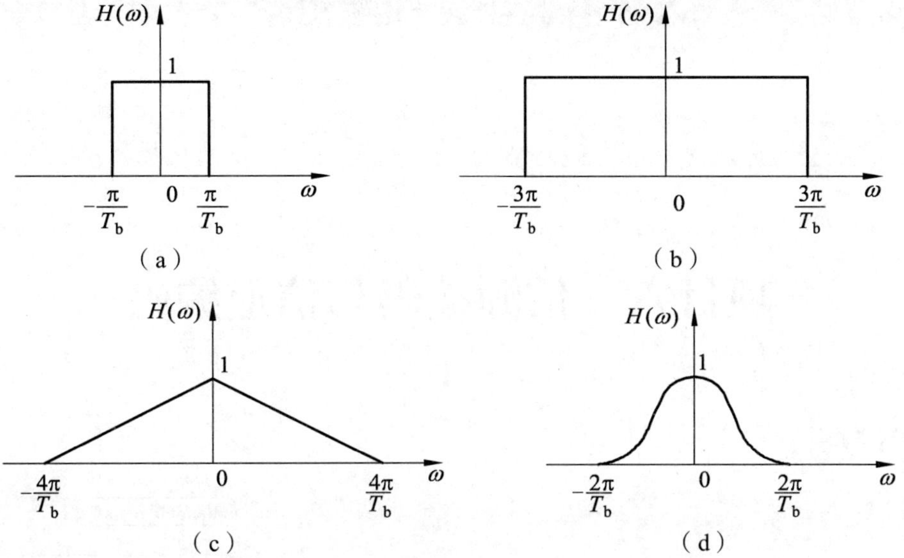

图 5-51　题 15 图

人才有高下，知物由学。

——（东汉）王充《论衡·实知》

项目六　信源编码与信道编码

项目导引

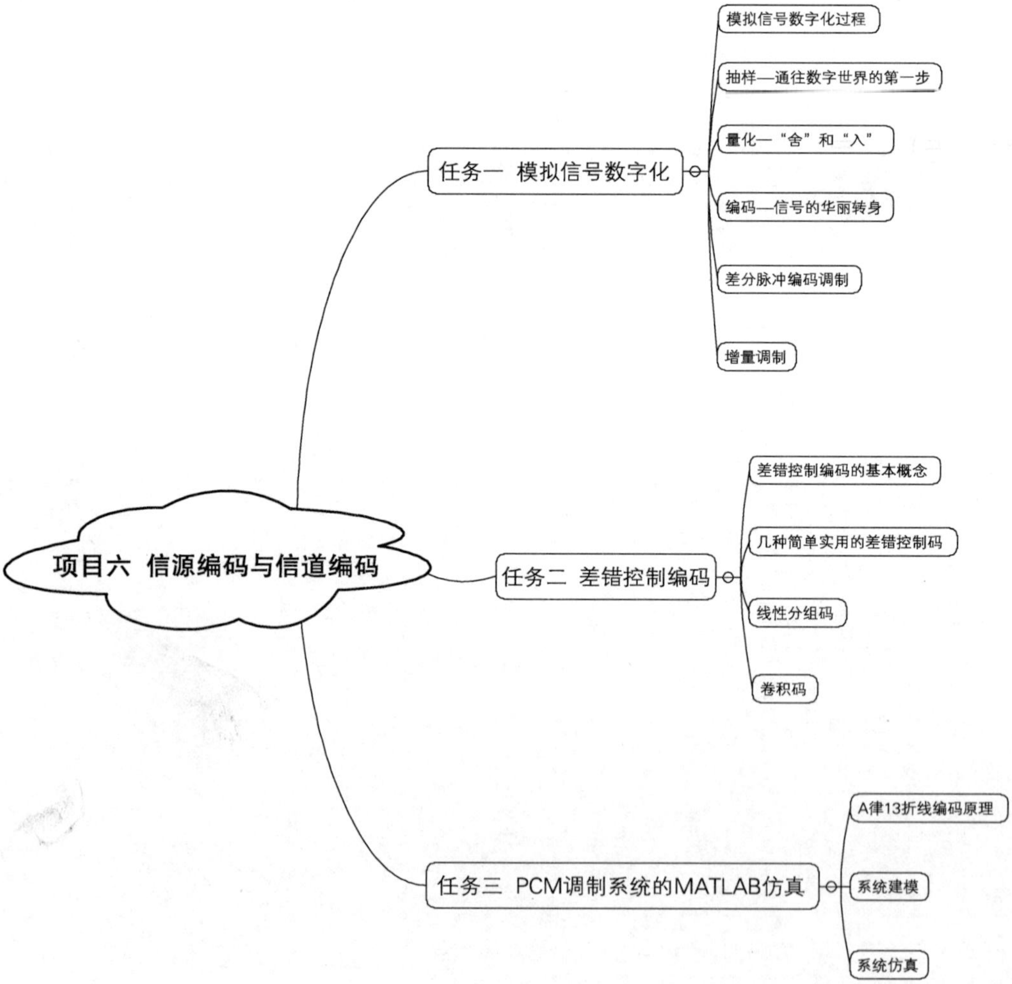

任务一　模拟信号数字化

学习目标

- 掌握抽样的原理。
- 掌握量化的原理。
- 掌握编码的原理。
- 理解增量调制的原理。
- 理解差分脉冲编码调制的原理。

学习内容

一、引　言

在项目一的图 1-4 中已经提到，根据不同的目的，数字通信系统中常常需要进行信源编码和信道编码。信源编码属于压缩编码，其目的是提高通信系统的有效性，类似于生活中把棉被抽成真空，去掉冗余后再进行运输，进而提高运输效率。信源编码的对象是数字信号，若信源输出为模拟信号，则必需先对其数字化后再进行编码，如本项目中将要介绍的脉冲编码调制（PCM）和话音压缩编码（DPCM、ΔM）等。信道编码属于冗余编码，其目的是提高通信系统的可靠性。信道编码类似于将玻璃杯进行包装后再运输，以免运输中出现破损。例如前面讲到的线路编码（AMI 码、HDB_3码等）以及本项目中将要讨论的差错控制编码（奇偶校验码、循环码、卷积码等）都属于信道编码的范畴。

二、模拟信号数字化过程

将模拟信号转换成数字信号要经过抽样（sampling，也称取样或采样）、量化（quantization）和编码（coding）三个过程，如图 6-1 所示。其中，抽样的目的是实现时间的离散，但抽样后的信号的幅度取值仍然是连续的，所以仍是模拟信号；量化的目的是实现幅度的离散，量化后的电平状态为有限多种且为多进制，不能被常用的二进制数字通信系统处理；编码的目的是将量化后的多进制信号电平转换成二进制序列。

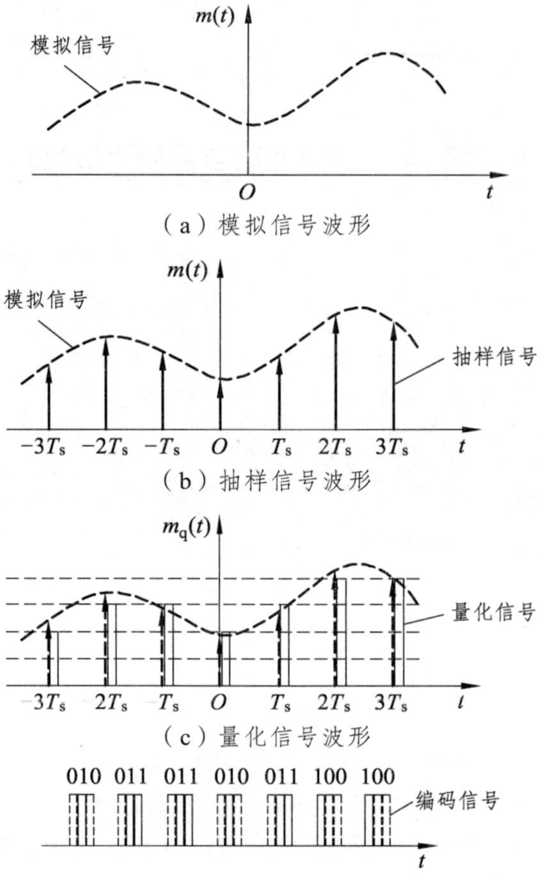

（a）模拟信号波形

（b）抽样信号波形

（c）量化信号波形

（d）编码信号波形

图 6-1　模拟信号的数字化过程示意图

将模拟信号转换成数字信号的方法很多，目前应用比较广泛的是脉冲编码调制（Pulse Code Modulation，PCM），它是对模拟信号进行抽样、量化和编码的调制方式。采用这种调制方式的数字通信系统称为 PCM 通信系统，输出的数字信号称为 PCM 信号，其系统的组成原理如图 6-2 所示。

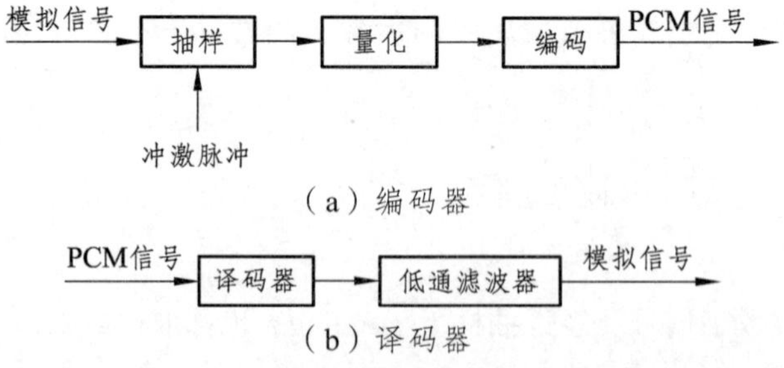

（a）编码器

（b）译码器

图 6-2　PCM 通信系统原理图

需要说明的是，脉码编码调制这个名字是站在信号调制的角度来命名的，它与数字电路中的“A/D 变换”的原理是一样的，只是称呼不同。

接下来介绍 PCM 系统中抽样、量化和编码原理。

三、抽样——通往数字世界的第一步

（一）抽样的概念

抽样是模拟信号数字化的第一步。所谓抽样，就是将时间域上连续的模拟信号变换成时间域上离散的信号的过程，具体地说，就是将模拟信号在 $t = nT_s$ 各离散时刻上的数值取出，使其变成抽样信号，实现抽样功能的电路称为抽样电路。

从理论上看，抽样可以看作是周期性脉冲与模拟信号相乘的过程。理想情况下，抽样脉冲为周期性的冲激信号构成的梳状函数，实际中的抽样脉冲具有一定宽度（当然越窄越好），如图 6-3 所示。

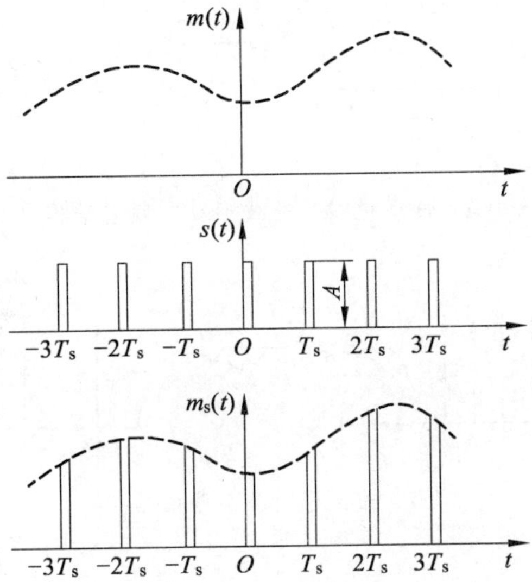

图 6-3　实际抽样示意图

若站在调制的角度观察图 6-3，抽样的过程就是用模拟信号对单位冲激脉冲的幅度进行调制，让样值脉冲的幅度随原模拟信号幅度的变化而变化，这种调制称为脉冲幅度调制（Pulse Amplitude Modulation，PAM），因此抽样后的信号又叫 PAM 信号。

需要说明的是，实际系统中的采样并不需要抽样脉冲与模拟信号相乘，只需要获得模拟信号在抽样时刻的电平值即可，往往是通过一个模拟电子开关电路来实现的。

（二）低通抽样定理

由图 6-1（b）可以看出，抽样信号与原模拟信号有所不同。但是可以证明，对一个带宽有限的模拟信号进行抽样时，若抽样频率足够高，则这些抽样值就能够完全代表原模拟信号，并且能够由这些抽样值准确地恢复出原模拟信号的波形。因此，从信息传输的角度来看，不一定要传输模拟信号本身，可以只传输这些离散的抽样值，接收端就能恢复原模拟信号。描述这一抽样频率条件的定理就是著名的抽样定理，它是由美国科学家奈奎斯特提出的。

抽样定理有低通抽样定理和带通抽样定理两种，针对不同形式的模拟信号，应选择合适的抽样定理。低通抽样定理可表述为：一个频带限制在 0 ~ f_H 以内的低通信号 $s(t)$，如果以 $f_s \geqslant 2f_H$ 的采样频率进行均匀采样，则所得的样值可以完全地确定原信号 $s(t)$。

抽样定理是模拟信号数字化的理论基础，也是时分复用技术的理论依据，它能保证模拟信号在数字化后不失真。

下面以理想抽样为例，用图形的形式证明低通抽样定理。

在图 6-4 中，模拟信号为 $f(t)$，对应的频谱为 $F(f)$，梳状函数为 $\delta_T(t)$，对应的频谱为 $\delta_T(f)$，抽样后信号为 $f_s(t)$，对应的频谱为 $F_s(f)$。

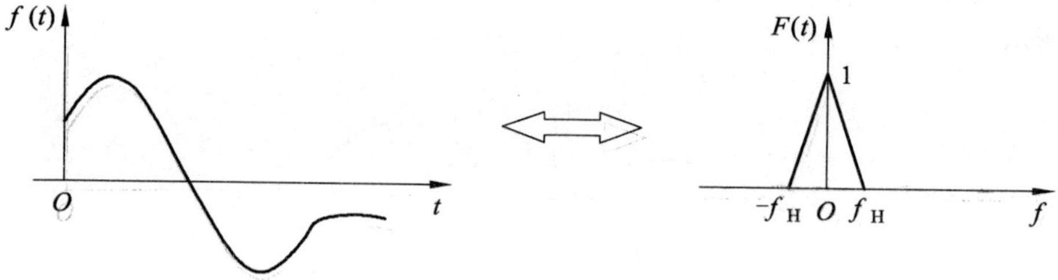

（a）低通模拟信号波形及其频谱结构

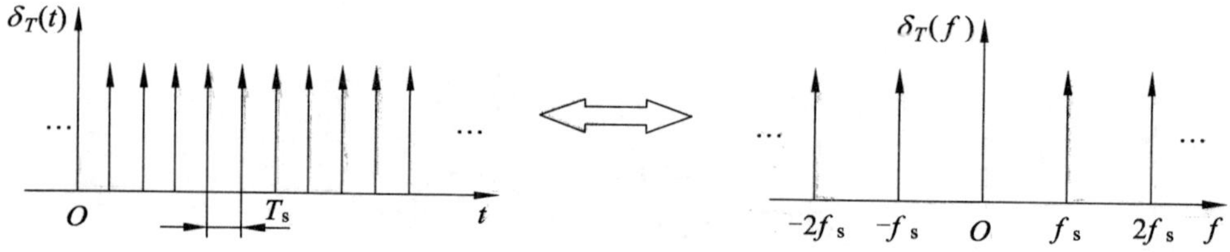

（b）抽样序列及其频谱结构

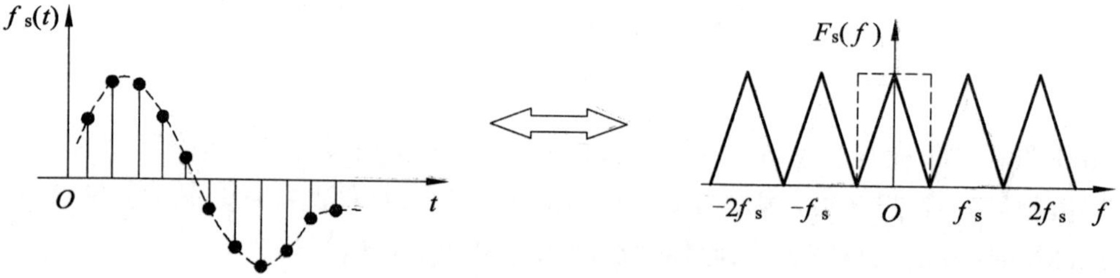

（c）抽样后信号及其频谱结构

图 6-4　低通型模拟信号的抽样过程

从图 6-4 中可以看出，时域中模拟信号 $f(t)$ 与梳状函数为 $\delta_T(t)$ 相乘，相当于频域中 $F(f)$ 与 $\delta_T(f)$ 相卷积，又由于梳状函数 $\delta_T(t)$ 的频谱仍然是冲激函数且周期出现，根据傅里叶变换的性质，$F(f)$ 被线性搬移到 0、$\pm f_s$、$\pm 2f_s \cdots \pm nf_s$ 等处，把这些搬移后的频谱进行线性组合就得到抽样信号的频谱 $F_s(f)$。

当抽样频率 $f_s \geqslant 2f_H$ 时，模拟信号的频谱周期出现且互不混叠，这时，接收端通过滤波器即可恢复出原始的模拟信号。

当抽样频率 $f_s < 2f_H$ 时，模拟信号的频谱将出现频谱混叠现象。这时，接收端将无法恢复出原始的模拟信号。

实际应用中，为了提高系统可靠性，通常会留出一定的防护频带。比如，ITU-T 建议规定，对于 3400 Hz 带宽的电话信号，取样频率为 8000 Hz，留出了 8000 Hz – 6800 Hz = 1200 Hz 作为防护频带。

特别地，把 $f_s = 2f_H$ 时的频率称为奈奎斯特速率，此时对应的抽样周期 T_s 称为奈奎斯特间隔。

（三）带通抽样定理

实际应用中还会遇到很多带通信号，这种信号的带宽 B 远小于其中心频率。若仍然按照低通抽样定理来确定抽样频率 f_s，则会导致抽样频率 f_s 过高，而实际上并不需要这样高的抽样频率。

可以证明：若带通信号 $f(t)$ 的下限频率为 f_L，上限频率为 f_H，带宽为 B。若满足

$$f_s \geqslant 2B\left(1+\frac{k}{n}\right) \tag{6-1}$$

$f(t)$ 可以由抽样点值序列 $f_s(nT_s)$ 完全描述。

式（6-1）中，n 为商（f_H / B）的整数部分，$n = 1, 2, \cdots$；k 为商（f_H / B）的小数部分 $0 < k < 1$。

【例 6-1】 载波电话 60 路超群信号中，频带范围为 312 ~ 552 kHz，试求最低抽样频率 f_s。

【解】 信号带宽 $B = f_H - f_L = 552 - 312 = 240$ kHz

$$\frac{f_H}{B} = \frac{552}{240} = 2.3$$

得　　$n = 2,\ k = 0.3$

代入公式得　　$f_s = 552$ kHz

如果该 60 路超群信号按低通型抽样定理求解，$f_s \geqslant 2f_H = 1104$ kHz，显然，带通型抽样频率优于低通型频率。

四、量化——“舍”和“入”

（一）量化的基本原理

模拟信号数字化的第二步是量化。在实际的设备中，量化和编码是一步完成的。为了便于理解，一般分量化、编码两个过程来讨论。首先介绍量化的基本原理。

抽样后的 PAM 信号虽然在时间上是离散的，但其代表信息的参量（幅度）仍然是连续变化的，因此仍然属于模拟信号。量化则是用预先规定的有限个电平来表示无限多抽样值的过程，实现量化功能的电路称为量化器。

在量化过程中，每个量化器都有一个量化范围（$-V \sim V$），若输入的模拟信号的幅度超过此范围就称为过载。在量化范围内划分成若干个区间（称为量化区间），每个量化区间用一个电平（称为量化电平，量化电平的个数称为量化级数）来表示区间内的任意电平，量化区间的间隔称为量化间隔。图 6-5 所示为量化的基本原理。

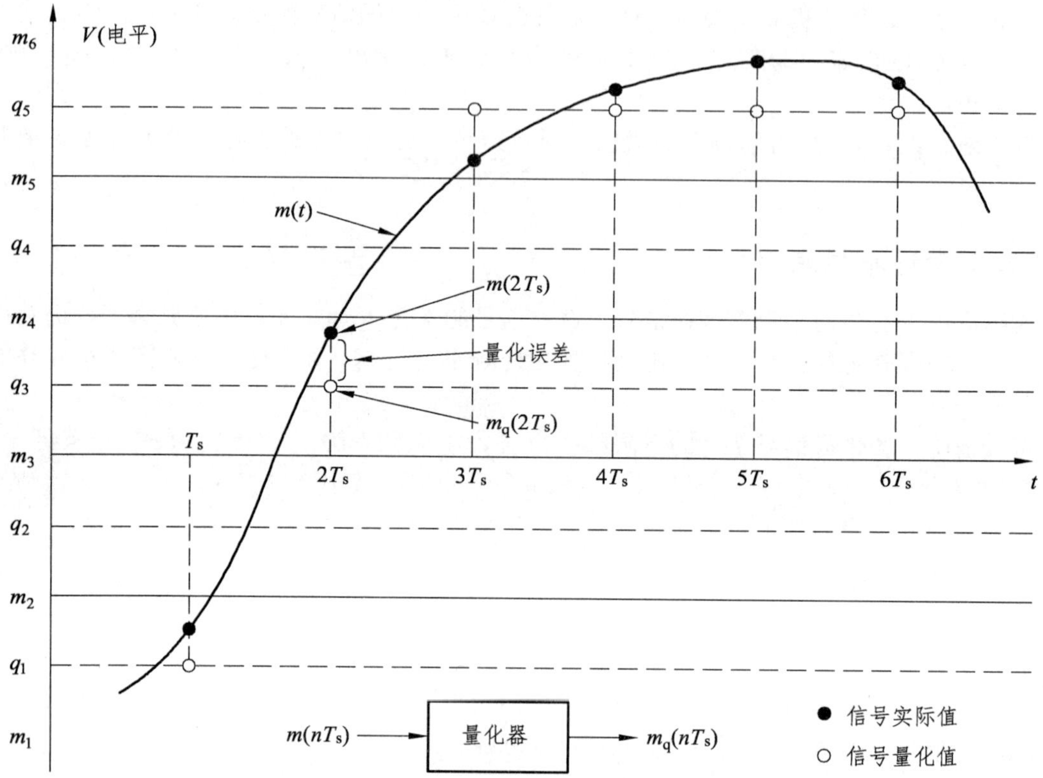

图 6-5　量化的基本原理

图 6-5 中，$m(nT_s)$ 表示模拟信号的抽样值，$m_q(nT_s)$ 表示量化后的量化值，不难看出，量化过程就是一个近似表示的过程，即用有限种电平来近似表示无限种电平的过程。这一近似过程一定会产生误差，该误差称为量化误差[即 $m(nT_s)$ 与 $m_q(nT_s)$ 之差]。由于量化误差一旦形成，在接收端将无法消除，它就像噪声一样影响通信质量，所以又称量化噪声。

图 6-5 中，量化区间是等间隔划分的，称为均匀量化；量化区间也可以不均匀划分，称为非均匀量化。下面分别讨论这两种量化方法。

（二）均匀量化

均匀量化被广泛应用于计算机的 A/D 变换中，常用的 A/D 变换器有 8 位、12 位、16 位等不同精度。图像信号的数字化接口 A/D 也采用均匀量化。

设模拟抽样信号的取值范围为 $-V \sim V$，量化电平数为 L，则在均匀量化时的量化间隔 Δv 为

$$\Delta v = \frac{2V}{L}$$

量化区间的端点 m_i 为

$$m_i = -V + i\Delta v,\quad i = 0, 1, 2, \cdots, L$$

若输出的量化电平 q_i 取为量化间隔的中点，则

$$q_i = \frac{m_i + m_{i-1}}{2},\quad i = 0, 1, 2, \cdots, L$$

可以看出，若信号的最大幅度 V 一定，量化电平数 L 越多，量化区间 Δv 越小，量化误差（噪声）越小。对于单频正弦信号 $S(t)=A_{\mathrm{m}}\cos(\omega_{\mathrm{c}}t+\varphi)$，经过抽样以后进行均匀量化，量化器的输出信噪比为

$$SNR_{\mathrm{dB}}\approx 4.77+20\lg\frac{A_{\mathrm{m}}}{\sqrt{2}V}+6.02n \tag{6-2}$$

由式（6-2）可知，量化器的输出信噪比与编码位数和输入信号的幅度有关，具体如下：

（1）当编码位数增加时，输出信噪比也相应提高，并且每增加一位编码，输出信噪比约提高 6 dB。

（2）当输入大信号时输出信噪比也大，信号失真小，可靠性强，而当输入小信号时输出信噪比变小，信号容易失真，因此均匀量化对小信号不利。

数字电话通信中，要求线路的信噪比至少要大于 28 dB，而且统计发现通话过程中出现小信号的概率大。在量化电平数不能太大的情况下，如果采用均匀量化，很难满足信噪比要求，因此常采用非均匀量化。下面讨论非均匀量化的原理。

（三）非均匀量化

非均匀量化是一种根据信号幅度大小采用不同量化间隔的量化方式。当信号幅度小时，量化间隔 Δv 也变小；信号幅度大时，量化间隔 Δv 也变大。者是如何实现的呢？实际中常通过压缩和扩张技术来实现，即在发送端对输入的抽样信号先进行压缩，再进行均匀量化，等效为非均匀量化，在接收端再进行相应的扩张处理，如图 6-6 所示。

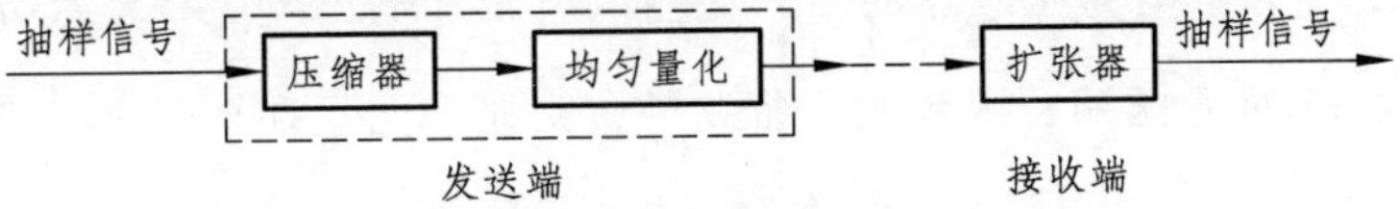

图 6-6　压缩和扩张

所谓压缩就是用一个非线性电路将输入电压 x 变换成输出电压 y。如图 6-7 所示，图中纵坐标（输出信号 y）的刻度是均匀的，横坐标（输入信号 x）的刻度是非均匀的。另外，图中仅示出了曲线的正半部分，第三象限的对称部分没有显示。

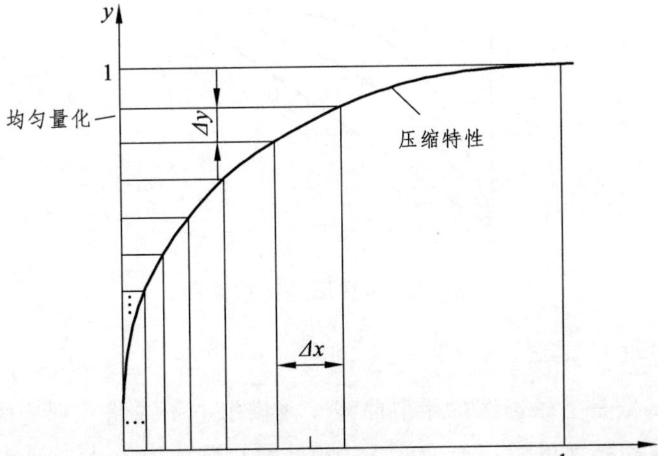

图 6-7　压缩特性曲线（输入和输出均作归一化处理）

从图 6-7 中可以看出，当输入电压 x 越小时，量化间隔也就越小，对应的量化误差也就越小；当输入电压 x 变大时，量化间隔也大，对应的量化误差也就越大。同时，压缩也改变了大信号和小信号之间的比例关系，使大信号的幅度基本不变或变化很小，而小信号的幅度得到较大放大，达到“压大补小”或“填平补齐”的效果。因此，信号经过这种非线性压缩电路处理后，小信号的信噪比大为改善，这样就可以保证大信号和小信号在整个动态范围内的信噪比基本上一致。

对于电话信号的压缩，美国最早提出 μ 律压缩以及相应的近似算法——15 折线法，后来欧洲提出 A 律压缩以及相应的近似算法——13 折线法，它们都是国际电信联盟 ITU 建议共存的两个标准。下面分别讨论这两种压缩律及其近似算法。

我国大陆、欧洲和非洲大都采用 A 律压缩及相应的 13 折线法，美国、日本和加拿大等国家采用 μ 律压缩及相应 15 折线法。

1. A 律压缩特性

A 律压缩主要用于英、法、德等欧洲各国及我国的 PCM30/32 路基群中，其表示式为

$$y=\begin{cases}\dfrac{A}{1+\ln A}x, & 0<x\leqslant\dfrac{1}{A}\\[2ex] \dfrac{1+\ln Ax}{1+\ln A}, & \dfrac{1}{A}\leqslant x\leqslant 1\end{cases} \tag{6-3}$$

式（6-3）中，x 和 y 均为压缩器的归一化输入电压和输出电压，常数 A 为压缩系数，它决定压缩程度，$A=1$ 时无压缩，A 愈大压缩效果愈明显，而且在 $0<x\leqslant\dfrac{1}{A}$ 范围内，y 是线性函数，对应一段直线，也就是相当于均匀量化特性，在 $\dfrac{1}{A}\leqslant x\leqslant 1$ 的范围内，y 是对数函数，对应一段对数曲线，在国际标准中取 $A=87.6$。A 律压缩特性曲线如图 6-8 所示。

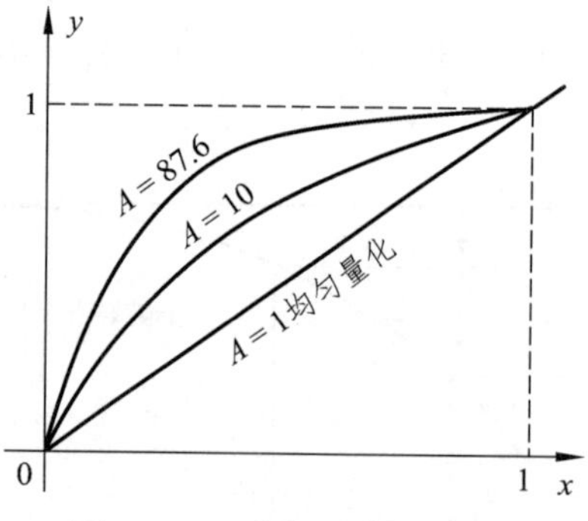

图 6-8　A 律压缩特性曲线

2. A 律压缩的近似算法——13 折线

A 律压缩特性函数是一条连续的平滑曲线，用模拟电子线路实现这样的函数规律是相当复杂的。随着数字电路技术的发展，这种特性很容易用数字电路来近似实现。13 折线特性就是近似于 A 律的特性。图 6-9 给出了这种特性曲线。

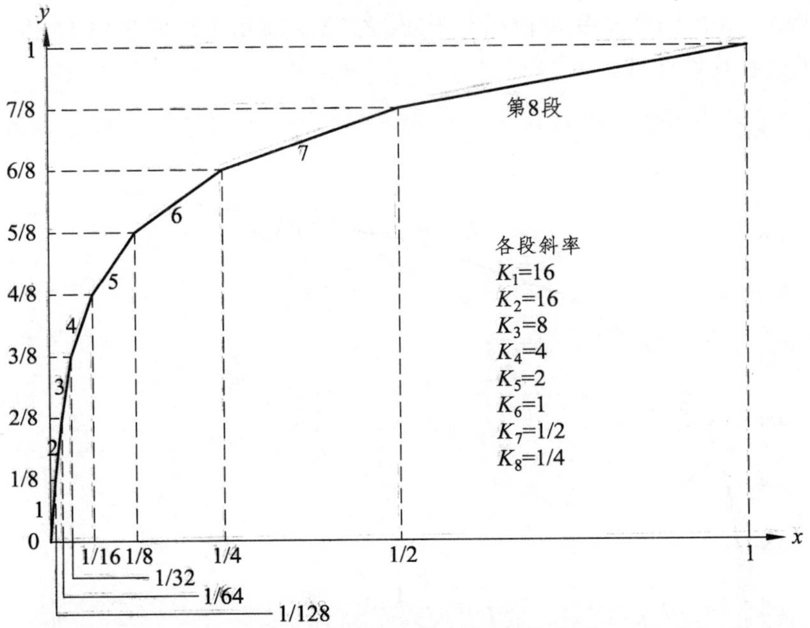

图 6-9　13 折线压缩特性

图 6-9 中，横坐标分为不均匀的 8 段，1/2～1 为第八段，1/4～1/2 为第七段，1/8～1/4 为第六段，依此类推，直到 0～1/128 的线段称为第一段。纵坐标分为均匀的 8 段。将横坐标和纵坐标对应的坐标点（x，y）相连，就得到 8 条折线，再考虑对称的第三象限，也有 8 条折线，由于第一象限和第三象限中第一条和第二条折线的斜率相同，这 4 条折线构成了一条直线，这样在-1～+1 的范围内就形成了总数为 13 条的折线，因此常称为 A 律 13 折线压缩特性。

同时，再将横坐标和纵坐标上的 16 段中的每一段均匀地划分为 16 等份，每一等份就是一个量化级，这样在输入端就形成了 16×16＝256 个不均匀的量化级，它对小信号分得细，最小量化级数（第一段和第二段的量化级）为（1/128）×（1/16）＝1/2048；对大信号的量化级数分得粗，最大量化级为 1/（2×16）＝1/32。通常把最小量化级作为一个量化单位，用“Δ”表示。

3. μ 律压缩特性

μ 律压缩主要用于美国、加拿大和日本等国的 PCM24 路基群中，其表示式为

$$y=\frac{\ln(1+\mu x)}{\ln(1+\mu)},\quad 0\leqslant x\leqslant 1 \qquad (6\text{-}4)$$

式中，μ 为压缩系数，$\mu=0$ 时相当于无压缩，μ 越大压缩效果越明显，在国际标准中取 $\mu=255$。当量化电平数 $L=256$ 时，对小信号的信噪比改善值为 33.5 dB。μ 律最早由美国提出，从整体上看，μ 律和 A 律性能基本接近。μ 律压缩特性曲线如图 6-10 所示。

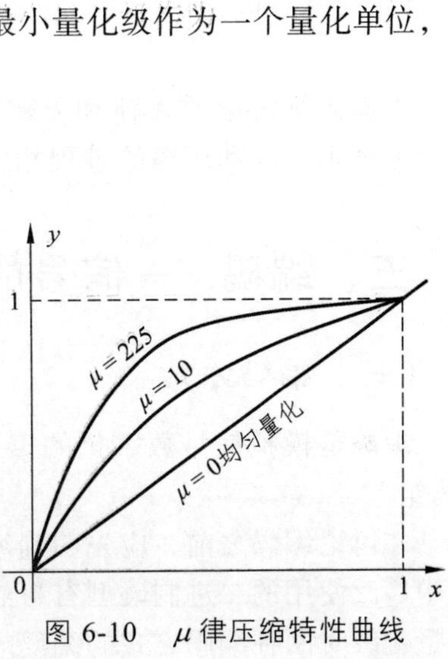

图 6-10　μ 律压缩特性曲线

与 A 律相似，μ 律同样不易用模拟电子线路实现，实用中通常采用 15 折线来代替 μ 律。图 6-11 给出了这种特性曲线。

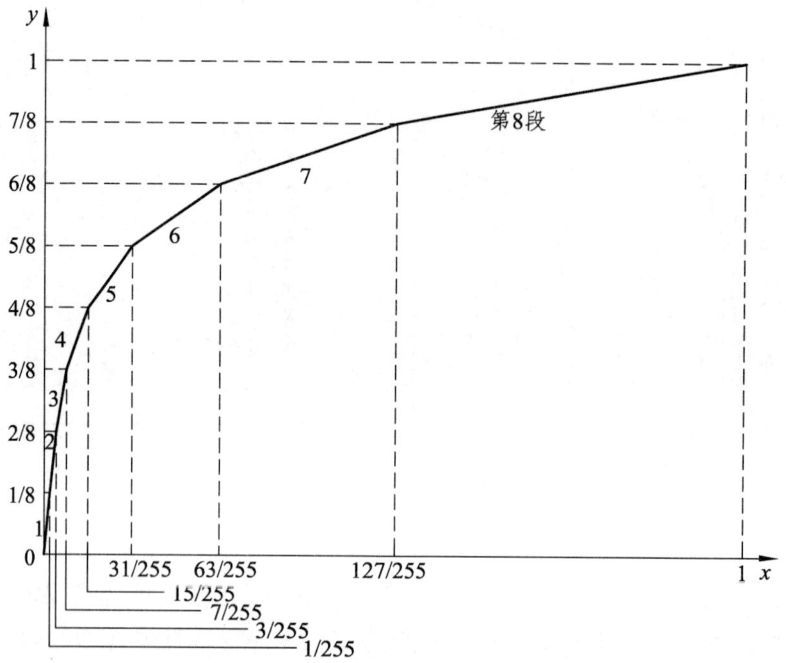

图 6-11　15 折线压缩特性

从图 6-11 中可以看出，由于第一段和第二段的斜率不同，不能合并为一条直线，但第一象限中第一段和第三象限第一段的斜率相同，仍可以连成一条直线。这样就得到 15 条折线，称为 15 折线压缩特性。

比较 13 折线特性和 15 折线特性的第一段斜率可知，15 折线特性第一段的斜率（255/8）大约是 13 折线特性第一段斜率（16）的 2 倍，所以，15 折线特性给出的小信号的信噪比约是 13 折线特性的 2 倍。但是，对于大信号而言，15 折线特性给出的信噪比要比 13 折线特性稍差。

上面详细讨论了 A 律和 μ 律以及相应的折线法压缩信号的原理，至于恢复原信号大小的扩张原理则完全和压缩的过程相反，这里不再赘述。

五、编码——信号的华丽转身

（一）编码方式

编码是模拟信号数字化的第三步，其功能是将量化后的信号电平值转换成二进制数字（码组）。

在讨论编码之前，应先明确编码所用的二进制码型以及二进制码位数的选择和安排。编码中广泛使用的二进制码型有自然二进制码和折叠二进制码。表 6-1 列出了用 4 位码表示 16 个量化级时两种编码方式的编码规律。

表 6-1　常用的编码方式

样值脉冲极性	量化级	自然二进制码 b_3 b_2 b_1 b_0	折叠二进制码 b_3 b_2 b_1 b_0
正极性部分	15	1 1 1 1	1 1 1 1
	14	1 1 1 0	1 1 1 0
	13	1 1 0 1	1 1 0 1
	12	1 1 0 0	1 1 0 0
	11	1 0 1 1	1 0 1 1
	10	1 0 1 0	1 0 1 0
	9	1 0 0 1	1 0 0 1
	8	1 0 0 0	1 0 0 0
负极性部分	7	0 1 1 1	0 0 0 0
	6	0 1 1 0	0 0 0 1
	5	0 1 0 1	0 0 1 0
	4	0 1 0 0	0 0 1 1
	3	0 0 1 1	0 1 0 0
	2	0 0 1 0	0 1 0 1
	1	0 0 0 1	0 1 1 0
	0	0 0 0 0	0 1 1 1

由表 6-1 可以看出，自然二进制码与二进制数一一对应，符合二进制数的进位，每一位都有确定的大小，编译码都比较简单。折叠二进制码的最高一位代表信号的极性，称作极性码，其余各位码代表幅度绝对值的大小，而且是以零为界折叠对称的，具有镜像特性，所以叫折叠二进制码。

折叠二进制码与自然二进制码相比，最大的优点是对小信号的误码影响小。例如，大信号 1111→0111，对于自然二进制码的误差是 8 个量化级；而对于折叠二进制码，误差为 15 个量化级。可见，折叠二进制码对大信号误码影响很大。但如果是由小信号 1000→0000，对于自然二进制码误差是 8 个量化级，而对于折叠二进制码误差仅为 1 个量化级。这对于语音信号是十分有利的，因此在语音信号 PCM 系统中大多采用折叠二进制码。

（二）码位的选择与安排

由于 A 律 13 折线压缩过程中共计 256 个量化等级，因此每个样值脉冲需用 8 位二进制数进行编码，这 8 位的安排如表 6-2 所示。

表 6-2　每个样值脉冲的编码安排

C_1	C_2 C_3 C_4	C_5 C_6 C_7 C_8
极性码	段落码	段内码
正极性编为 1 负极性编为 0	对应 8 个段落	对应每个段落内的 16 个分层电平

根据编码安排，段落码、段落起始电平、段内量化间隔与段落序号之间的关系如表 6-3 所示。

表 6-3　段落码、段落起始电平、段内量化间隔与段落号之间的关系

段号	段落码 C_2 C_3 C_4	段落起始电平	段内量化间隔
1	0　0　0	0	1Δ
2	0　0　1	16Δ	1Δ
3	0　1　0	32Δ	2Δ
4	0　1　1	64Δ	4Δ
5	1　0　0	128Δ	8Δ
6	1　0　1	256Δ	16Δ
7	1　1　0	512Δ	32Δ
8	1　1　1	1024Δ	64Δ

从表 6-3 中不难看出，当 $n \geqslant 2$ 时（n 为段落号），各段落的起始电平为 $2^{n+2}\Delta$，各段内量化间隔为 $2^{n-2}\Delta$。

需要注意的是，当输入信号落入 256 个量化等级内的某一个等级时，最终是用当前所在等级的起始电平作为量化电平的，因此，量化误差 = 实际电平值-当前等级的起始电平值。

（三）逐次比较型编码器

实现编码的具体方法和电路有很多，比如逐次比较型编码、级联型编码和混合型编码等。这里简单介绍目前比较常用的逐次比较型编码的原理。逐次比较型编码器的原理框图如图 6-12 所示。其编码原理与天平称量物体的方法类似，编码器中的抽样值（I_s）相当于天平中的被测物，而标准电流（I_W）则相当于天平中的砝码。预先设定一系列作为比较用的标准电流（通常称为权值电流，权值电流的数量与编码位数有关）。

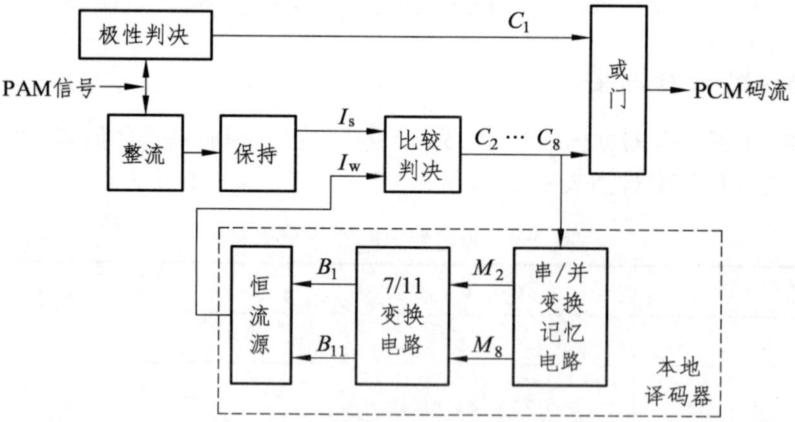

图 6-12　逐次比较型编码器的原理框图

编码时，抽样信号（PAM 信号）经过一个整流器，它将双极性变为单极性，并给出极性码 C_1，I_s 由保持电路短时间保持，并和几个称为权值电流的标准电流 I_W 逐一比较。每比较一次就输出 1 bit，直到 I_W 和抽样值 I_s 逼近为止。其规则如下：若 $I_s > I_W$，编码输出“1”：若 $I_s < I_W$，编码输出“0”。

下面结合一个实例详细说明编码过程。

【例 6-2】 某模拟信号的幅度范围为 – 6.4 ~ + 6.4 V，对该信号采用奈奎斯特抽样，其某一抽样值为 2.55 V，采用逐次比较型编码，按照 A 律 13 折线将此抽样值编为 8 位，写出编码过程并计算量化误差。

【解】 首先计算出该样值信号的归一化抽样值为：2.55/（6.4/2048）= 816Δ

假设该 8 位码为 $C_1C_2C_3C_4C_5C_6C_7C_8$。

1. 确定极性码 C_1

因为　$I_s = 816\Delta > 0$

所以　$C_1 = 1$

2. 确定段落码 $C_2C_3C_4$

按照逐次比较规则，由表 6-3 可知，第一次比较应该取 8 段的中点电平作为权值电平，即 $I_w = 128\Delta$。

因为　$I_s = 816\Delta > I_w = 128\Delta$

所以　$C_2 = 1$

表明抽样值落在 8 段中后 4 段。

故第二次比较时应该选择后 4 段的中点电平，即 $I_w = 512\Delta$。

因为　$I_s = 816\Delta > I_w = 512\Delta$

所以　$C_3 = 1$

表明抽样值落在 8 段中的第 7 段或者第 8 段。

故第三次比较时应该选择第 7 段和第 8 段的中点电平，即 $I_w = 1\,024\Delta$。

因为　$I_s = 816\Delta < I_w = 1\,024\Delta$

所以　$C_4 = 0$

表明抽样值落在 8 段中的第 7 段内，即 $C_2C_3C_4 = 110$。

3. 确定段内码 $C_5C_6C_7C_8$

段内码的确定方法同段落码类似，关键是确定权值电平。

由于抽样值落在第 7 段内，由于该段的起点电平为 512Δ，段内量化间隔为 32Δ。

段内第 1 次比较应选段内的中点电平作为权值电平 $I_w = 512\Delta + 8 \times 32\Delta = 768\Delta$。

因为　$I_s = 816\Delta > I_w = 768\Delta$

所以　$C_5 = 1$

段内第 2 次比较的权值电平为 $I_w = 512\Delta + 12 \times 32\Delta = 896\Delta$。

因为　$I_s = 816\Delta < I_w = 896\Delta$

所以　$C_6 = 0$

段内第 3 次比较的权值电平为 $I_w = 512\Delta + 10 \times 32\Delta = 832\Delta$。

因为　　$I_s = 816\Delta < I_w = 832\Delta$

所以　　$C_7 = 0$

段内第 4 次比较的权值电平为 $I_w = 512\Delta + 9 \times 32\Delta = 800\Delta$。

因为　　$I_s = 816\Delta > I_w = 800\Delta$

所以　　$C_8 = 1$

因此，抽样样值为 2.55 V（归一化电平为 816Δ）的编码输出为 $C_1C_2C_3C_4C_5C_6C_7C_8 =$ 11101001，抽样值的量化电平为 $512\Delta + 9 \times 32\Delta = 800\Delta$，量化误差为 $816\Delta - 800\Delta = 16\Delta$。

（四）PCM 信号的码元速率和传输带宽

1. 码元速率

设 $x(t)$ 为低通信号，最高频率为 f_m，抽样速率 f_s，量化电平数为 L，二进制编码为数为 n，则码元速率 $R_s = f_s \times n = f_s \times \log_2 L$。因此，一路话音采用 A 律 13 折线压缩时，最终的 PCM 信号的速率是 64 kb/s 或 64 kBaud。

2. 传输带宽

系统所需的传输带宽有两种情况，当系统具有理想低通滤波器特性时，$B_{PCM} = \dfrac{R_s}{2} = \dfrac{nf_s}{2}$；当系统具有理想带通滤波器特性时，$B_{PCM} = R_s = nf_s$。

六、差分脉冲编码调制

以较低的速率获得高质量编码一直是语音编码追求的目标，通常把话路速率低于 64 kb/s 的编码方法称为语音压缩编码技术。语音压缩编码的方法很多，本书简单介绍差分脉冲编码调制和增量调制的原理。

PCM 体制中，传输一路数字话音信号需要的传输速率为 64 kb/s，需要的最小频带理论值为 32 kHz，而模拟单边带调制所需要的频带仅 4 kHz。因此，在频带宽度严格受限的传输系统中，采用 PCM 编码方式的经济性很难和模拟通信相比拟，特别是在超短波波段的移动通信网中，由于其频带有限（每路电话必须小于 25 kHz），PCM 更难获得广泛应用。在此背景下，产生了一种利用预测编码技术的改进型脉冲编码调制，即差分脉冲编码调制（DPCM，Differential Pulse Code Modulation）。

（一）预测编码

在预测编码中，先根据前几个抽样值计算出一个预测值，然后计算当前抽样值与预测值的差值，最后对该差值信号（称为预测误差）进行编码并传输，由于差值信号的幅度总体上小于原信号，因此用较少的编码位数就可达到相同的性能，从而降低了传输速率。

若利用前面若干个抽样值的线性组合来预测当前的抽样值，则称为线性预测。若仅用前面的一个抽样值预测当前的抽样值，就是本节讨论的差分脉冲编码调制。

（二）DPCM 的原理

自然界中的话音等连续变化信号，其相邻抽样值之间的相关性很强，这个相关性使信号中含有大量冗余信息，通过上述预测编码的方法，可大大降低编码比特率。差分脉冲编码调制的系统原理图如图 6-13 所示。

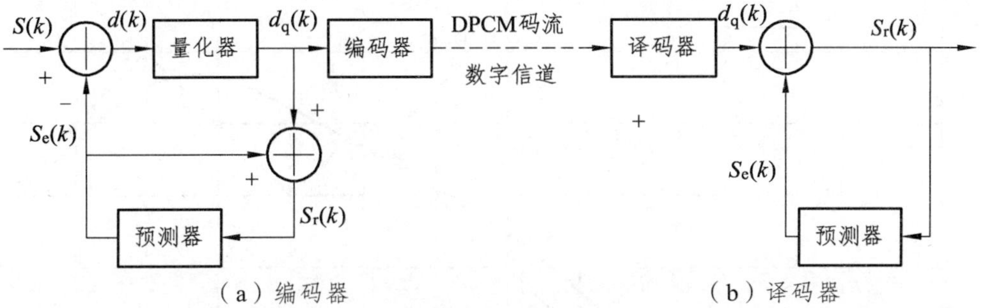

图 6-13　差分脉冲编码调制的系统原理图

图 6-13 中，$S(k)$ 为抽样信号，$S_e(k)$ 为预测信号，$d(k)$ 为差值信号，$d(k)$ 经过一个量化器，量化为 $d_q(k)$，编码器对 $d_q(k)$ 进行编码并输出。

DPCM 与 PCM 相比，具有以下优势。

（1）在相同码元速率条件下，DPCM 的量化噪声明显小于 PCM 的量化噪声。

（2）在抗噪性能相当时，DPCM 系统可以降低对信噪比的要求，从而减少量化电平数，达到减少编码位数、降低传输速率的目的。

七、增量调制

增量调制（Delta Modulation，DM 或 ΔM）于 1946 年由法国工程师 De Loraine 提出，是继 PCM 后出现的又一种模拟信号数字化的方法，其目的在于简化模拟信号的数字化方法。增量调制电路简单，能以较低的数码率进行传输。因此，增量调制在频带严格受限的传输系统（比如卫星通信、短波通信）中应用广泛。

（一）增量调制的原理

增量调制是预测编码中最简单的一种。它将信号瞬时值与前一个抽样时刻的量化值之差进行量化，而且只对这个差值的符号进行编码，不对差值的大小编码。由于是二电平量化，因此可用 1 bit 来传输一个抽样值。例如，若差值为正，就发“1”码，若差值为负，就发“0”码，这里的“1”码和“0”码只是反映了信号相对于前一时刻的增减（即增量，增量调制也因此而得名），而不代表信号值的大小。

同样，在接收端，每收到一个“1”码，译码器的输出相对于前一个时刻的值上升一个量阶。每收到一个“0”码就下降一个量阶。当收到连“1”码时，表示信号连续增长，当收到连“0”码时，表示信号连续下降。译码器的输出再经过低通滤波器滤去高频量化噪声，从而恢复原信号，只要抽样频率足够高，量化阶距大小适当，收端恢复的信号与原信号非常接近，量化噪声可以很小。

增量调制的原理可用图 6-14 所示的波形图来解释。

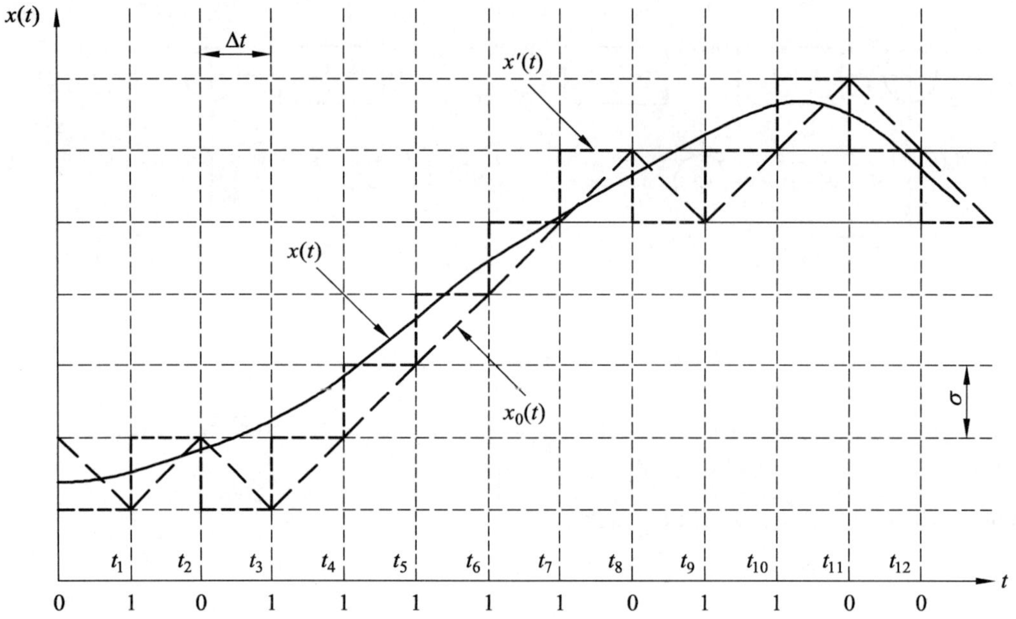

图 6-14　增量调制波形图

图 6-14 中，假设模拟信号 $x(t) \geqslant 0$，于是可以用一时间间隔为 Δt、幅度差为 $\pm\sigma$（σ 称为量阶）的阶梯波 $x'(t)$ 逼近它。只要抽样间隔 Δt 足够小，即抽样频率 f_s 足够高，且 σ 足够小，则 $x'(t)$ 可近似于 $x(t)$。在 t_1 时刻，用 $x(t_1)$ 与 $x'(t_{1-})$（t_{1-} 表示 t_1 时刻前某瞬间）比较，若 $x(t_1) > x'(t_{1-})$，则上升一个量阶 σ，同时调制器输出“1”；在 t_2 时刻，用 $x(t_2)$ 与 $x'(t_{2-})$ 比较，若 $x(t_2) < x'(t_{2-})$，则下降一个量阶 σ，同时调制器输出“0”，以此类推。这样，图 6-14 所示的 $x(t)$ 就可得到二进制代码序列 0101111101100。

除了用阶梯波 $x'(t)$ 去近似 $x(t)$ 外，也可以用图中虚线所示的锯齿波 $x_0(t)$ 去近似。无论采用哪种波形，在相邻抽样时刻，其波形幅度变化都只增加或减少一个固定的量阶 σ，并没有本质的区别，只是产生波形的实现方法不同。

通过上面的分析，若站在预测编码的角度，可以将增量调制看作是一种最简单的 DPCM。

（二）增量调制的工作原理

在分析实际的增量调制电路时，常采用图 6-15 所示的方框图。

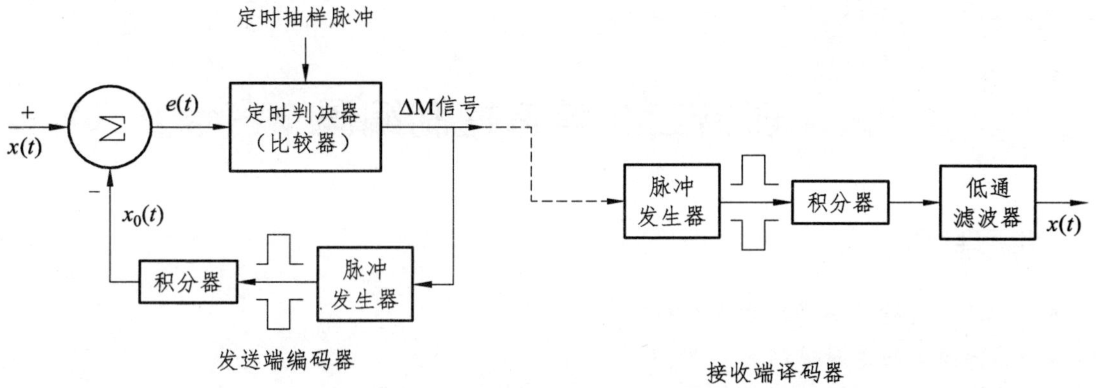

图 6-15　增量调制的原理框图

图 6-15 的工作过程如下：模拟信号 $x(t)$ 与来自积分器的信号 $x_0(t)$ 相减得到量化误差信号 $e(t)$。如果在抽样时刻 $e(t)>0$，判决器（比较器）输出则为“1”；反之 $e(t)<0$ 时则为“0”。判决器输出一方面作为编码信号经信道送往接收端。另一方面又送往编码器内部的脉冲发生器：“1”产生一个正脉冲，“0”产生一个负脉冲。积分后得到 $x_0(t)$。由于 $x_0(t)$ 与接收端译码器中积分输出信号是一致的，因此 $x_0(t)$ 常称为本地译码信号。积分器输出的信号可以有两种形式，一种是折线近似的积分波形，也可以是阶梯形波形。

接收端译码器与发送端编码器中本地译码部分完全相同，只是积分器输出再经过一个低通滤波器，以滤除高频分量。

（三）增量调制信号的码元速率

由于增量调制只需 1 位二进制码元就可以表示样值差的符号，因此其码元速率与抽样频率相等，即

$$R_s = f_s$$

综上所述，PCM 调制中，对抽样值进行量化、编码后传输，DPCM 调制中，用信号抽样值与信号预测值的差值进行量化、编码后传输，由于差值信号的动态范围一般比较小，这样就可以采用较少的位数对差值信号进行编码。ΔM 调制中，对前后两个样值之差的符号进行编码后传输，因此仅用一位码就能传输一个抽样值，编码效率最高。

任务二　差错控制编码

学习目标

- 掌握差错控制编码的基本原理。
- 了解简单的差错控制码。
- 掌握线性分组码的特点。
- 了解卷积码的特点。

学习内容

一、引　言

在实际信道上传输数字信号时，由于信道传输特性不理想以及加性噪声和人为干扰的影响，接收端所接收到的数字信号不可避免地会发生错误而引起误码。为了降低误码率、提高可靠性，常采用的方法有两种：一是降低数字信道本身引起的误码。比如选择高质量的传输线路，改善信道的传输特性，增加信号的发射功率，选择有较强抗干扰能力的调制解调方案等；二是采用差错控制措施，进行信道编码。在信道特性无法得到较好的改善时（比如，功率受限的信道不可能无限制提高发射功率），则必须采用信道编码。差错控制编码就是一种重要的信道编码技术。

二、差错控制编码的基本概念

（一）差错控制编码的基本原理

差错控制编码的基本原理是：在发送端被传输的信息码元上附加一些冗余码元（监督码元），使监督码元与信息码元之间构成某种确定的制约关系，接收端通过判断这一制约关系是否遭到破坏来断定接收码元的正确性，有的制约关系还给接收端纠正错误码元提供了信息，这样就可以很好地保证信息的可靠传输了。因此，差错控制编码的实质是通过增加冗余信息来检测或纠正差错，或者说，差错控制编码是通过牺牲有效性来换取可靠性。

差错控制编码的理论依据是香农定理，前面已经谈到，对于一个给定的有扰信道，若信道容量为 C，只要发送端以低于 C 的码元速率 R_s 发送信息，则一定存在一种编码方式，使编码差错概率 P 随编码长度 n 的增加按指数规律下降到任意小的值。虽然定理本身并没有给出具体的差错控制编码方法和纠错码的结构，但它从理论上为信道编码的发展指出了努力方向。后来经汉明（Hamming）等人的进一步发展，差错控制编码形成了一套较为完整的理论体系。

在上述过程中，发送端完成的任务称为差错控制编码。在接收端，根据信息码元与监督码元的制约关系，实现检错或纠错，输出原信息码元，完成这个任务的过程称为解码。研究各种编码和译码方法正是差错控制编码所要解决的问题。

联系前面介绍的信源编码，大家可能会问，信源编码是减少信息冗余度，信道编码是增加信息冗余度，是不是信源编码和信道编码刚好是逆过程？事实上，这两种冗余度是截然不同的，信源编码减少的冗余信息是随机的、无规律的无用消息；而信道编码增加的冗余信息是特定的、有规律的有用信息，接收端在接收信息后可以利用这些冗余信息来发现错误，进而纠正错误。

（二）差错控制编码的分类

在差错控制理论中，可以从不同的角度对差错控制编码进行分类。

按照差错控制编码的不同功能可分为检错码和纠错码。检错码仅具备识别错码的功能，而无纠正错码的功能，比如简单的奇偶监督码、恒比码等；纠错码不仅具备识别错码的功能，同时具备纠正错码的功能，比如线性分组码、循环码等。

按照信息码元和附加的监督码元之间的函数关系可分为线性码和非线性码。线性码是指信息码元与监督码元之间的关系为线性关系，即监督码元是信息码元的线性组合。反之，若两者不存在线性关系，则称为非线性码。

按照信息码元和监督码元之间不同的约束方式可分为分组码和卷积码。监督码元仅与本码组的信息码元有关，而与其他码组的信息码元无关；卷积码则不然，监督码元不仅与本组的信息码元有关，还与前面若干码组的信息码元有关，就像链条那样一环扣一环，所以卷积码又称连环码或链码。

（三）差错控制的基本方式

差错控制的基本方式有四种：自动请求重发、前向纠错、混合纠错和反馈检验。不同的控制方式对编码的要求也不同，系统结构及设备的复杂程度也有很大差别。

1. 自动请求重发

自动请求重发（Automatic Repeat Quest，ARQ）的原理是：发送端发送具有一定检错能力的码，接收端发现出错后，立即请求发送端对错误数据进行重传，如果还是错，再次请求重传，直至接收正确为止。自动请求重发有时也被称为后向纠错（Backward Error Correction，BEC）。其原理如图 6-16 所示。

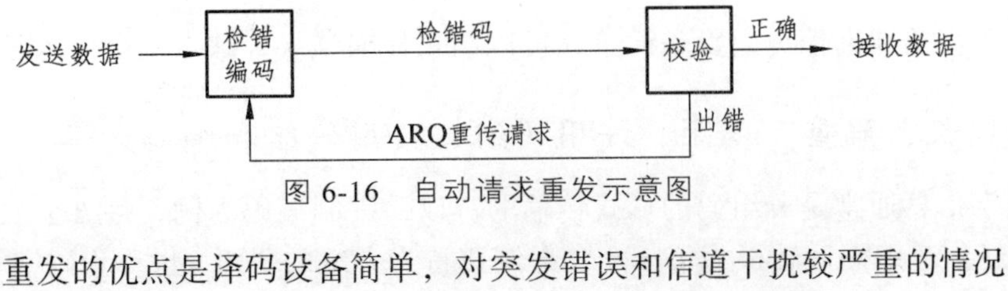

图 6-16　自动请求重发示意图

自动请求重发的优点是译码设备简单，对突发错误和信道干扰较严重的情况比较有效。缺点是系统中存在反馈通道，实时性差，因此不能用于实时通信系统。

2. 前向纠错

前向纠错（Forward Error Correction，FEC）的原理是：发送端在发送数据时加入一定的冗余信息，接收端在接收数据时，若出现误码，接收端直接进行纠错。其原理如图 6-17 所示。

图 6-17　前向纠错示意图

前向纠错的优点是使用纠错码和单向信道，发送端无需设置缓冲器。缺点是设备复杂、成本高。

3. 混合纠错

混合纠错（Hybrid Error Correction，HEC）是 FEC 和 ARQ 的结合。其原理是：发送端发送具有一定检错和纠错能力的 FEC 码，接收端发现出错后，尽其所能进行纠错，纠正不了，则立即通知发送端重传，如果还是接收错误，再次请求重传，直至接收正确为止。其原理如图 6-18 所示。

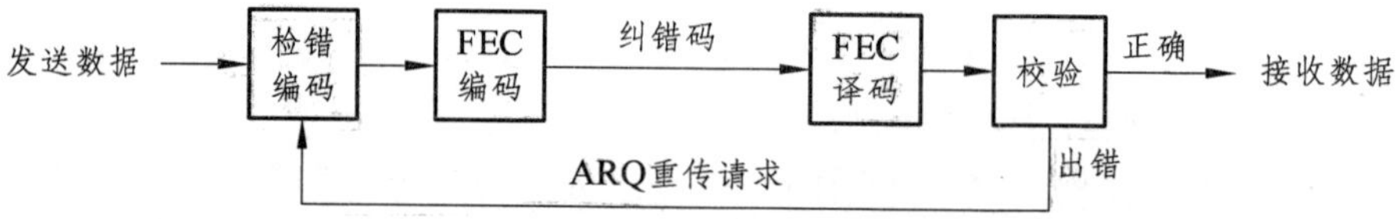

图 6-18　混合纠错示意图

混合纠错方式在实时性和译码复杂性方面是前向纠错和检错重发方式的折中，可达到较低的误码率，较适合于环路延迟大的高速数据传输系统。

4. 反馈检验

反馈检验（Information Repeat Request，IRQ）的原理是：接收端将收到的信息原封不动地回送给发送端，发送端将此回送的信码与原发送的信码进行比较。如果发现错误，则发送端再重新发送一次。其原理如图 6-19 所示。

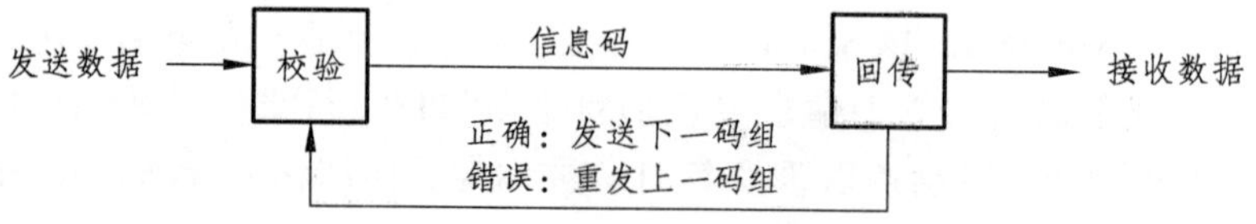

图 6-19　反馈检验示意图

反馈检验需要双向信道，设备简单，可以纠正任何错误，缺点是会引入较大的时延。

（四）码长、码重、码距、许用码组、禁用码组和编码效率

原始数字信息通常是分组码的形式传输的，以二进制编码为例，每 k 个二进制比特组成信息码元，经信道编码后转换为每 n 个二进制比特为一组的码组（也称为码字），码组中的监督码元的位数 $r=n-k$。分组码常表示为（n，k），其结构如图 6-20 所示。

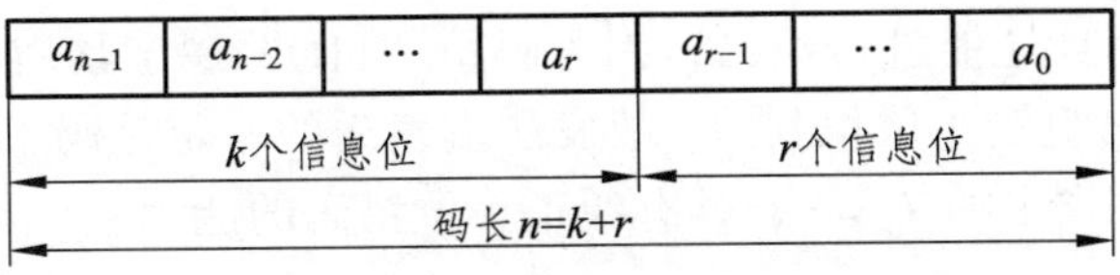

图 6-20　分组码结构示意图

一个码组中码元的个数称为码组的长度，简称为码长，通常用 n 表示。如码组“11011”，码长 $n=5$。码组中“1”码的个数称为码组的重量，简称为码重，通常用 W 表示。如码字“11011”，码重 $W=4$。

两个等长码组中对应位上数字不同的位数称为码组的距离，简称为码距（又称汉明距离），通常用 d 表示。如码组“11011”和“00101”之间有 4 个对应位上的码元不同，故码距 $d=4$。

码组集合中两两码组之间距离的最小值称为最小码距，通常用 d_0 表示，它决定了一个码组的纠错、检错能力，因此是极重要的参数。若码组为线性码，则 d_0 等于非全零码组的最小码重。

在差错控制编码中，把按照编码规则允许使用的码组称为许用码组，不符合规则的码组称为禁用码组。

由差错控制编码的原理可知，监督码元的引入势必导致通信的有效性降低，这就涉及编码效率的问题，编码效率是指信息码元数与码长之比，也称为码率，通常用 η 来表示。例如，要传送 k 位信息码元，经过编码后得到码长为 n 的码组，监督码元的位数 $r=n-k$，则编码效率 η 为

$$\eta=\frac{k}{n}=\frac{n-r}{n}=1-\frac{r}{n}$$

（五）最小码距 d_0 与检错、纠错的关系

一种编码方式中的最小码距 d_0 的大小将直接关系到该传输码组的检错和纠错能力。具体关系如下：

（1）为了检测 e 个随机错误，则要求码组的最小码距 $d_0 \geqslant e+1$。

（2）为了纠正 t 个随机错误，则要求码组的最小码距 $d_0 \geqslant 2t+1$。

（3）为了纠正 t 个随机错码，同时检测 e 个随机错误，则要求码组的最小码距 $d_0 \geqslant t+e+1\,(e>t)$。

例如，当传输“晴”和“雨”两种天气信息时。可以采用 1 位数字编码（假设“1”表示“晴”，“0”表示“雨”），当传输代表“晴”的码组“1”时，由于受到干扰，码组“1”变为码组“0”，接收端收到码组“0”就认为发送端传输的是“雨”的天气信息，这是因为码组“1”和“0”都是许用码组，因此采用这种编码方式无法进行检错和纠错，从最小码距 d_0 的角度看，由于 $d_0=1$，根据上述关系，该码组无检错或纠错能力；当采用 2 位数字编码（“11”表示“晴”，“00”表示“雨”）时情况则不一样，若传输过程受到干扰，假设码组“11”变为“10”，接收端就能判断该码组传输有误，因为码组“10”属于禁用码组，但不能进行纠错，因为许用码组“11”和“00”错 1 位后都可以变成“10”，从最小码距 d_0 的角度看，此种编码方式中的 $d_0=2$，仅具有检测 1 位错码的能力，而无纠错能力；当采用 3 位数字编码（“111”表示“晴”，“000”表示“雨”）时，若 1 位出错，在接收端收到的码组为“110”，此时接收端

不但能够判断错码，而且还能进行纠错，因为码组“11O”属于禁用码组，所以能够检错，又因为“110”是许用码组错 1 位得到的，故发送端发送的一定是码组“111”。从最小码距 d_0 的角度看，此种编码方式中的 $d_0 = 3$，具有纠正 1 位错码的能力。

三、几种简单实用的差错控制码

在介绍差错控制码之前，先列出几种简单实用的差错控制码，对理解编码原理可以有所启发。

（一）奇偶校验码

在二进制数据的传输中，发生差错就是码元由“1”变为“0”或者由“0”变为“1”，这样使码组中的“1”码的个数发生变化。

奇偶校验码是奇校验码和偶校验码的统称，是一种最基本的检错码，编码规则是：把要传送的信息分组，然后在每个码组的信息码元后面附加一位监督码元（校验码元），使得该码组中“1”码的个数为偶数（偶校验）或奇数（奇校验），传输过程中若发生奇数个差错时，则破坏了偶数（或奇数）个“1”码的规则。

偶校验是使每个码组中“1”的个数为偶数，其校验方程为

$$a_{n-1} \oplus a_{n-2} \oplus a_{n-3} \oplus \cdots \oplus a_0 = 0$$

同样，奇校验码组中“1”的个数为奇数，其校验方程为

$$a_{n-1} \oplus a_{n-2} \oplus a_{n-3} \oplus \cdots \oplus a_0 = 1$$

上述两个方程中，a_0 为增加的校验位，其他位为信息位；“$\oplus$”表示异或运算，也称“模 2 和”或“模 2 加”运算，本质上是不带进位的加法，为简单起见，可将“$\oplus$”简写成“+”。

奇偶校验只能检出码组中任意奇数个差错，对于偶数个差错则无法检测，因此它的检测能力不强。但是它的编码效率很高，实现起来容易，因而被广泛采用。国际标准化组织 ISO 规定，对于串行异步传输系统采用偶校验方式，串行同步传输系统采用奇校验方式。

（二）群计数码

在群计数码中，监督码元附加在信息码元之后，每一个监督码元在数值上表示其对应的信息码元中“1”的个数。比如信息码元为 101101，其中信息码元中“1”的个数为 4，转变成二进制为“100”，则监督码元就为“100”，传输码组为“101101100”。

群计数码的特点是检错能力很强，除非传输码组中发生 1 变成 0 和 0 变成 1 的成对错误时无法检错，其他所有形式的错码都能检测出来。

（三）恒比码

在恒比码中，每个传输码组均包含相同数目的“1”和“0”，即“1”数目和“0”数目的比值是恒定的。接收端只要计算“1”的数目是否正确就可以检测错码。

恒比码编码简单，适用于传输字母和符号，对二进制随机数字序列不适用。如我国邮电部门广泛使用的五单位数字保护电报码，就是一种五中取三的恒比码。每个阿拉伯数字用 5 个比特的码字表示，如表 6-4 所示。

表 6-4　五中取三的恒比码

数字	电码	数字	电码
0	01101	5	00111
1	01011	6	10101
2	11001	7	11100
3	10110	8	01110
4	11010	9	10011

（四）正反码

在正反码中，信息码元与监督码元的位数是相同的，根据信息码元中“1”的数目的不同，监督码元与信息码元完全相同或者完全相反。其编码规则是：当信息码元中“1”的个数为奇数时，监督码元是信息码元的简单重复。当信息码元中“1”的个数为偶数时，监督码元是信息码元的反码。

例如，电报码中的正反码码长为 10，信息位为 5，监督位也为 5。若信息码元为 10101，“1“为奇数个，则传输码组为 1010110101；信息码元为 11011，“1”为偶数个，则传输码组为 1101100100。

正反码是一种能够纠错的编码，其纠错原理在此不再赘述。

四、线性分组码

（一）纠错原理

分组码（n，k）中，信息码元按固定长度分段，每 k 个信息码元为一段，然后由这 k 个信息码元按照一定的规律产生 r 个监督码元，如果信息码元与监督码元之间又是线性关系时，这种分组码就称为线性分组码。线性分组码中，信息码元和监督码元之间的监督关系可用公式表示为

$$S = a_{n-1} + \cdots + a_{r-1} + \cdots + a_0 \tag{6-5}$$

式（6-5）称为监督关系式，S 称为校正子。

奇偶校验码就是一种最简单的（n，n-1）线性分组码，只有一位监督码元 a_0，其监督关系式为

$$S = a_{n-1} + a_{n-2} \cdots + a_1 + a_0$$

若按偶校验，接收端解码时，实际上就是计算 S 的值。当 $S=0$ 时，认为该码组无错码；$S=1$ 时，认为该码组有错码。

由于只有一位监督码元，只能构造一个监督关系式，S 只有“1”和“0”两种取值，因此只能表示“有错”和“无错”两种信息，而不能指出错误的位置。如果再增加一位监督码元，就可以组成 2 个监督关系式，有 2 个校正子 S_1 和 S_2，有 00、01、10、11 共 4 种组合，就可以表示 4 种信息，其中（00）表示无错码，其他 3 种组合可以用于指明一位错码的 3 种不同位置，从而可以有纠错能力。

对于（n，k）的线性分组码，若希望用 $r=n-k$ 个监督码元构造出 r 个监督关系式来指出一位错码的 n 种可能位置，则 r 必须满足以下要求：

$$2^r-1\geqslant n \quad 或 \quad 2^r\geqslant k+r+1 \tag{6-6}$$

式（6-6）也可理解为：当校正子可以指明的错码位数目等于或大于码组长度 n 时，才能够纠正码组中任何一个位置上的错码。

特别的，$2^r-1=n$ 的线性分组码称为汉明码，它是能纠 1 位错码的高效线性分组码。下面通过一个例子来说明汉明码构建监督关系式及差错控制编码的过程。

（二）汉明码

设分组码（n，k）中 $k=4$，为了纠正 1 位错码，由式（6-5）可知，要求监督位数 $r\geqslant 3$。若取 $r=3$，则 $n=k+r=7$。用 $a_6a_5\cdots a_0$ 表示这 7 个码元，用 $S_1S_2S_3$ 表示 3 个监督关系式中的校正子，则 $S_1S_2S_3$ 的组合值与错码位置的对应关系可以按表 6-5 所示的规定（当然，也可以规定成另一种对应关系，这不影响讨论的一般性）。

表 6-5 （7，4）码校正子与误码位置

$S_1S_2S_3$	错码位置	$S_1S_2S_3$	错码位置
001	a_0	101	a_4
010	a_1	110	a_5
100	a_2	111	a_6
011	a_3	000	无错码

由表 6-5 中的规定可知，仅当错码位置在 a_2、a_4、a_5 或 a_6 时，校正子 S_1 为 1；否则 S_1 为 O。这就意味着 a_2、a_4、a_5 和 a_6 这 4 个码元构成偶数监督关系为

$$S_1=a_6+a_5+a_4+a_2$$

同理，a_1、a_3、a_5 和 a_6 构成偶数监督关系为

$$S_2=a_6+a_5+a_3+a_1$$

a_0、a_3、a_4 和 a_6 构成偶数监督关系为

$$S_3=a_6+a_4+a_3+a_0$$

在发送端编码时，信息位 $a_6\ a_5\ a_4\ a_3$ 的值决定于输入信号，是随机的。监督位 $a_2\ a_1\ a_0$ 应根据信息位的取值按监督关系来确定，即监督位应使上式中 $S_1S_2S_3=000$（表示发送端编码无误）。即

$$\begin{cases}a_6+a_5+a_4+a_2=0\\a_6+a_5+a_3+a_1=0\\a_6+a_4+a_3+a_0=0\end{cases}$$

上式经移项运算，解出监督位为

$$\begin{cases}a_2=a_6+a_5+a_4\\a_1=a_6+a_5+a_3\\a_0=a_6+a_4+a_3\end{cases}$$

由上式可得到表 6-6 所示的 16 个许用码组。

表 6-6　（7，4）码校正子与误码位置

信息位 $a_6\ a_5\ a_4\ a_3$	监督位 $a_2\ a_1\ a_0$	信息位 $a_6\ a_5\ a_4\ a_3$	监督位 $a_2\ a_1\ a_0$
0000	000	0100	110
0001	011	0101	101
0010	101	0110	011
0011	110	0111	000
1000	111	1100	001
1001	100	1101	010
1010	010	1110	100
1011	001	1111	111

接收端在收到每个传输码组后，计算出 $S_1\ S_2\ S_3$ 的值，如果该值不全为 0，说明有误码产生，将予以纠正。例如，接收码组为 0000011，可算出 $S_1\ S_2\ S_3=011$，由表 6-5 可知在 a_3 位置上有一误码。

不难看出，上述（7，4）汉明码的最小码距 $d_0=3$，因此，它能纠正一个误码或检测两个误码。另外，当 n 很大和 r 很小时，汉明码的编码效率接近 1，可见，汉明码是一种高效码。

（三）循环码

除了汉明码，循环码也是一种非常重要且成熟的线性分组码，它除了具有线性分组码的一般性质外，还具有循环性。所谓循环性是指任一许用码组经过循环移位（将最右端的一个码元移至左端，或反之）后，所得到的码组仍为许用码组。表 6-7 给出了（7，3）循环码的全部许用码组。

表 6-7 （7，3）循环码的全部码组

码组编号	信息位 $a_6\ a_5\ a_4$	监督位 $a_3\ a_2\ a_1\ a_0$	码组编号	信息位 $a_6\ a_5\ a_4$	监督位 $a_3\ a_2\ a_1\ a_0$
1	000	0000	5	100	1011
2	001	0111	6	101	1100
3	010	1110	7	110	0101
4	011	1001	8	111	0010

1. 循环码的码多项式

为了利用代数理论研究循环码，可以将码组用代数多项式来描述，这个多项式称为码多项式。例如，对于循环码 $C=(a_{n-1}\ a_{n-2}\ \cdots\ a_1\ a_0)$，可将它的码多项式写为

$$C(x)=a_{n-1}x^{n-1}+a_{n-2}x^{n-2}+\cdots+a_1x+a_0$$

多项式的系数就是码组中的各码元，对于二进制码组，多项式的每个系数不是“1”就是“0”，x 仅是码元位置的标记。因此，这里并不关心 x 的取值。例如，码组 $T=$（1110100）的码多项式表示为

$$T(x)=x^6+x^5+x^4+x^2$$

2. 码多项式的模运算

在整数运算中，有模 n 运算。例如，在模 2 运算中，有 $1+1=2=0$，$1+2=3=1$，$2\times3=6=0$ 等。因此，若一个整数 m 可以表示为

$$\frac{m}{n}=Q+\frac{p}{n},\quad p<n \tag{6-7}$$

式中，Q 为整数，则整数 m 作模 n 运算的结果为

$$m \bmod n=p \tag{6-8}$$

也就是说，在模 n 运算下，整数 m 等于其被 n 除所得的余数。

在码多项式运算中也有类似的按模运算法则。若任意一个码多项式 $F(x)$ 被一个 n 次多项式 $N(x)$ 除，得到商式 $Q(x)$ 和一个次数小于 n 的余式 $R(x)$，即

$$F(x)=N(x)Q(x)+R(x)$$

则在模 $N(x)$ 运算下，有

$$F(x) \bmod N(x)=R(x)$$

有了上述码多项式的模运算规则，就可以很方便地表示一个移位后的码多项式。可以证明：对于码长为 n 的码多项式 $T(x)$ 和经过 i 次左移位后所得到的码多项式 $T^{(i)}(x)$ 的关系为

$$T^{(i)}(x)=x^iT(x) \bmod (x^n+1)$$

例如，表 6-7 中（7，3）循环码的一个码组为（1100101），用码多项式表示为

$$T(x)=x^6+x^5+x^2+1$$

经过 3 次移位后所得到的码多项式 $T^{(3)}(x)$ 可用下式来求：

$$T^{(3)}(x) = x^3T(x)x \bmod(x^7+1)$$
$$= \frac{x^3(x^6+x^5+x^2+1)}{x^7+1} = x^2+x+\frac{x^5+x^3+x^2+x}{x^7+1}$$

其对应的码组为（0101110），仍为表 6-7 中（7，3）循环码的一个许用码组。

五、卷积码

卷积码又称为连环码，是 1955 年由麻省理工学院的伊利亚斯（P. Elias）提出的一种纠错码，因数据与二进制多项式滑动相关故称卷积码。它与前面讨论的汉明码和循环码不同，卷积码是一种非分组码。由于卷积码在编码过程中充分利用各码组之间的相关性，其性能要优于分组码，而且实现简单，因此在通信系统中应用广泛，如 TD-SCDMA、WCDMA、IEEE 802.11 及卫星通信等系统中均使用了卷积码。

在分组码中，编码器把 k 个信息码元编成长度为 n 位的码字，每个码字的 r（$r=n-k$）个监督码元仅与本码字的 k 个信息码元有关，而与其他码字的信息码元无关。卷积码则不同，它虽然也是把 k 个信息码元编成长度为 n 的码组，但是监督码元不仅与当前码组的 k 个信息码元有监督作用，同时还与前面 $L-1$ 个码组中的信息码元有监督关系。换句话说，一个码组中的监督码元监督着 L 个信息段。通常将 L 称为编码约束度（也称记忆深度），单位是组。因此，卷积码常用（n，k，L）来表示。

卷积码是通过卷积码编码器来实现的，卷积码编码器的一般结构如图 6-21 所示，它包括一个由 L 段组成的输入移位寄存器，每段有 k 级，共 Lk 级寄存器；一组 n 个模 2 加法器；一个由 n 位组成的输出移位寄存器，输出 n 位。

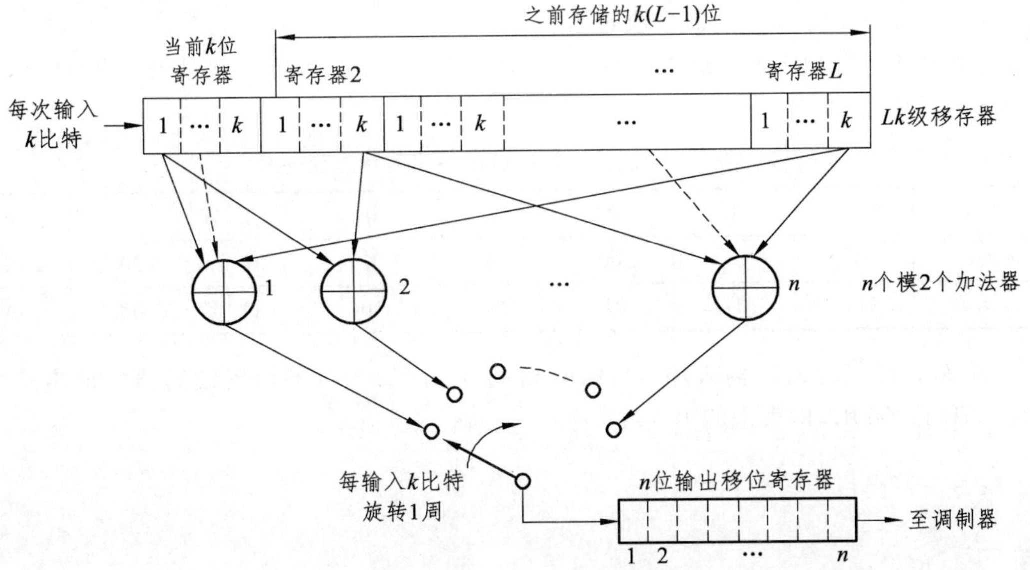

图 6-21　卷积码编码器的原理框图

很明显，输出的 n 位比特信息不仅与当前输入的 k 位比特信息有关，还与之前 $L-1$ 组信息比特有关，所以卷积码是有记忆的编码。

下面用一个简单例子来说明卷积码的编码原理。图 6-22 所示的电路是一个简单的（2，1，3）卷积码的编码器，它由有两个触点的转换开关和一组 3 位移位寄存器 $m_1\ m_2\ m_3$ 及模 2 相加电路组成。编码前各移位寄存器清零，信息码元按顺序 $a_1a_2\cdots a_j\cdots$ 依次输入到编码器。每输入一个信息码元 a_j，开关依次接到每一个触点各一次，编码器每输入一个信息码元，经该编码器后产生 2 个输出比特。

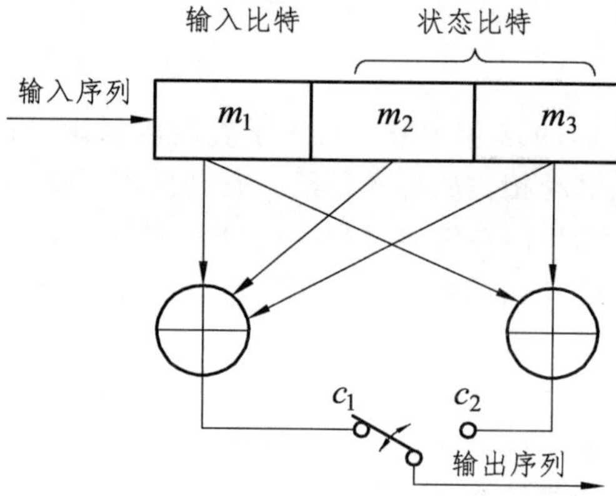

图 6-22 （2，1，3）卷积码编码器

假设该移位寄存器的起始状态全为零，编码器的输出比特 $c_1\ c_2$ 表示为

$$\begin{cases} c_1 = m_1 + m_2 + m_3 \\ c_2 = m_1 + m_3 \end{cases}$$

m_1 表示当前的输入比特，而 $m_3\ m_2$ 表示存储的以前的信息。若输入序列为[11010]，当第一个码元 1 输入时，即 $m_1 = 1$，因 $m_3\ m_2 = 00$，所以输出 $c_1\ c_2 = 11$，当第二个码元 1 输入时，即 $m_1 = 1$，$m_3\ m_2 = 01$，$c_1\ c_2 = 01$，依此类推。

将上述编码过程列成表格形式，如表 6-8 所示列出了它的状态变化过程（也可以用树状图的形式来描述）。

表 6-8 （2，1，3）卷积码编码器的状态变化表

m_1	1	1	0	1	0	0	0	0
$m_3\ m_2$	00	01	11	10	01	10	00	00
$c_1\ c_2$	11	01	01	00	10	11	00	00

由表 6-8 可以看出，输入序列[11010]经过（2，1，3）卷积码编码器的输出序列为[1101010010110000]，即表中的第 3 行。

任务三　PCM 调制系统的 MATLAB 仿真

一、实训目的

（1）掌握 PCM 编码的仿真方法。

（2）进一步加深对 13 折线编码原理的理解。

（3）培养探究精神和分析问题、解决问题的能力。

二、实训内容

以连续时间信号 $x(t)=2.5+3\sin(400\pi t)+2\cos(140\pi t)$ 为例。用 MATLAB 仿真 PCM 编码。

模拟信号抽样后得到时间离散、幅度连续的抽样信号，对抽样信号非均匀量化编码编出的 8 位码组用 $C_1C_2C_3C_4C_5C_6C_7C_8$ 表示。

抽样周期 T_s 设为 0.001 5，采集 $N=1\ 000$ 个样值。

抽样信号是 $1\times N$ 的矩阵，13 折线法编码后得到的则是 $N\times 8$ 的矩阵，每一行对应一个抽样值的 8 位 PCM 码组。

每个抽样值的编码思想都是一样的，若要进行多个抽样值的编码，进行 for 循环即可。下面阐述单个抽样值的编码思路。

1. 确定极性码 C_1

利用 MATLAB 的符号函数 sign（x）。$x<0$ 时，sign（x）$=-1$；$x=0$ 时，sign（x）$=0$；$x>0$ 时，sign（x）$=1$。

2. 确定段落码 $C_2C_3C_4$

13 折线编码的动态范围为 $-2048\sim2048$，第（1）步中已经求出抽样信号的极性，接下来只要对抽样信号的绝对值进行分析即可。故对抽样值依次进行取模、归一、乘以 2048、取整的操作，就可以将抽样值转化为 0 ~ 2048 之间的整数。根据段落码与段落范围的关系，使用 if 语句即可确定 $C_2C_3C_4$。

例如：$+1000$，因为 $1000\geqslant128$，故 $C_2=1$；又 $1000\geqslant512$，故 $C_3=1$；又 $1000\leqslant1024$，故 $C_4=0$。对于其他取值情况，判断方法与此类似。

3. 确定段内码 $C_5C_6C_7C_8$

每一段落均被均匀地划分为 16 个量化间隔，由于不同段落的量化间隔是不同的。设置两个 1×8 的矩阵，sp = [0，16，32，64，128，256，512，1024]和 spmin = [1，1，2，4，8，16，32，64]用于存放每段的起始电平和最小量化间隔。由于第（2）步中已经确定了段落编码，可以确定每段的起始值，再根据待编码值、所在段的起始电平、所在段量化间隔的大小即可确定段内码。

三、仿真过程

```
Ts=0.0015;                                    %设置抽样间隔 Ts
N=1000;                                       %设置采样点数
t=(0:1:N-1)*Ts;
x=2.5+3*sin(2*pi*200*t)+2*cos(2*pi*70*t);     %抽样后的信号 x
figure(1)
subplot(2, 1, 1)
stem(t, x)                                    %绘制抽样后的信号 x
title('抽样后的信号')
axis([0, 1, 0, 10])
z=sign(x);                        %判断极性
xnor=abs(x)/max(abs(x));          %对 x 取模、归一化
X=2048*xnor;                      %乘以 2048
X=floor(X);                       %向负无穷方向取整
subplot(2, 1, 2)
stem(t, X)                        %绘制序列 S
title('对抽样值取模、归一化、乘以 2048、取整')
axis([0, 1, 0, 2500])
code=zeros(length(X), 8);         %设置 length(S)×8 的矩阵并初始化为全零
%%极性码 C1 和段落码 C2C3C4 判断
  for i=1:length(X)
      if z(i)>0                   %符号位的判断
          code(i, 1)=1;
      elseif z(i)<0
          code(i, 1)=0;
      end
      if (X(i)>=128)&&(X(i)<=2048)    %段落码判断程序
          code(i, 2)=1;           %在第五段与第八段之间，段位码第一位都为"1"
      end
      if (X(i)>=32)&&(X(i)<128)||(X(i)>=512)&&(X(i)<=2048)
          code(i, 3)=1;           %在第三四七八段内，段位码第二位为"1"
      end
      if
(X(i)>=16)&&(X(i)<32)||(X(i)>=64)&&(X(i)<128)||(X(i)>=256)&&(X(i)
<512)||(X(i)>=1024)&&(X(i)<=2048)
          code(i, 4)=1;           %在二四六八段内，段位码第三位为"1"
      end
```

```
    end
    %段内码 C5C6C7C8 判断
    Y=zeros(1, length(X));
    for i=1:length(X)
      Y(i)=bin2dec(num2str(code(i, (2:4))))+1;   %找到 code 位于第几段
    end
      sp=[0, 16, 32, 64, 128, 256, 512, 1024];     %每段起始值
      spmin=[1, 1, 2, 4, 8, 16, 32, 64];           %每段的最小量化间隔
    for i=1:length(X)
         loc=floor((X(i)-sp(Y(i)))/spmin(Y(i))); %向负无穷方向取整，段内第几段
      if (loc==16)
         loc=loc-1;
      end     %正负 2048 时，loc=16，当作 15 处理
      for k=1:4
         code(i, 9-k)=mod(loc, 2);
         loc=floor(loc/2);
      end     %十进制数转化为 4 位二进制
    end
      fprintf('13 折线编码后的码组', length(X))
      code     %code 是 length(S)*8 的矩阵
```

运行结果如图 6-23、图 6-24 所示。

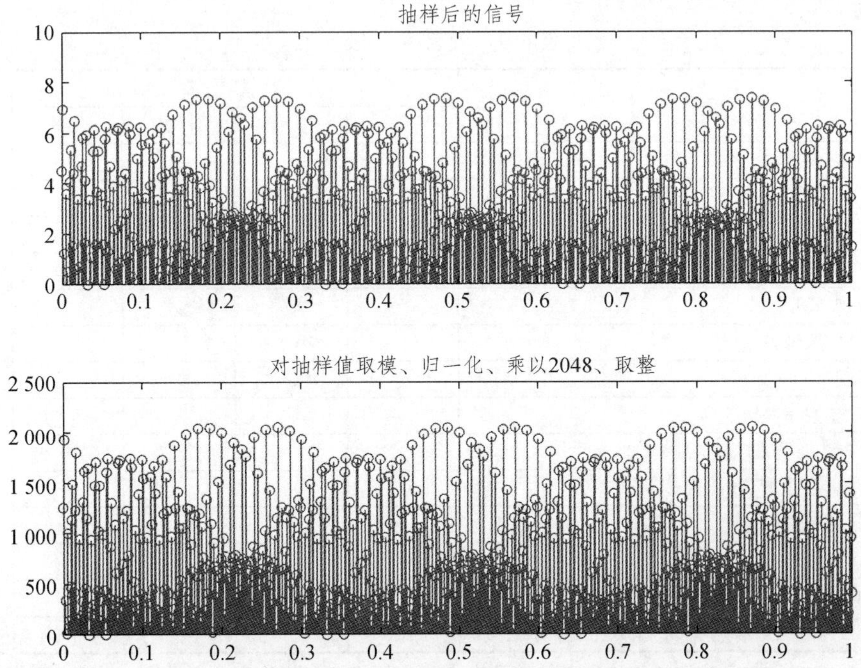

图 6-23　抽样得到的序列以及量化后得到的序列

```
13折现编码后的码组
code =

1    1    1    1    0    0    1    1
1    1    1    1    1    1    1    0
1    1    0    1    0    1    0    1
0    0    0    1    0    0    0    0
1    1    1    0    1    1    1    1
1    1    0    0    0    0    1    0
0    1    0    1    1    1    0    1
1    1    1    1    0    0    0    1
1    1    1    1    0    1    1    1
1    1    0    1    1    0    1    0
1    1    1    1    0    0    1    1
1    1    1    1    1    1    0    0
1    1    0    0    1    1    0    1
0    1    0    0    1    1    0    0
1    1    1    0    1    1    0    1
1    1    0    0    1    0    0    1
0    1    0    1    0    1    0    0
1    1    1    1    0    1    0    0
1    1    1    1    1    0    0    1
1    1    0    1    1    1    0    0
```

图 6-24　运行后前 20 个样值编码结果

考核标准

（1）考核形式：理论部分采用闭卷、笔试形式，实验部分采用上机考试。

（2）考核题型：选择题、填空题、判断题、简答题、计算题和 MATLAB 仿真。

（3）考核内容、要求和所占比重如表 6-9 所示。

表 6-9　项目六考核标准

考核内容	考核要求				所占比重
	了解	理解	掌握	会用	
任务一 模拟信号数字化					20%
1. 模拟信号数字化过程	√				
2. [抽样的原理]		√	√		
3. [量化的原理]		√	√		
4. [编码的原理]		√	√		
5. 差分脉冲编码调制		√			
6. 增量调制		√			
任务二 差错控制编码					
1.（差错控制编码的基本概念）			√		
2. 几种简单实用的差错控制码	√				
3.（线性分组码）			√		
4. 卷积码	√				
任务三 PCM 调制系统的 MATLAB 仿真					
1.（A 律 13 折线法编码的原理及仿真方法）			√		

注：表中的“√”表示对知识和技能考核的层次要求；打“[ ]”的为重点内容，打“( )”的为难点内容，打“*”的可作为自学内容。

项目六试题库

1．抽样后的信号属于模拟信号吗？

2．信号抽样量化后，样本序列是否为数字信号？

3．试简述低通抽样定理。

4．已知一基带信号 $m(t)=\cos 2\pi t+2\cos 4\pi t$ ，对其进行理想抽样。

（1）为了在接收端能不失真地从已抽样信号 $m_s(t)$ 中恢复 $m(t)$ ，试问抽样间隔应如何选择？

（2）若抽样间隔取为 0.2 s，试画出已抽样信号的频谱图。

5．分别计算下列各个模拟信号的最低抽样频率。

（1） $f(t)=\cos(4\pi\times10^3 t)+\cos(6\pi\times10^4 t)$

（2） $f(t)=\cos(4\pi\times10^3 t)\cos(6\pi\times10^4 t)$

6．求 A 律 13 折线的最大量化间隔 Δ_{max} 与最小量化间隔 Δ_{min} 的比值。

7．简述 DPCM 与 PCM 和 ΔM 的区别。

8．若 13 折线 A 律编码器的过载电平 $V=5$ V，输入抽样脉冲幅度为 −0.9375 V。设最小量化间隔为 2 个单位，最大量化器的分层电平为 4096 个单位。试求输出编码器的码组，并计算量化误差。

9．采用 13 折线 A 律编码，设最小量化间隔为 1 个单位，已知抽样脉冲值为 +635 单位。试求此时编码器输出码组，并计算量化误差。

10．在 PCM 系统中，已知某抽样量化值为 -298Δ，其中 $\Delta=1/2048$，将其按照逐次比较法进行编码，写出编码过程。

11．设过载电压为 2048 mV，试对 PAM = 260 mV 的信号按 A 律 13 折线编码，并计算接收端的误差。

12．一单路话音信号的最高频率为 4 kHz，抽样频率为 8 kHz，以 PCM 方式传输。设传输信号的波形为矩形脉冲，其宽度为 τ ，且占空比为 1。

（1）若抽样后信号按 8 级量化，PCM 基带信号频谱的第一零点频率为多少？

（2）若抽样后信号按 128 级量化，PCM 基带信号的第一零点频率又为多少？

13．差错控制编码的原理和理论依据是什么？

14．信源编码与信道编码有什么不同？

15．差错控制编码的基本方式是什么？

16．码组间最小码距与其检错和纠错能力有什么关系？

17．已知两码组为（00000）、（11111）。若该码集合用于检错，能检出几位错码？若用于纠错，能纠正几位错码？若同时用于检错与纠错，各能纠、检几位错码？

18．卷积码和分组码之间有何异同点？

纸上得来终觉浅，绝知此事要躬行。

——（南宋）陆游《冬夜读书示子聿》

项目七　信号传输中的关键技术

项目导引

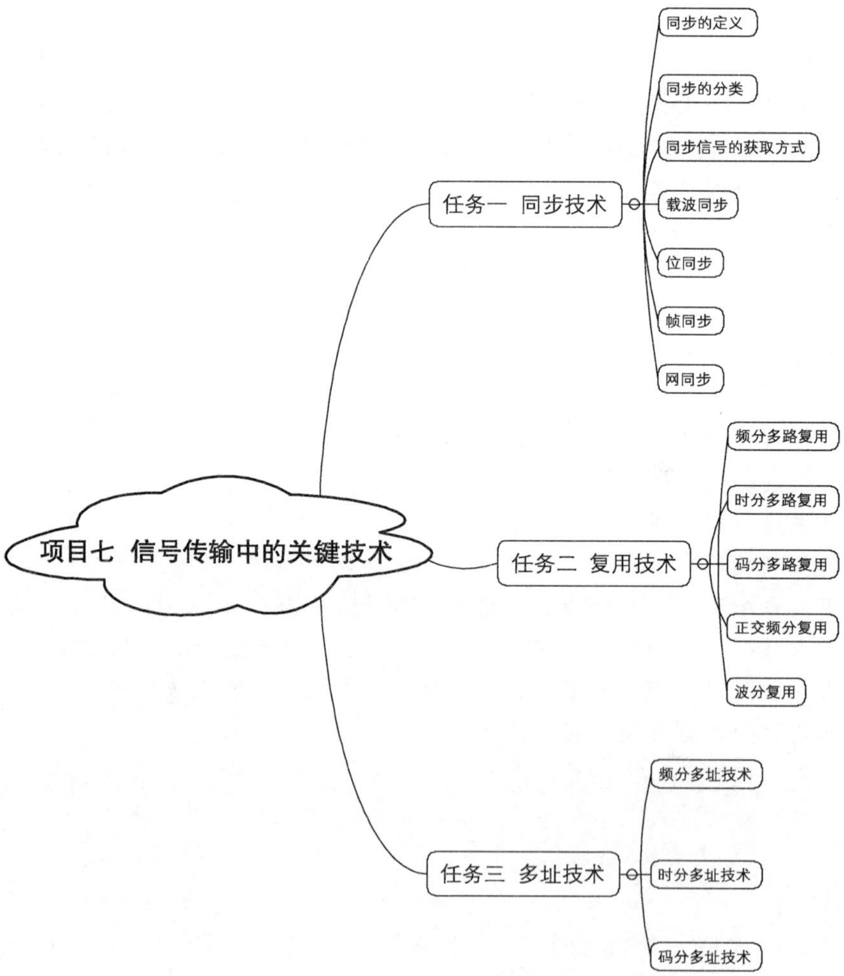

任务一　同步技术

学习目标

- 掌握同步的定义和分类。
- 掌握同步信号的获取方式。
- 掌握插入导频法和直接法的原理。
- 了解位同步、帧同步和网同步的原理。

学习内容

一、同步的定义

同步又称为定时，是指通信系统的收、发双方在时间上步调一致。例如，收、发两端时钟的一致；收、发两端载波频率和相位的一致；收、发两端帧和复帧的一致等。通信系统只有在收、发两端建立了同步后才能开始传送信息，所以同步系统是通信系统进行信息可靠传输的必要和前提。

对同步系统的要求是：同步误差小、相位抖动小、同步建立时间短和同步保持时间长。同步系统性能的好坏将直接影响着通信系统的性能，如果出现同步误差或失去同步就会导致通信系统性能下降或通信中断。因此，在设计通信系统时，通常都要求同步系统的可靠性要高于信息传输系统的可靠性。

二、同步的分类

按同步的功能来区分，同步可分为载波同步、位同步（码元同步）、帧同步（群同步）和网同步（数字通信网中使用）四种。其中，载波同步、位同步和帧同步是基础，针对的是点对点通信；网同步以前面三种同步技术为基础，针对的是点对多点通信。

1. 载波同步

由前面的学习可知，无论是模拟调制系统还是数字调制系统，要想实现相干解调，必须在接收端产生相干载波，这个相干载波应与发送端的载波在频率上同频，在相位上保持某种同步关系。在接收端获取这个相干载波的过程称为载波同步（或载波提取）。

2. 位同步

在数字通信系统中，不管采用何种传输方式（基带传输或者频带传输），也不管采用何种解调方式，都需要位同步。因为在数字通信中，任何消息都是通过一连串码元序列表示且传送的，这些码元一般均具有相同的持续时间（称为码元周期）。接收端接收这些码元序列时，必须知道每个码元的起止时刻，以便在恰当的时刻进行抽样判决。这就要求接收端必须提供一个码元定时脉冲序列，该序列的重复频率和相位必须与接收到的码元重复频率和相位一致，以保证在接收端的定时脉冲重复频率与发送端的码元速率相同，相位与最佳抽样判决时刻一致。把提取码元定时脉冲序列的过程称为位同步。

3. 帧（群）同步

数字通信中的数字流，总是用若干码元组成一个“字”，又用若干“字”组成一“句”。因此，在接收这些数字流时，同样也必须知道这些“字”“句”的起止时刻。而在接收端提取与“字”“句”起止时刻相一致的定时脉冲序列，就称为帧（群）同步。

4. 网同步

有了上面三种同步，就可以保证点与点的数字通信。但对于数字网的通信来说还不够，随着数字通信的发展，尤其是计算机通信的发展，多个用户之间的通信和数据交换，构成了数字通信网。在一个通信网中，往往需要把各个方向传来的信息，按不同目的进行分路、合路和交换。为了保证通信网内各用户之间可靠地进行数据交换，整个数字通信网内交换必须有一个统一的时间节拍标准，即整个网络必须同步地工作，这就是网同步讨论的问题。

三、同步信号的获取方式

同步也是一种信息，按照获取和传输同步信息方式的不同，可分为外同步法和自同步法。

1. 外同步法

所谓外同步法，是指由发送端发送专门的同步信息（常被称为导频），接收端把这个导频提取出来作为同步信号的方法，有时也称为插入导频法。

2. 自同步法

所谓自同步法，是指发送端不发送专门的同步信息，接收端设法从收到的信号中提取同步信息的方法，通常也称为直接法。

自同步法是人们最希望采用的同步方法，因为采用这种方法可以把全部功率和带宽都分配给信号传输，从而提高传输效率。

在载波同步和位同步中，上述两种方法均可采用，但自同步法正得到越来越广泛的应用，而帧（群）同步一般采用外同步法。

四、载波同步

在调制通信系统中，接收端都要完成对已调信号的解调过程。如果接收端采用相干解调，则需要一个与发送端同频同相的相干载波。获得这个相干载波的过程称为载波提取或载波同步。载波同步的方法通常有插入导频法和直接法两种。

（一）插入导频法

插入导频法主要用于已调信号中不包含载波分量的情况，比如 DSB、SSB、VSB 和等概率的 2PSK、2DPSK 信号等，通信时需在发送端插入导频信号。接收端利用窄带滤波器提取导频信号，再经过适当的处理形式形成接收端所需要的相干载波。

所谓导频信号指的是发端专门在发送信号中插入含有载波信息的单频信号。插入导频信号的原则是：导频信号的幅度（功率）要小；插入位置应该在已调信号频谱为零的位置，否则导频与已调信号频谱成分重叠，接收时不易提取。通常采用正交插入，即导频信号与相干载波具有正交关系，相位相差 $\pi/2$。DSB 信号在插入了导频信号后的频谱图如图 7-1 所示。

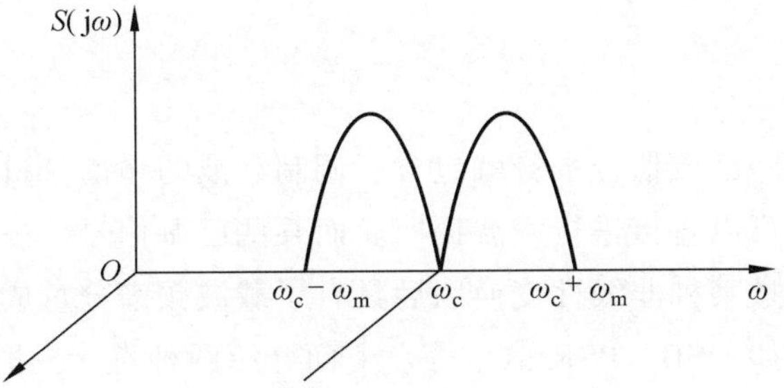

图 7-1　插入导频位置示意图

根据 DSB 已调信号的表达式为

$$s(t) = Am(t)\cos\omega_c t$$

插入正交导频信号后的已调信号 $s_0(t)$ 为

$$s_0(t) = Am(t)\cos\omega_c t + A\sin\omega_c t$$

其原理如图 7-2（a）所示。

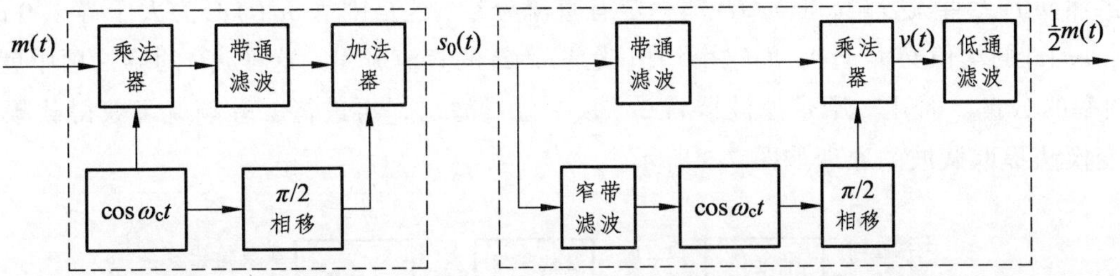

（a）发送端原理框图　　（b）接收端原理框图

图 7-2　插入导频法原理图

当接收端收到该已调信号后，利用一个中心频率为 ω_c 的窄带滤波器就可取得导频 $A\sin\omega_c t$，再将它移相 $\pi/2$，就可得到与调制载波同频同相的信号 $A\cos\omega_c t$。接收端相乘器的输出为

$$\begin{aligned}v(t) &= s_0(t)\cos\omega_c t \\ &= [Am(t)\cos\omega_c t + A\sin\omega_c t]\cos\omega_c t \\ &= Am(t)\cos^2\omega_c t + A\sin\omega_c t\cos\omega_c t \\ &= \frac{A}{2}m(t) + \frac{A}{2}m(t)\cos^2\omega_c t + \frac{A}{2}\sin 2\omega_c t\end{aligned}$$

再将此信号通过一个低通滤波器，滤除掉 $2\omega_c$ 的频率成分，即可得到调制信号 $m(t)$。其原理框图如图 7-2（b）所示。

需要注意的是，这里如果不采用与载波正交的导频信号，而直接插入载波信号，则从接收端相乘器的输出可以发现，除了有调制信号外，还包含了直流分量，这个直流分量将通过低通滤波器对数字信号产生影响。

（二）直接法

在调制过程中，有些已调信号本身就包含了调制载波的频谱分量，比如 AM、ASK 信号等，这类信号在接收端可以直接进行载波提取。而某些已调信号，虽然里面不包含调制载波的频谱分量，但如果经过某种非线性变换以后具有了载波频谱分量成分，对这类信号也可以直接进行载波提取，比如 DSB、PSK 信号等。下面介绍两种直接提取载波的方法。

1. 平方变换法

设调制信号为 $m(t)$ 且无直流分量，则抑制载波的双边带信号为

$$s(t) = Am(t)\cos\omega_c t$$

接收端将该信号进行平方变换，即经过一个平方律部件后就得到

$$\begin{aligned}e(t) &= A^2m^2(t)\cos^2\omega_c t \\ &= \frac{A^2}{2}m^2(t) + \frac{A^2}{2}m^2(t)\cos 2\omega_c t\end{aligned}$$

虽然 $m(t)$ 无直流分量，但 $m^2(t)$ 却一定有直流分量，这是因为 $m^2(t)$ 必为大于等于 0 的数，因此，$m^2(t)$ 的均值必大于 0，而这个均值就是 $m^2(t)$ 的直流分量，这样 $e(t)$ 的第二项中就包含 $2\omega_c$ 频率的分量。若用一窄带滤波器将 $2\omega_c$ 频率分量滤出，再进行二分频就可获得载频 ω_c。平方变换法提取载波的原理如图 7-3 所示。

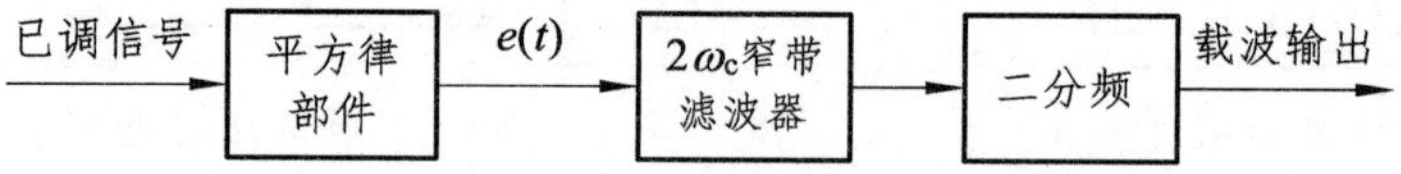

图 7-3　平方变换法提取载波的原理

2. 平方环法

为了改善平方变换的性能，可以在平方变换法的基础上，将窄带滤波器用锁相环替代，构成如图 7-4 所示的框图，这样就实现了平方环法提取载波。由于锁相环具有良好的跟踪、窄带滤波和记忆性能，因此平方环法比一般的平方变换法具有更好的性能，因而得到广泛的应用。

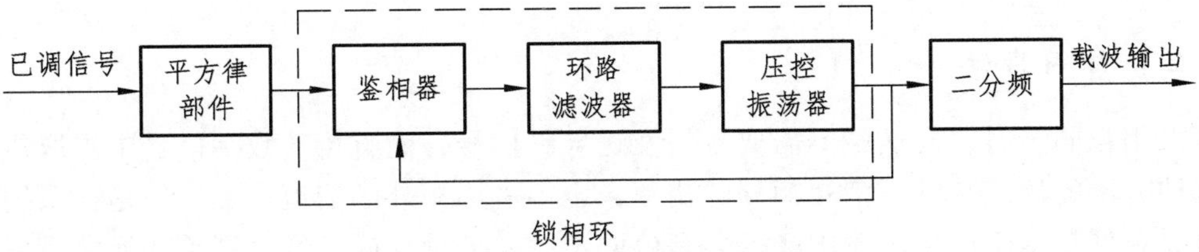

图 7-4　平方环法提取载波的原理

五、位同步

在数字通信系统中，发送端按照确定的时间顺序逐个传输码元序列中的每个码元，接收端为了正确判决所接收到的码元，必须提供一个确定抽样判决时刻的“定时脉冲序列”。这个定时脉冲序列的重复频率必须与发送的码元序列的频率一致，同时在最佳判决时刻（或称为最佳相位时刻）对接收码元进行抽样判决。把在接收端产生这样的定时脉冲序列的过程称为位同步，也称码元同步。

实现位同步的方法和载波同步类似，也有插入导频法（外同步法）和直接法（自同步法）两种。

需要说明的是，在提取位同步定时信号时，首先要确定接收到的数据流中是否包含有位定时信号的频率分量。若存在，直接利用窄带滤波器和锁相环从数据流中提取即可，若不存在，再考虑采用外同步法或自同步法。

（一）插入导频法

位同步的插入导频法与载波同步的插入导频法类似，导频信号也是在基带信号频谱的零点插入导频信号（见图 7-5），这样才能不影响基带信号频谱，同时保证接收端提取导频的纯度。

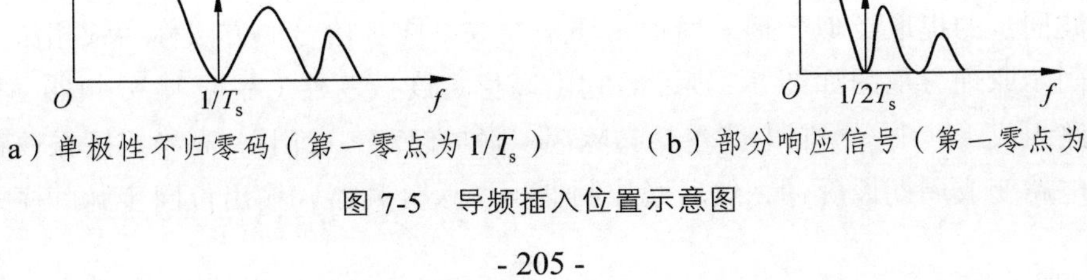

（a）单极性不归零码（第一零点为 $1/T_s$）　（b）部分响应信号（第一零点为 $1/2T_s$）

图 7-5　导频插入位置示意图

在图 7-5（a）中，基带信号为单极性不归零码，频谱的第一过零点在$1/T_s$处，插入的导频信号就应该在 $f=1/T_s$处。在接收端，经中心频率为 $f=1/T_s$的窄带滤波器就可以从解调后的基带信号中提取位同步所需的信号；若基带信号为部分响应信号，其频谱的第一过零点在 $f=1/2T_s$处，如图 7-5（b）所示，插入的导频信号就应该在 $f=1/2T_s$处，接收端窄带滤波器的中心频率就应该设为 $f=1/2T_s$，然后对窄带滤波后的信号进行二倍频，即可获得 $f=1/T_s$的位同步信息。

（二）自同步法

当采用自同步时，发送端不需要专门发送导频信号，而直接从数字信号中提取位同步信号，这种方法的优点是既不消耗额外的功率，也不占用额外的信道资源。但是，采用这种方法的前提条件是基带信号码流中必须含有位同步频率分量，或者经过简单变换之后可以产生位同步频率分量，为此常需要对信源产生的信息进行重新编码。

自同步法具体又可分为滤波法和锁相法。

1. 滤波法提取位同步信号

根据基带信号的谱分析可知，对于不归零的随机二进制序列，不能直接滤出位同步信号。但是，若对该信号进行某种变换，例如变成单极性归零脉冲后，则该序列中就有 $f=1/T_s$的位同步信号分量，经一个窄带滤波器，可滤出此信号分量，再将它通过一移相器调整相位后，就可以形成位同步脉冲，这种方法的原理如图 7-6 所示。

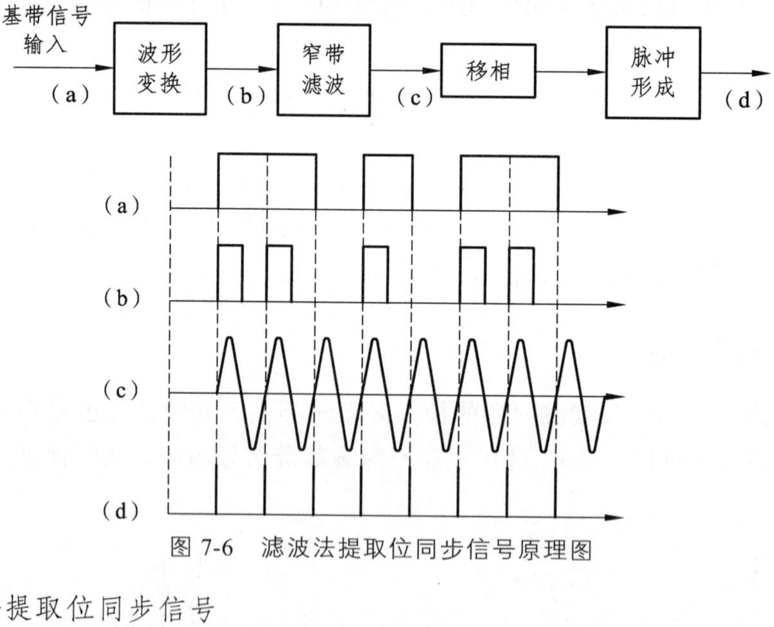

图 7-6　滤波法提取位同步信号原理图

2. 锁相法提取位同步信号

与载波同步的提取类似，把采用锁相环来提取位同步信号的方法称为锁相法。采用锁相法提取位同步原理方框图如图 7-7 所示，它由高稳定度振荡器（晶振）、分频器、相位比较器和控制电路组成。其中，控制电路包括扣除门、附加门和“或门”。高稳定度振荡器产生的信号经整形电路变成周期性脉冲，然后经控制器再送入分频器，输出位同步脉冲序列。输入相位基准与由高稳定振荡器产生的经过整形的n次分频后的相位脉冲进行比较，由两者相位的超前或滞后来确定扣除或附加一个脉冲，以调整位同步脉冲的相位。

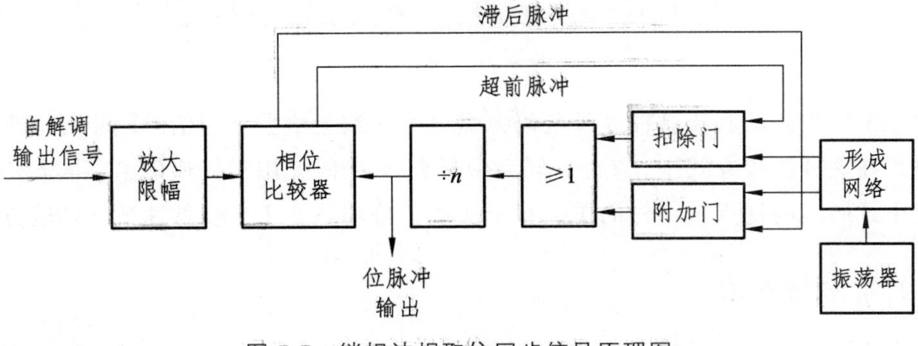

图 7-7　锁相法提取位同步信号原理图

六、帧同步

帧同步是建立在位同步基础之上的一种同步。位同步保证了数字通信系统中收、发两端码元序列的同频同相，可以为接收端提供各个码元的准确抽样判决时刻。数字通信中，一定数目的码元序列代表着一定的信息（如字母、符号或数字），通常总是以若干个码元组成一个“字”，若干个“字”组成一个“句”，即组成一个个的“帧”进行传输。因此，帧同步信号的频率很容易由位同步信号经分频得到。但是，每个帧的开头和末尾时刻却无法由分频器的输出决定。这样，帧同步的任务就是在位同步的基础上识别出这些数字信息帧（“字”或“句”）的起止时刻，或者说给出每个帧的“开头”和“末尾”时刻，使接收设备的帧定时与接收到的信号中的帧定时处于同步状态。

实现帧同步也有外同步和自同步两种方法，外同步是在数字信息流中插入一些特殊码组作为每帧的头尾标记，接收端根据这些特殊码组的位置就可以实现帧同步；自同步法不需要外加特殊码组，利用数据码组本身之间彼此不同的特性来实现帧同步。本书简要介绍外同步方法。

通常采用的外同步方法是起止式同步法和插入特殊码组同步法。插入特殊码组的方法又包括集中插入法和分散插入法两种。集中插入法就是在每帧的开头集中插入帧同步码组的方法；分散插入法则是将帧同步码组分散插入数据流中，即每隔一定数量的信息码元插入一个帧同步码元。

（一）起止式同步法

目前，数字电传机中广泛使用的就是起止式同步法。在电传机中，电报的一个字由 7.5 个码元组成，如图 7-8 所示。每个字开头，先发一个码元的起脉冲（负值），中间 5 个码元是消息，字的末尾是 1.5 个码元宽度的止脉冲（正值）。这样，接收端可根据 1.5 个码元宽度的高电平第一次转换到低电平这一特殊规律来确定一个字的起始位置，从而实现了帧同步。

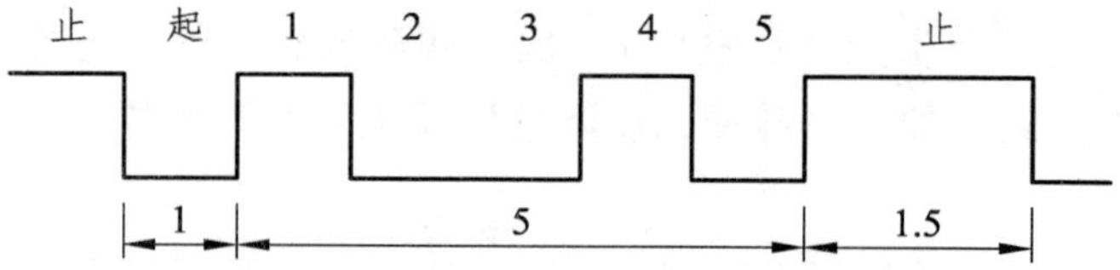

图 7-8　起止式同步法传输的字符格式

这种 7.5 单位码的起止脉冲宽度与码元宽度不一致会给数字通信的同步传输带来一定困难。另外，在这种同步方式中，7.5 个码元中只有 5 个码元用于传递信息，因此传输效率较低。但起止式同步的优点是结构简单、易于实现，特别适合于异步低速数字传输方式。

（二）集中插入法

集中插入法又称为连贯插入法，是将帧同步码组以集中的形式插入信息码流中，一般帧同步码组集中插入在一帧的开始。因此，集中插入法就是在每帧的开头集中插入帧同步码字的同步方法，其原理如图 7-9 所示。

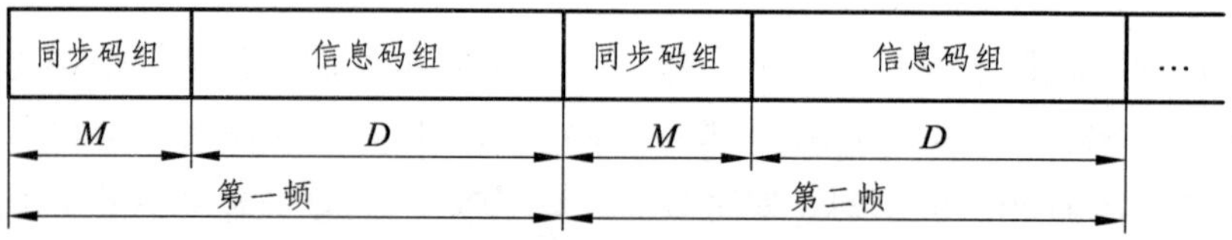

图 7-9　集中插入法的原理

集中插入法的关键是选择实现帧同步的特殊码组。对该码组的要求如下。

（1）码组具有明显的可识别特征，以便接收端能够容易地将同步码和信息码区分开来。

（2）码组的码长应当既能保证传输效率高（不能太长），又能保证接收端容易识别（不能太短）。

经过长期的实验研究，目前所知符合上述要求的码组有全“0”码，全“1”码、1 与 0 交替码、巴克码等，其中又以巴克码最为常用。

（三）分散插入法

分散插入法又称为间隔插入法，它是将帧同步码以分散的形式均匀插入信息码流中，如图 7-10 所示。这种方式比较多地用在多路数字电路系统中，如 PCM24 路基群设备是采用 1、0 交替码型作为帧同步码间隔插入的方法。即一帧插入“1”码，下一帧插入“0”码，如此交替插入。由于每帧只插一位码，它与信码混淆的概率则为 1/2，这样似乎无法识别同步码，但是这种插入方式在同步捕获时不是检测一帧两帧，而是连续检测数十帧，每帧都符合“1”“0”交替的规律才确认同步。如检测十帧都正确，误同步概率则为 $1/2^{10}=1/1\,024$，误同步概率很小。

分散插入法的最大特点是传输效率较高，但是同步捕获时间较长，较适合于连续发送信号的通信系统，若是断续发送信号，每次捕获同步需要较长时间，反而降低了效率。

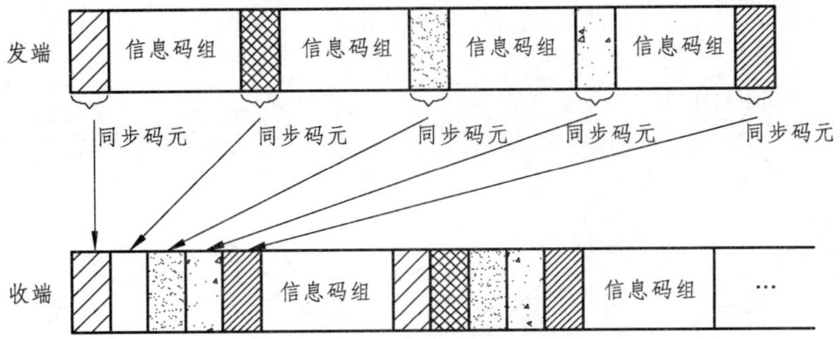

图 7-10　分散插入法原理

七、网同步

当通信是在点对点之间进行时，完成了载波同步、位同步和群同步之后，就可以进行可靠的通信了。但现代通信往往需要在许多通信点之间实现相互连接，从而构成通信网。在一个通信网中，往往需要把各个方向传来的信息，按不同目的进行分路、合路和交换。为了保证数字通信网稳定可靠地进行通信和交换，必须调整各个方向送来的信息码元的速率和相位，使之步调一致，这种调整过程称为网同步。

实现网同步的方法主要有两大类：一类是全网同步系统，即在通信网中使各站的时钟彼此同步，各站的时钟频率和相位都保持一致，而建立这种同步网的主要方法有主从同步和相互同步两种；另一类是准同步系统，也称独立时钟法，即在各站均采用高稳定性的时钟，相互独立，允许偏差在一定的范围之内，在转接时设法把各处输入的数码率变换成本站的数码率，再传送出去。

（一）全网同步系统

全网同步方式采用频率控制系统去控制各交换局的时钟，使它们都达到同步，各局的频率和相位均保持一致。全网同步方式分为主从同步法和相互同步法。

1. 主从同步法

主从同步法是在整个通信网中的某一站设置一个高稳定的主时钟源，它产生的时钟按图 7-11 沿箭头所示的方向逐站传送至网内的各个主站，从而保证网内各站的频率和相位都相同。

主从同步方式下，整个网络只需一个主时钟，实现起来比较简单。但这种方式的可靠性不高，若基准主时钟发生故障，则全网各站都会因失去同步而不能工作；当某一中间站发生故障时，不仅该站不能工作，其后的各站都因失步而不能工作。然而，由于这种方法比较简单、易行，因而在小型数字通信网中应用较广泛。

为了增加主从同步的可靠性，可在网内设一个副时钟，即采用等级主从控制方式，如图 7-12 所示。正常工作时，主时钟起网络定时基准作用，副时钟亦以主时钟为基准。当主时钟发生故障时，改由副时钟给网络提供定时基准，当主时钟恢复后，再切换回由主时钟提供网络基准定时。

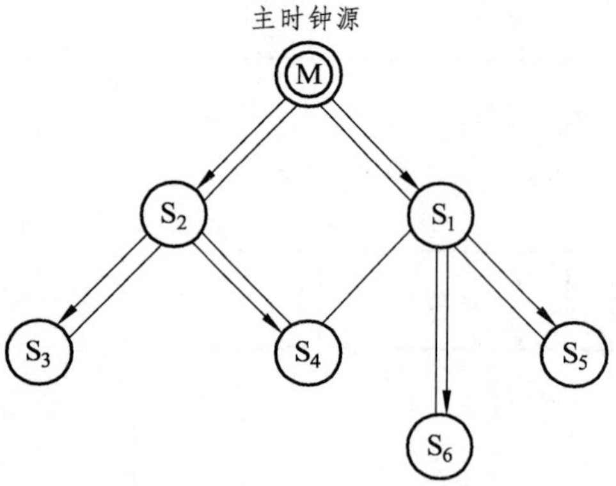

图 7-11　主从同步法示意图

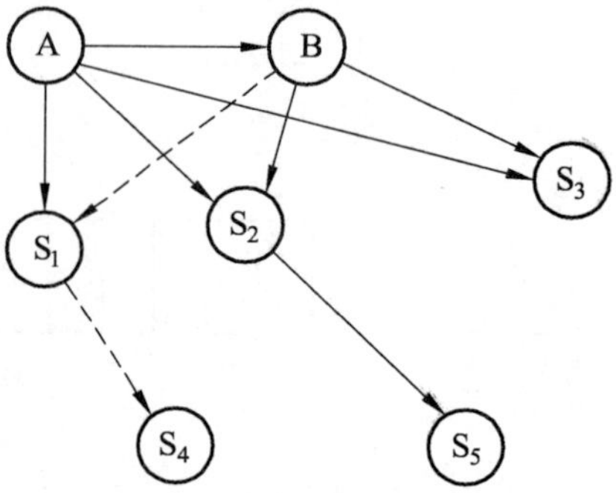

图 7-12　等级主从同步法示意图

2. 相互同步法

这种方式下，网内各交换局都有自己的时钟，并且相互连接。它们无主从之分，互相控制，互相影响。最后各个交换局的时钟锁定在所有输入时钟频率的平均值上，以同样的时钟频率工作，图 7-13 所示为相互同步法示意图。

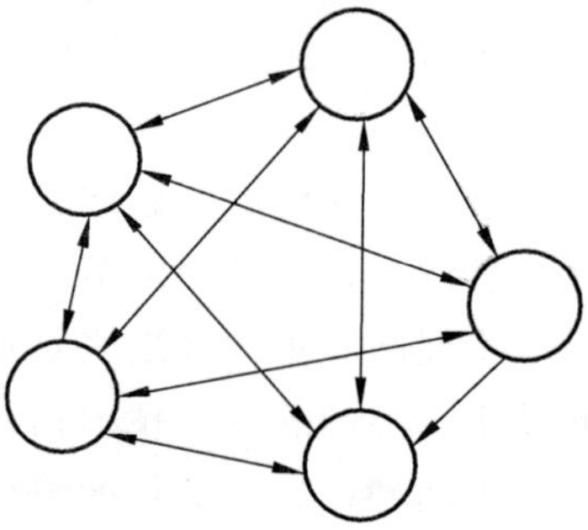

图 7-13　相互同步法示意图

相互同步法的优点是网内任何一个交换局发生故障只停止本局工作，不影响其他部分的工作，从而提高了通信网工作的可靠性。其缺点是同步系统较为复杂。

（二）准同步方式

准同步方式又称为独立时钟法。各个交换局均设立互相独立、互不牵扯的高稳定度时钟，不受其他站的控制，它们之间的时钟频率允许有一定容差。这样各站送来的数码流首先进行码速调整，使之变成相互同步的数码流，即对本来是异步的各种数码进行码速调整，因此称为准同步。码速调整有正码速调整、负码速调整和正/负码速调整三种。

正码速调整法采用的是正脉冲插入法，即合路器供给的取样时钟频率略高于各支路数字流的速率。当各支路送至复接设备的数字流都经过这样的码速调整之后，它们的速率和相位就一致了，因而就实现了同步。接收端的分路器再把各支路分开，恢复出各数字流。

负码速调整的原理与正码速调整类似，负码速调整时合路器供给的取样时钟频率略低于所有支流数字流的速率。

正/负码速调整时，选择频率等于各支路时钟的标称值，这样由于各支路实际速率的不同，既可能出现正码速调整，又可能出现负码速调整的情况。

码速调整的主要优点是各支路可工作于异步状态，故使用灵活、方便。但时钟频率是从不均匀的脉冲序列中提出来的，因而使所提取的时钟频率有相位抖动，影响同步质量，这是码速调整法的主要缺点。

（三）网同步等级划分及性能要求

1. 网同步等级

我国数字同步网采用的是主从同步方式。按照时钟精度可分为四个级别，如图 7-14 所示。

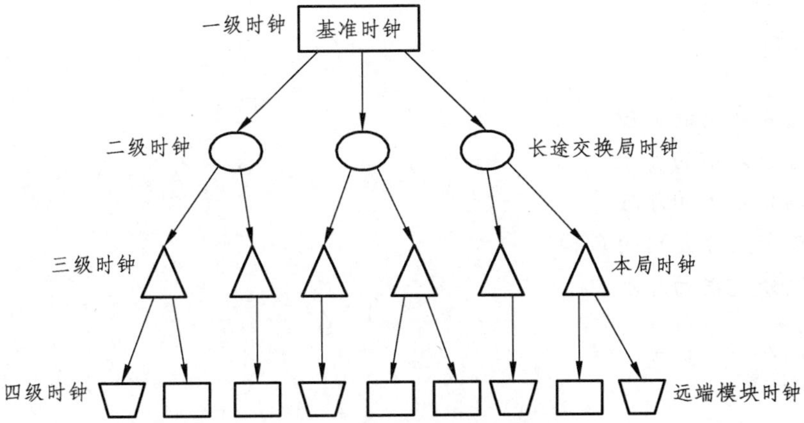

图 7-14　同步网的时钟等级

图 7-14 中，第一级为基准主时钟，是全网中等级最高的标准时钟，它使用稳定度极高的铯原子钟。

第二级为具有记忆功能的高稳定度晶体时钟，通常设置在各级长途交换中心，在正常情况下接收一级的时钟信号，并与之保持同步。

第三级为具有记忆功能的一般高稳定度晶体时钟，通常设置在本地网的端局和汇接局，它受二级时钟的控制。

第四级为一般晶体时钟，设置在本地网中的远端模块、数字传输设备和程控交换机中。

2. 网同步性能要求

为了保证数字通信网的可靠性，我国对网内各级时钟的技术参数和性能都做出了具体的要求，性能要求大体如下。

（1）基准时钟用的铯原子钟应有 3 组，3 组铯原子钟对比，多数取定，择优输出。

（2）第二级、第三级时钟应有主、备两个输入频率基准，主时钟遇到故障时，应自动切换到备用时钟，其切换过程不能产生时钟滑动。

（3）每一级时钟都应具备 4 种工作状态，即快捕、跟踪、保持和自由运行。

（4）可以显示工作方式、使用的频率基准及时钟等工作状态。

（5）时钟的工作状态应能人工控制，可人工切换时钟和频率基准。

（6）具有告警功能，当时钟停止工作时应发出严重告警，在时钟进入快捕、保持、自由运行状态，以及输入信号出错、失去频率基准时应发出告警。

上面简要介绍了网同步的几种主要方式。目前，世界各国仍在继续研究网同步方式，究竟采用哪种方式更合适与多个因素有关。前面介绍的方式各有其优缺点。随着数字通信的迅速发展，可以预期今后一定会有更加完善、性能良好的网同步方法出现。

任务二　复用技术

学习目标

- 掌握频分复用的原理。
- 掌握时分复用的原理。
- 掌握码分复用的原理。
- 了解正交频分复用的原理。
- 了解波分复用的原理。

学习内容

一、引　言

在实际的通信系统中，信道的带宽或容量往往比传输一路信号的带宽或速率大得多，为了降低成本，充分利用信道资源，常采用信道复用技术。所谓复用技术，是指若干相互独立的携带消息的信号合成为一复合信号在一公共信道上传输的技术，如图 7-15 所示。

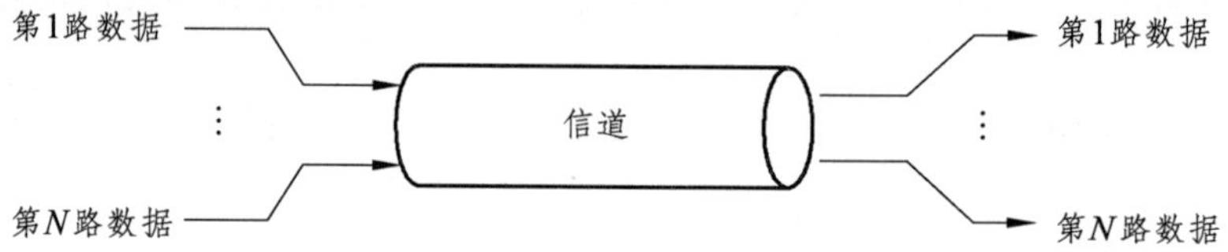

图 7-15　复用技术示意图

基本的复用方式有：频分复用（Frequency Division Multiplexing，FDM）、时分复用（Time-Division Multiplexing，TDM）和码分复用（Code-Division Multiplexing，CDM）等。其中，频分复用是通过调制将各路信号的频谱分别搬移到不同的载波频段进行传输。因此，频分复用是通过频率来区分多路信号的，多用于模拟通信。时分复用通常是通过抽样将多路信号分别安排在固定的时隙（时间片）上进行传输。因此，时分复用是通过时间来区分多路信号的，其广泛应用于数字通信。码分复用是用一组包含互相正交的码字的码组携带多路信号，通常使用扩频码序列来区分多路信号。

二、频分复用

频分复用的基本思想：要传送的信号带宽是有限的，而线路可使用的带宽则远远大于要传送的信号带宽，若将信道的总带宽划分成若干个子频带（或称子信道），则多路信号可通过采用不同载波频率进行调制，使调制后的各路信号在不同的子频带上传输，以达到多路信号并行在一个信道内传输的目的。

如图 7-16 所示为一个频分复用系统的组成框图。假设共有 n 路复用的信号，每路信号首先通过低通滤波器（LPF）变成频带受限的低通信号。为简便起见，假设各路信号的最高频率 f_H 都相等。然后，每路信号通过载频不同的调制器进行频谱搬移。一般来说，调制方式原则上可任意选择，但最常用的是单边带调制，因为它最节省带宽。经过调制的各路信号在频率位置上已经被分开，也可以再通过边带滤波器（SBF）进一步提纯，然后通过相加器将它们合并成适合信道内传输的频分复用信号。在接收端，可利用相应的带通滤波器（BPF）来区分开各路信号的频谱。然后，再通过各自的相干解调器便可恢复各路调制信号。

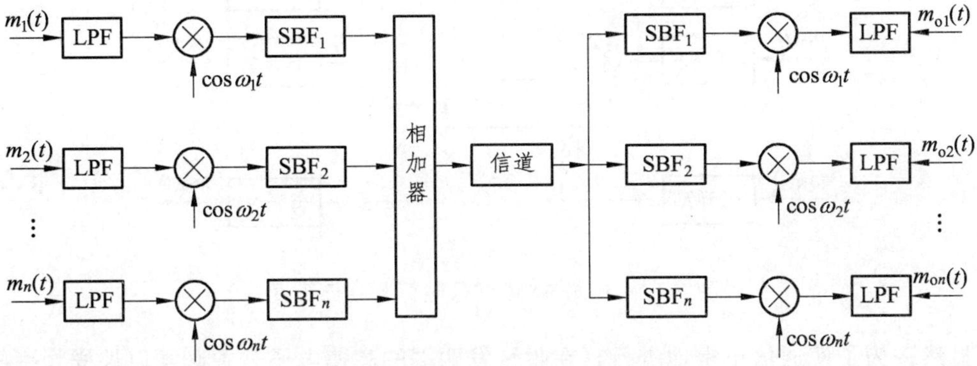

图 7-16　频分复用系统组成框图

频分复用具有以下特点：

（1）所有子信道传输的信号以并行的方式工作，每一路信号传输时可不考虑传输时延，因而广泛应用于电视广播中图像信号和声音信号的传输。

（2）信道复用率高，允许复用的路数多，同时分路也很方便。

（3）收发两端需要大量载频，且相同载频必须同步，设备较复杂。另外，还需要大量的各种频带范围的边带滤波器，要求它们的频带特性尽可能陡峭。

需要说明的是，为保证可靠传输，要求信道总带宽大于各子信道带宽之和，同时为了保证各子信道中所传输的信号互不干扰，还应在各子信道之间设立防护频带。

三、时分复用

（一）时分复用的原理

时分复用就是将提供给整个信道传输信息的时间划分成若干时间片（简称时隙），并将这些时隙分配给每一路信号使用，每一路信号在各自的时隙内独占信道进行数据传输。

时分复用是建立在抽样定理基础上的。抽样定理告诉我们，只要以不小于奈奎斯特速率的抽样速率对频带受限的模拟信号进行抽样，那么，模拟信号就能被在时间上离散的抽样信号所代替。因此，如果抽样脉冲占据较短时间，在抽样脉冲之间就留有一定的时间间隔。若利用这种间隔轮流传输其他各路信号的抽样值，就可以实现在同一个信道中传输多路信号，即实现时分复用。

时分复用的原理如图 7-17 所示。图中各路信号首先通过低通滤波器，以限制其最高频率 f_m，形成频带受限信号。然后，旋转开关以不小于 $2f_m$ 的抽样速率对输入信号轮流抽样，并将 n 路样值信号按先后顺序错开，形成时分复用信号。在接收端，时分复用信号由旋转开关按顺序将各路信号的抽样值送入各自的低通滤波器，通过低通滤波器恢复出原来的模拟信号。

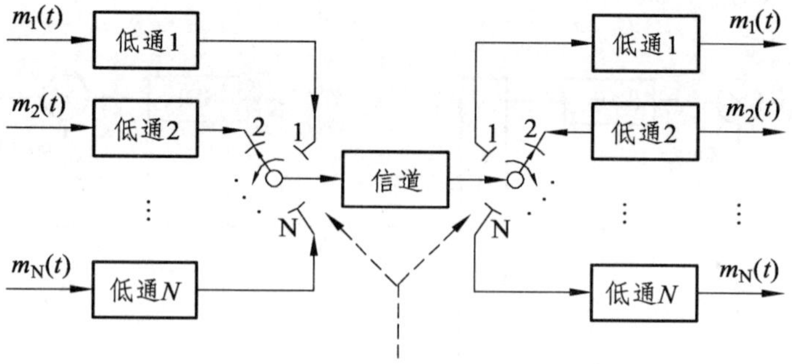

图 7-17　三路 PAM 信号时分复用原理图

很显然，为了使通信正常地进行，在收、发两端的高速电子开关必须以抽样频率同步旋转。以三路 PAM 信号进行时分复用为例，复用后的传输波形如图 7-18 所示。

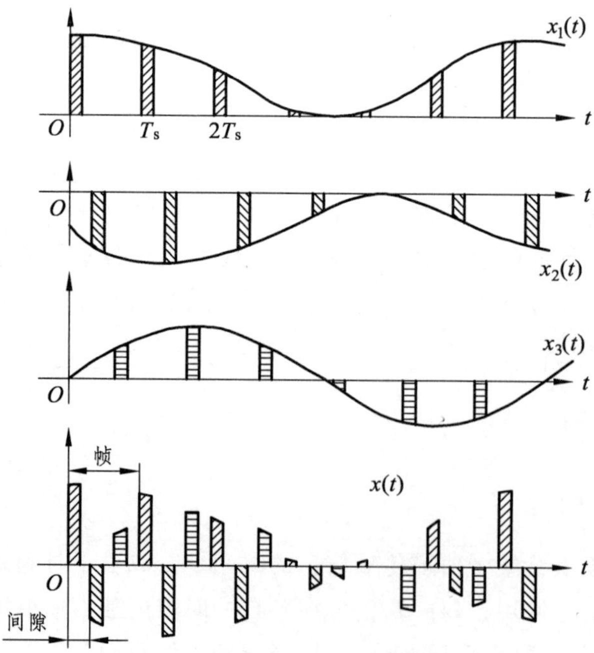

图 7-18　三路时分复用波形

同一个话路抽样两次的时间间隔或所有话路都抽样一次所用的时间称为帧周期，它就是旋转开关旋转一周的时间，即一个抽样周期，显然，帧周期与抽样频率是倒数关系。每个话路在一帧中所占的时间称为时隙，用 *TS* 表示。三路 PAM 信号时分复用的帧和时隙如图 7-19 所示。

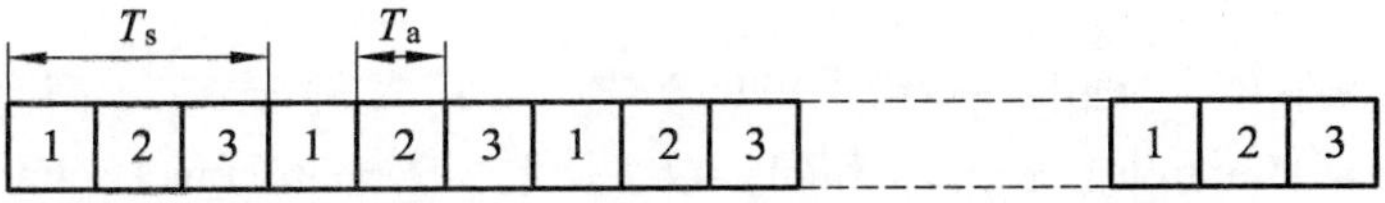

图 7-19　三路 PAM 信号时分复用的帧结构图

（二）PCM30/32 路系统

对于多路数字电话系统，国际电信联盟（ITU-T）有两种标准化制式，一种是 PCM30/32 路制式（E 体系），另一种是 PCM24 路制式（T 体系）。我国采用 E 体系。

PCM30/32 一次群简称 E1 或基群。基群可以独立使用，也可以组成更多路数的高次群与市话电缆、长途电缆、数字微波以及光缆等传输信道连接，作为数字终端设备。

图 7-20 说明了 El 的时分复用帧的构成，不难看出，时分复用是所有的用户在不同的时间，即在分配给自己的专用时隙（当然用完后要归还）内占用大家共享的公共信道（因而不会发生干扰）。但从频域来看，大家所占用的频率范围却都是一样的。

E1 的一个时分复用帧（其帧长度 $T = 125\ \mu s$）共划分为 32 个等长的时隙，时隙编号为 CH0 ~ CH31，其中时隙 CH0 用作帧同步用，时隙 CH16 用来传送信令（如用户的拨号信令），真正可供用户使用的话路是时隙 CH1 ~ CH15 和 CH17 ~ CH31，共 30 个时隙传输 30 个话路（PCM30/32 系统因此得名）。每个时隙传送 8 位，32 个时隙共传送 256 位，且每秒传送 8000 帧，因此 PCM 一次群的速率是 2.048 Mb/s，对应的同轴电缆叫作 2M 线，对应的接口称为 E1 接口。

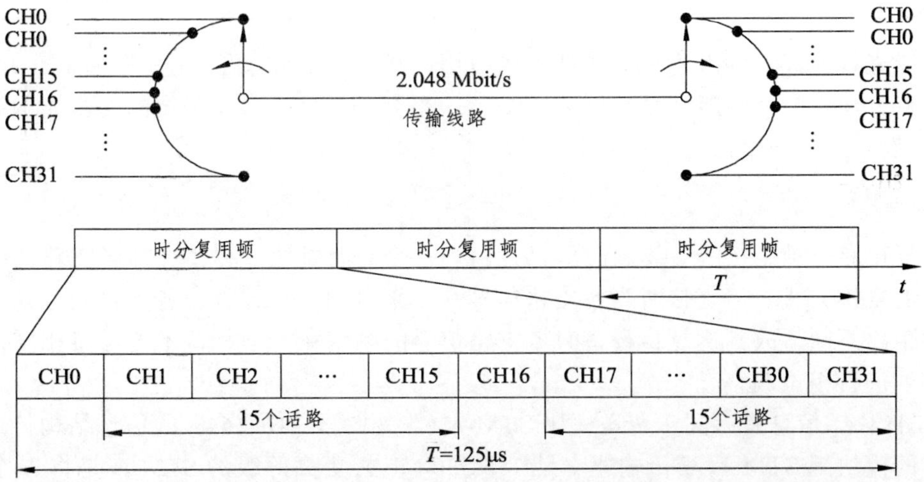

图 7-20　PCM30/32 路一次群（E1）的时分复用帧结构示意图

（三）数字复接技术

为了进一步扩大传输容量，提高传输效率，在通信网中往往会有多次复用，将若干链路来的多路时分复用信号再次复用，构成高次复用信号。这种将低次群合并成高次群的过程称为复接；反之，将高次群分解为低次群的过程称为分接。目前大容量链路的复接几乎都是 TDM 信号的复接。

对于时分制多路电话通信系统，ITU-T 制定了两种复接体制:准同步数字体系（Plesiochronous Digital Hierarchy，PDH）和同步数字体系（Synchronous Digital Hierarchy，SDH）。

1. 准同步数字体系

所谓准同步复接是指参与复接的各支路的低次群使用各自的时钟，但各支路的时钟在一定的容差范围内。这种复接方式在复接前必须将各支路的码速都调整到统一的规定值后才能复接，例如，我国的二次群、三次群、四次群都是采用的准同步复接方式。ITU-T 建议规范的 PDH 速率等级如表 7-1 所示。

表 7-1　不同地区 PDH 速率等级

		一次群（基群）	二次群	三次群	四次群
中国欧洲	群路等级	E1	E2	E3	E4
	路数	30 路	120 路（30×4）	480 路（120×4）	1920 路（480×4）
	比特率	2.048 Mb/s	8.448 Mb/s	34.368 Mb/s	139.264 Mb/s
北美	群路等级	T1	T2	T3	T4
	路数	24 路	96 路（24×4）	672 路（96×7）	4032 路（672×6）
	比特率	1.544 Mb/s	6.312 Mb/s	44.736 Mb/s	274.176 Mb/s
日本	群路等级	T1	T2	T3	T4
	路数	24 路	96 路（24×4）	480 路（96×5）	1440 路（480×3）
	比特率	1.544 Mb/s	6.312 Mb/s	32.064 Mb/s	97.728 Mb/s

随着以光纤为代表的大容量传输技术的应用，要求 PDH 向更高速率发展，但由于 PDH 存在的弱点，使它已经不能满足发展的需要。1989 年，ITU-T 参照美国的同步光网络制定出了 SDH 建议。

2. 同步数字体系

同步复接是指被复接的各支路时钟都是由同一个总时钟统一提供，即各支路的时钟频率完全相等的复接方式。但复接时当各支路信号并非来自同一个地方，各支路信号到达复接设备的传输距离不同，故到达复接设备时各支路信号的频率相同但相位不能保持相同，因此在复接前必须进行相位调整。

在 SDH 中，信息是以同步传送模块 STM-N（N = 1、4、16、64）的信息结构传送的。其中最基本的模块是 STM-1，其传输速率是 155.520 Mb/s，更高等级的 STM-N 是将 N 个 STM-1 按字节间插同步复用后所获得的。ITU-T 建议规范的 SDH 标准速率如表 7-2 所示。

表 7-2　同步数字系列的速率等级

同步数字系列等级	比特率/（Mb/s）	容量/路
STM-1	155.520，简称 155 M	1890
STM-4	622.080，简称 622 M	7560
STM-16	2488.320，简称 2.5 G	30240
STM-64	9953.280，简称 10 G	120960

SDH 是针对更高速率的传输系统制定出的全球统一标准，它把北美、日本和欧洲、中国采用的两大准同步数字体系在 STM-1 等级上获得了统一，第一次实现了数字传输体制上的世界性标准。因此，在 20 世纪 90 年代中后期得到了广泛应用。

四、码分复用

码分复用是在 FDM 和 TDM 的基础上发展起来的一种更加先进的复用技术。在 FDM 中，通信系统的信道被分配给多路信号使用，多路信号共享时间资源，可以进行并行传送，为了防止多路信号相互干扰，系统中的每一个子信道的频带必须互不重叠，且要留有保护带。在 TDM 中，各路信号用同一载波在时间上交替占用通信信道进行传输，即各路信号是使用同频传输的，但各路信号的时隙不同。而 CDM 中的多路信号可以同一时间使用整个信道进行数据传输，它在信道与时间资源上均为共享。因此，CDM 信道的效率高，系统的容量大。为了防止多路信号在系统中传输时相互干扰，必须采用正交编码或伪随机码。四路码分复用的原理如图 7-21 所示。

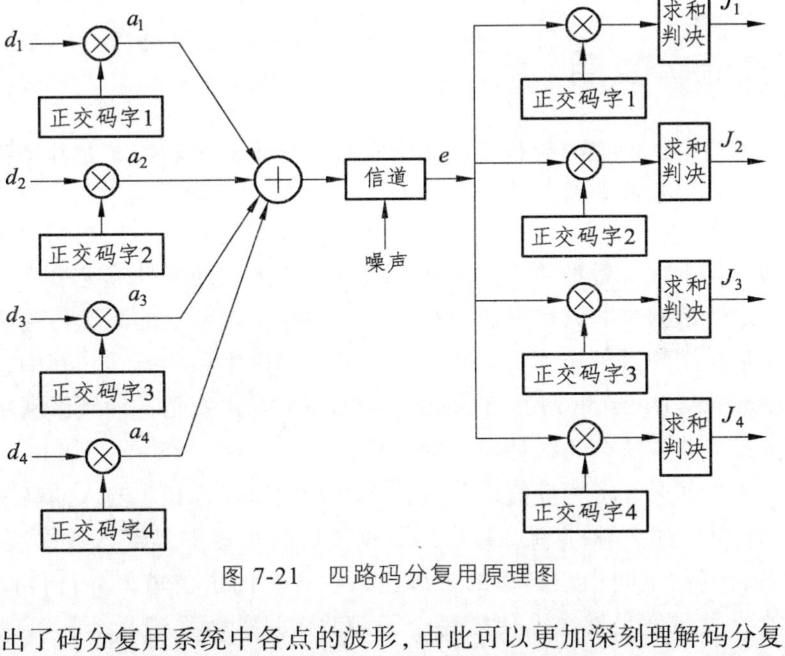

图 7-21　四路码分复用原理图

图 7-22 画出了码分复用系统中各点的波形，由此可以更加深刻理解码分复用系统的工作原理。其中 $d_1 \sim d_4$ 为四路信号的数据波形；$W_1 \sim W_4$ 为 4 个正交码，分别为[1　1　1　1]、[1　−1　1　−1]、[1　1　−1　−1]、[1　−1　−1　1]。$a_1 \sim a_4$ 表示信号 1、2、3、4 与载波相乘后的

信号。信道中传输的复用信号为 e，在接收端，复用信号分别和本路的载波相乘、求和，经过抽样判决后恢复出原始的数据 $J_1 \sim J_4$。

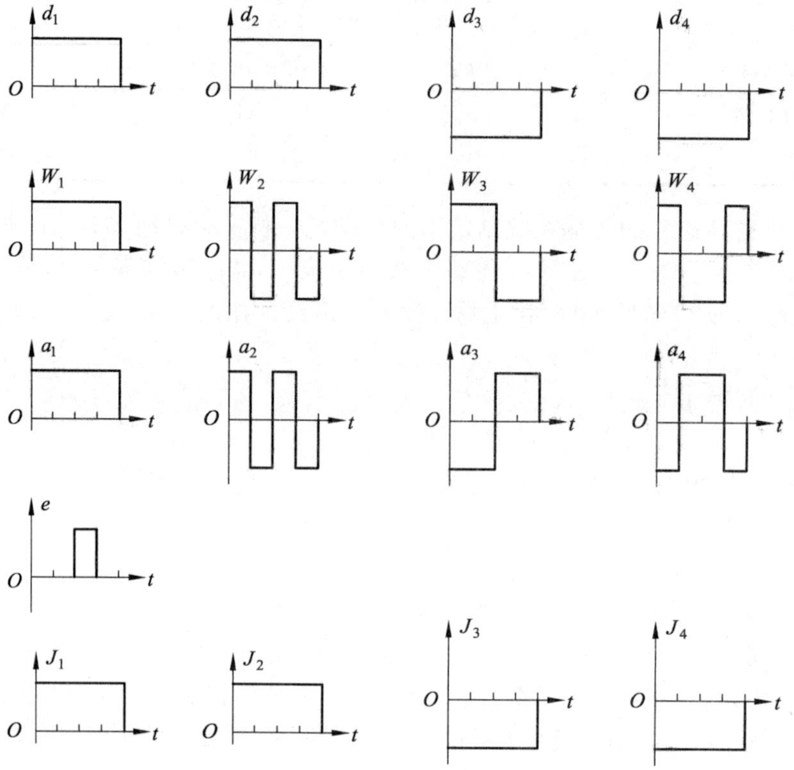

图 7-22　四路码分复用中各点的波形

五、正交频分复用

在数字无线通信中，信道的频带资源非常有限，必须充分利用。尤其是新一代无线通信系统，对信息速率的需求越来越高。例如：4G 移动通信系统中，用户高速移动时，要求系统的信息速率达 100 Mb/s。然而，在以衰落为特征的无线通信系统中，影响误码性能的不仅仅是衰落，还包括码间干扰及各种噪声。因而，实现高速无线通信并非易事。

那么，在给定信道频带和误码率的前提下，如何能实现信息的高速传输呢？这就要求在系统设计时，尽量采用频带利用率高、抗干扰能力强的数字调制方式。其中，正交频分复用（Orthogonal Frequency Division Multiplexing，OFDM）方式就是一种频带利用率高、抗干扰能力强的调制方式，非常适合无线环境下的通信。

OFDM 的基本思想是：将宽带信道分成 N 个并行的窄子信道，输入的高速数据流通过串并变换变换成 N 个并行的子数据流，每个子数据流的数据速率是输入数据速率的 $1/N$。这 N 个平行数据流各自调制不同中心频率的子载波，在各自的子信道上并行传输。各子载波上的信号相互正交，其带宽足够小，使得每个子载波信号近似平坦衰落，可以有效克服码间干扰。

以 BPSK 调制为例，OFDM 的原理如图 7-23 所示。

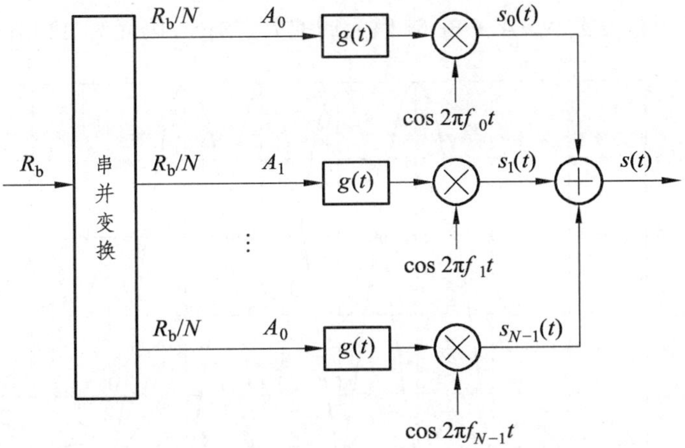

（a）产生 BPSK-OFDM 信号的原理框图

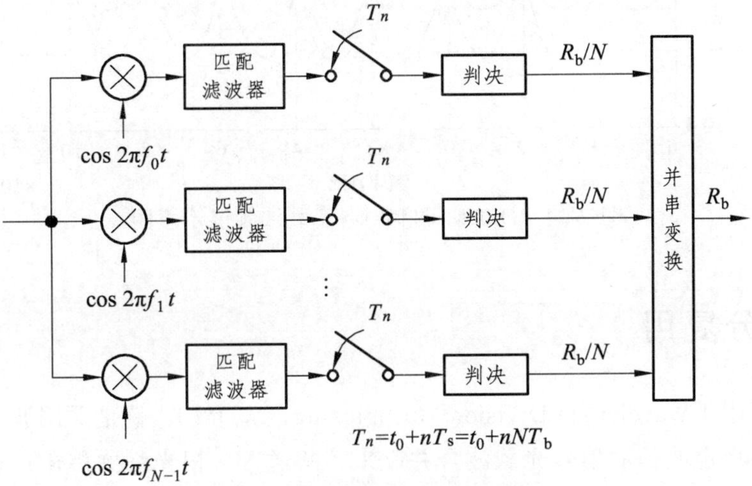

（b）BPSK-OFDM 信号的接收框图

图 7-23　BPSK-OFDM 工作原理

图 7-23 中，各参数之间的关系如下：

输入数据流速率：R_b。

发送码元周期：$T_b=1/R_b$。

子数据流速率：R_b/N。

子数据流码元间隔：$T_s=NT_b$。

子频带间隔：$\Delta f=1/T_s=R_b/N$。

子载波频率：$f_i=f_c+i\Delta f\ (i=0,1,\cdots,N-1)$。

另外，OFDM 系统一般采用矩形脉冲成形，它能保证子载波信号的正交性，无子载波间干扰。

显然，OFDM 与 FDM 类似，也是一类多载波并行调制技术，但在 OFDM 调制方式中，各子载波上的信号相互正交，子载波间隔是子载波上码元间隔的倒数，各子载波的频谱是重叠的，不再预留保护带，这就使得频谱效率显著提高。

图 7-24 示出了子载波数 $N=4$，OFDM 码元周期 $T_s=5\ \mu s$，码元为 {1111} 时的各子载波频谱。

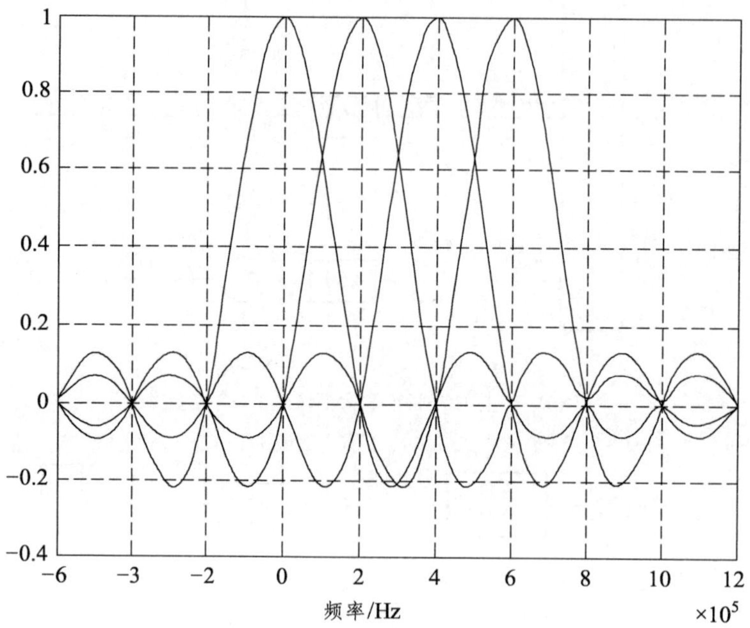

图 7-24　OFDM 调制中各子载波频谱示意图

六、波分复用

所谓波分复用（Wavelength Division Multiplexing，WDM），就是采用波分复用器（合波器）在发送端将规定波长的信号光载波合并起来，并送入一根光纤中传输；在接收侧，再由另一个波分复用器（分波器）将这些不同信号的光载波分开。由于不同波长的光载波信号可以看作相互独立（不考虑光纤非线性时），从而在一根光纤中可实现多路光信号的复用传输。不同类型的光波分复用器可以复用的波长数也不同，目前商用化的一般是 8 个波长、16 个波长和 32 个波长的系统。波分复用系统的原理如图 7-25 所示。

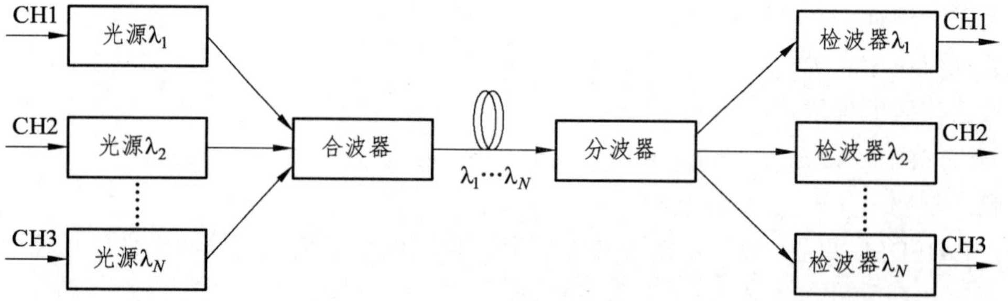

图 7-25　波分复用系统原理图

20 世纪 80 年代初光纤通信兴起时，首先被采用的是 1310 nm/1550 nm 的两个波长复用系统（即在光纤的两个低损耗窗口 1310 nm 和 1550 nm 各传送一路光波长信号），也叫粗波分复用系统。这种系统比较简单，一般采用熔融的波分复用器，插入损耗小，在每个中继站，两个波长都进行解复用和光/电/光再生中继。随着 1550 nm 窗口 EDFA 的商用化，光传输工程可以利用 EDFA 对传送的光信号进行放大，实现超长距离无电再生中继传输，在 1550 nm 窗口传送多个波长信号，这些信号相邻波长间隔较窄，且工作在一个共享的 EDFA 工作带宽内，这种波长间隔紧密的 WDM 系统称为密集型波分复用系统（DWDM）。

ITU-T G.692 建议，DWDM 系统的绝对参考频率为 193.1 THz（对应波长 1552.52 nm），不同波长的频率间隔为 100 GHz 的整数倍（对应波长间隔约为 0.8 nm 的整数倍）。

任务三　多址技术

学习目标

- 了解频分多址技术的原理。
- 了解时分多址技术的原理。
- 了解码分多址技术的原理。

学习内容

一、引　言

与复用技术相对应的是多址技术（Multiple Access，注意是 Access，不是 Address）。在有线通信（针对电话交换网）中，多用户间相互通信可通过交换技术来解决，在无线通信中，早期主要是点对点通信，不存在多用户间相互通信的问题，而现代的无线通信通常需要在移动多用户间进行通信。例如，在卫星通信系统中，多个地球站通过公共的卫星转发器来实现各地球站之间的相互通信；在蜂窝移动通信系统中，多个移动用户通过公共的基站来实现各用户的相互通信。上述用户的位置分布面很广，而且可能在大范围随时移动，如何区分多个用户并建立其之间的连接呢？这便是多址技术，也称多址接入（连接）技术。

所谓多址技术，是指一条信道上同时传输多个用户数据的技术，如图 7-26 所示。

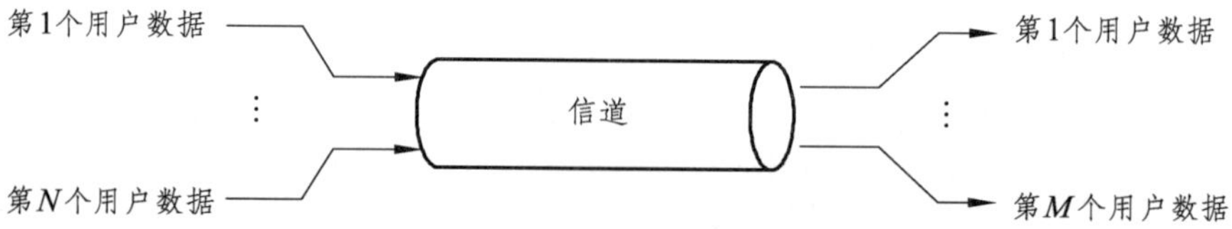

图 7-26　多址技术示意图

常见的多址技术有时分多址（Time Division Multiple Access，TDMA）、频分多址（Frequnecy Division Multiple Access，FDMA）和码分多址（Code Division Multiple Access，CDMA）三种。

以蜂窝移动通信为例，每一代通信系统都有自己独特的多址接入技术，比如第一代移动通信系统（1G）主要业务是语音业务，其多址接入主要采用 FDMA；第二代移动通信系统（2G）主要业务是语音业务和简单的数据业务（发短信），其多址接入主要采用 TDMA；第三代移动通信系统（3G）主要业务是窄带多媒体业务，其多址接入主要采用 CDMA；第四代移动通信系统（4G）主要业务是宽带多媒体业务，其多址接入主要采用 OFDMA；第五代移动通信系统（5G）主要采用非正交多址接入技术（Non-Orthogonal Multiple Access，NOMA）。

下面以移动通信系统为例简单介绍多址接入技术。

二、频分多址技术

频分多址是把通信系统的总频段划分成若干个等间隔的频道并按要求分配给请求服务的用户，在呼叫的整个过程中，其他用户不能共享这一频段。这些频道互不交叠，其宽度应能保证传输一站话音信号，且相邻频道之间没有超出允许的串扰信号。

从图 7-27 中可以看出，在 FDMA 系统中，分配给用户一个信道，即一对频谱：一个频谱用作前向信道（即基站向移动台方向的信道），另一个则用作反向信道（即移动台向基站方向的信道）。这种通信系统的基站必须同时发射和接收多个不同频率的信号；任意两个移动用户之间进行通信都必须经过基站的中转，因而必须同时占用 2 个信道（2 对频谱）才能实现双工通信。

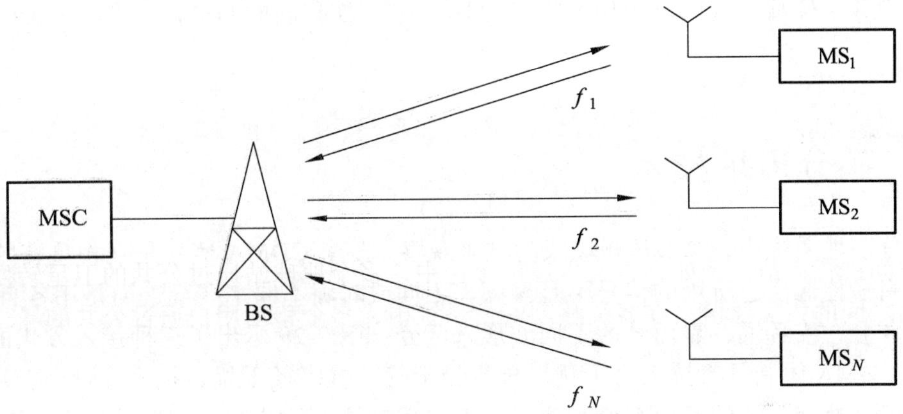

图 7-27　FDMA 系统的工作示意图

频分多址技术比较成熟，易于与模拟系统兼容。第一代蜂窝式移动电话系统采用的就是频分多址技术。但是，利用频分多址技术的模拟移动通信系统由于系统容量、抗干扰性和保密性无法满足日益增长的移动业务需要，目前已被淘汰。

三、时分多址技术

时分多址是在一个宽带的无线载波上，把时间分成周期性的帧，每一帧再分割成若干时隙（无论帧或时隙都是互不重叠的），每个时隙就是一个通信信道，分配给一个用户。

如图 7-28 所示，TDMA 系统根据一定的时隙分配原则，使各个移动台在每帧内只能按指定的时隙向基站发射信号（突发信号），在满足定时和同步的条件下，基站可以在各时隙中接收到各移动台的信号而互不干扰。同时，基站发向各个移动台的信号都按顺序安排在预定的时隙中传输，各移动台只要在指定的时隙内接收，就能在合路的信号（TDM 信号）中把发给它的信号识别出来。

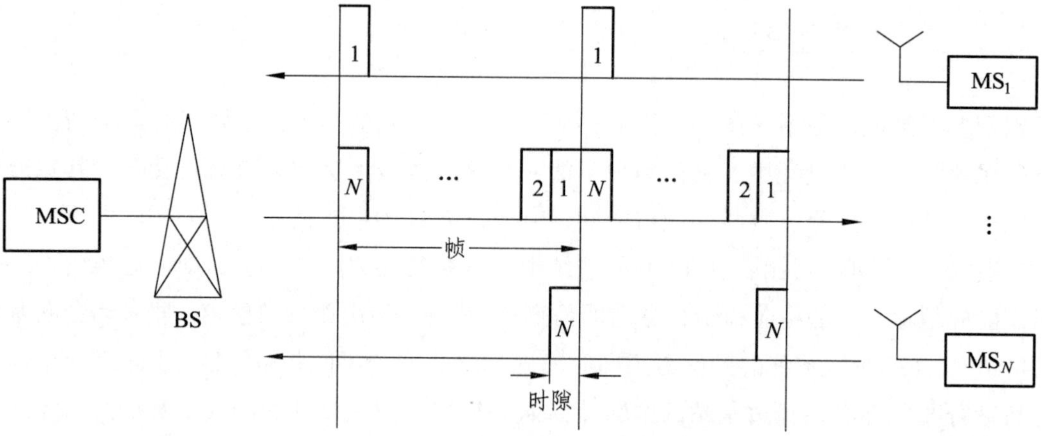

图 7-28　TDMA 系统的工作示意图

第二代数字蜂窝系统广泛采用窄带 TDMA 方式，如我国的 GSM、美国的 ADC 和日本的 PDC 等。

四、码分多址技术

在码分多址系统中，如果从频域或时域来观察，多个 CDMA 信号是互相重叠的，也就是说，不同用户传输信息所用的信号不是靠频率不同或时隙不同来区分，而是用各自不同的编码序列来区分，或者说，靠信号的不同波形来区分。图 7-29 示出了三种接入方式的原理。

由于 CDMA 体制具有抗人为干扰、抗窄带干扰、抗多径干扰、抗多径延迟扩展的能力，同时具有提高蜂窝系统的通信容量和便于模拟与数字体制的共存与过渡等优点，使得 CDMA 数字蜂窝系统成为 TDMA 数字蜂窝系统的强有力的竞争对手，是 3G 移动通信系统的核心技术。

多址接入方式	建立多址接入时区分信道的依据
频分多址方式（FDMA）	传输信号的载波频率不同
时分多址方式（TDMA）	传输信号存在的时间不同
码分多址方式（CDMA）	传输信号的码型不同

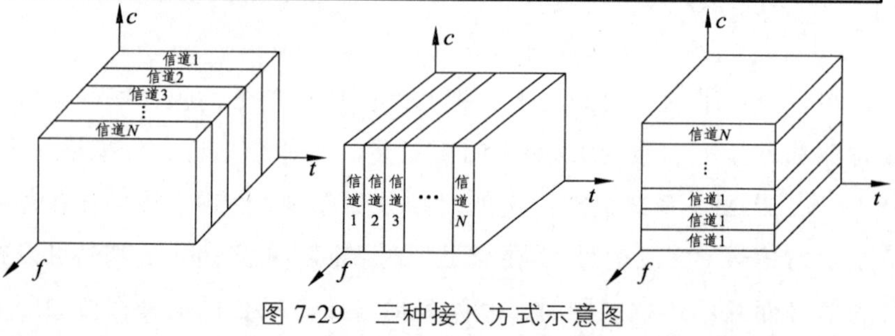

图 7-29　三种接入方式示意图

复用技术和多址技术都是为了共享通信资源、解决信道复用的问题，是现代通信技术中最重要和最基本的概念之一，具有以下关系：

（1）基本原理相似，但应用目的不同。复用技术目的是让多个信号共同使用同一个物理通道，多址技术的目的是通过区分地址（即信道）来区分不同用户，即“复用针对资源，用在信息传输过程中；多址针对用户，用在系统接入，可用于识别不同用户”。多址技术的另一个目的是实现多用户在一个网络系统中的指定连接。举个例子，复用技术类似生活中的“单身派对”，其目的仅仅是将单身人士集中起来，而多址技术类似于生活中的“婚姻介绍”，不仅将人集中起来，而且要牵线搭桥，建立联系。

（2）多址技术需要用复用技术来实现，即多址技术是在多点通信系统内复用技术的一种应用。

考核标准

（1）考核形式：理论部分采用闭卷、笔试形式，实验部分采用上机考试。

（2）考核题型：选择题、填空题、判断题、简答题、计算题和 MATLAB 仿真。

（3）考核内容、要求和所占比重如表 7-3 所示。

表 7-3　项目七考核标准

考核内容	考核要求				所占比重
	了解	理解	掌握	会用	
任务一 同步技术					10%
1. 同步的定义和分类			√		
2. 同步信号的获取方式			√		
3.（插入导频法和直接法）			√		
4. 位同步	√				
5. 帧同步	√				
6. 网同步	√				
任务二 复用技术					
1.（频分复用）			√		
2.（时分复用）			√		
3. 码分复用			√		
4. 正交频分复用	√				
5. 波分复用	√				
任务三 多址技术					
1. 频分多址技术	√				
2. 时分多址技术	√				
3. 码分多址技术	√				

注：表中的“√”表示对知识和技能考核的层次要求；打“[ ]”的为重点内容，打“( )”的为难点内容，打“*”的可作为自学内容。

项目七试题库

1．同步的目的是什么？
2．什么是外同步法和自同步法？
3．什么是载波同步？为什么需要解决载波同步问题？
4．简述位同步和帧同步的功能。有了位同步，为什么还要帧同步？
5．在点到点的数字通信系统中，不需要的是哪种同步？
6．简述主从同步和相互同步的特点。
7．多路复用与多址通信有什么区别？
8．简述 PCM 30/32 路的帧结构。
9．简述常用的复用方式及特点。

附录　MATLAB 基本操作

1. 算术运算

附表 1　算术运算符号

运算符号	功　能
+	加
-	减
*	乘，标量与标量乘或标量与向量乘
.*	点乘，向量与向量之间相乘
/	左除
./	点除，两个向量对应点上的值相除
^	乘方
pi	表示π
exp	表示 e
inf	无穷大
abs	语法：abs（x） 功能：求 x 的绝对值（模）
sqrt	语法：sqrt（x） 功能：对 x 开平方根
diff	语法：diff（x） 功能：求导数与微分，微分包括数值微分（差分）和符号微分
integral	语法：integral（fun，xmin，xmax） 功能：计算定积分，fun 是被积函数，xmin 和 xmax 是积分区间
int	语法：int（f，var，a，b） 功能：计算不定（符号）积分，f 是被积函数，var 是积分变量，a 和 b 是积分区间，若不给出积分区间，则为不定积分
conv	语法：conv（u，v） 功能：计算向量 u 和 v 的卷积
filter	语法：filter（b，a，x） 功能：使用由分子和分母系数 b 和 a 定义的有理传递函数，对输入数据 x 进行滤波
symsum	语法：symsum（f，k，a，b） 功能：符号表达式的级数求和，f 为符号表达式，k 为变量，a，b 为级数求和的区间
limit	语法：limit（f，x，a） 功能：求符号表达式 f 当自变量 x 趋于 a 时的极限

2. 逻辑（布尔）运算

附表 2　逻辑运算符号

<table>
<tr><th>运算符号</th><th>功　能</th></tr>
<tr><td>&</td><td>逻辑“与”运算</td></tr>
<tr><td>|</td><td>逻辑“或”运算</td></tr>
<tr><td>~</td><td>逻辑“非”运算</td></tr>
<tr><td>xor</td><td>实现“异或”运算</td></tr>
<tr><td>&&</td><td>具有短路功能的“与”运算</td></tr>
<tr><td>||</td><td>具有短路功能的“或”运算</td></tr>
</table>

3. 关系运算

附表 3　关系运算符号

运算符号	功　能
= =	等于
>	大于
>=	大于等于
<	小于
<=	小于等于
~=	不相等

4. 与绘图相关的指令

附表 4　绘图指令

绘图指令	功　能
plot	语法：plot（x，y，s） 功能：绘制二维线图，s 是可选项，用于设置线的颜色和线型
stem	语法：stem（x，y，s） 功能：绘制离散序列数据，s 是可选项，用于设置线的颜色和线型
axis	语法：axis（[x1 x2 y1 y2]） 功能：设置横纵坐标轴范围
title	语法：title （'name'） 功能：设置图形标题
xlabel ylabel	语法：xlabel（'name'） ylabel（'name'） 功能：设置横纵坐标轴标题
legend	语法：legend（'label1'，'label2'，…，'labelN'） 功能：设置图例标签
text	语法：text（x，y，'str'） 功能：向数据点添加文本说明

续表

绘图指令	功　能
Figure	语法：figure（n） 功能：创建多个图形窗口，n＝1，2，…
subplot	语法：subplot（m，n，p） 功能：创建子图，m，n 代表将图分为 m 行 n 列个子图，p 代表子图的标号
hold on	启动图形保持命令
hold off	关闭图形保持命令
plot3	语法：plot3（X，Y，Z） 功能：绘制三维线图
legend	语法：legend（'string1'，'string2'，…） 功能：用指定的文字 string 在当前坐标轴中对所给数据的每一部分显示一个图例

5. 与随机信号产生相关的指令

附表 5　与随机信号产生相关的指令

指　令	功　能
rand（1，N）	产生 N 个取值在（0~1）之间均匀（等概）分布的随机数
randi（M，1，n）	产生 N 个介于 1 和 M 之间均匀（等概）分布的随机整数
randn（1，N）	产生 N 个正态（高斯）分布的随机数
sign（x）	符号函数，当 x<0 时，sign（x）＝-1；当 x＝0 时，sign（x）＝0；当 x>0 时，sign（x）＝1。因此 sign（rand（1，N））产生 N 个取值 ±1 等概的随机码
awgn	语法：y＝awgn（x，SNR） 功能：向信号 x 添加加性高斯白噪声，信噪比为 SNR，单位是 dB

6. 与频域相关的指令

附表 6　与频域相关的指令

指　令	功　能
fft	语法：y＝fft（x，n） 功能:计算长度为 n 的向量 x 的傅里叶变换，y 的长度也为 n
freqz	语法：[H，w]＝freqz（B，A，N）； 功能：用于求离散系统频响特性，B 和 A 分别对应离散系统的系统函数 H(z)的分子、分母多项式的系数向量。返回量 H 则包含了离散系统对应区间内 N 个频率等分点的频率响应，w 为 N 个频率等分点的值

7. 常用操作命令

附表 7　常用操作命令

指　令	功　能
clc	清除命令窗口的内容，对工作环境中的全部变量无任何影响
clear	清除工作空间的所有变量
clear all	清除工作空间的所有变量、函数和 MEX 文件
close	关闭当前的 Figure 窗口
close all	关闭所有的 Figure 窗口
length	语法：length（x） 功能：输出 x 所有维的最大长度
size	语法：size（x） 功能：输出 x 的行数和列数
function	语法：function [y1，...，yN] = myfun（x1，...，xM） 功能：创建名为 myfun 的函数，该函数接受输入 x1，...，xM 并返回输出 y1，...，yN
fix	朝零方向取整。如：fix（-1.3）= -1;fix（1.3）= 1
ceil	朝正无穷方向取整。如：ceil（3.12）= 4；ceil（-3.12）= -3
floor	朝负无穷方向取整。如：floor（-1.3）= -2;floor（1.3）= 1
round	四舍五入到最近的整数。如 round（-1.3）= -1;round（1.52）= 2
syms	语法：syms var1 ... varN 功能：定义 N 个符号变量
cd	显示当前工作路径
dir	显示当前目录下文件
disp	显示变量或文字内容
Ctr + I	代码格式化
%% + 空格	代码分块，在每一个代码块的首行打上两个%%再加上空格即可
Ctrl + Enter	代码分块运行，点击某一块代码，再快捷键 Ctrl + Enter 即可

8. 常用标点符号

附表 8　标点符号

标点符号	功　能
;	分号，两种情况：语句中，执行程序语句，但不显示执行结果；矩阵中，行与行的分隔符
:	冒号，产生行向量。也可用 linspace 函数产生行向量
,	逗号，区分矩阵列，函数参数分隔符号
=	等号，作用是将表达式赋值给一个变量
( )	小括号，指定运算的优先级
[]	中括号，代表一个矩阵
{}	大括号，构造单元数组
%	百分号，注释语句说明符，其后的内容而不被执行

9. 程序结构

附表 9　程序结构

<table>
<tr><th>程序结构</th><th>语法、功能</th></tr>
<tr><td>for 循环结构</td><td>语法：for index = initVal:step:endVal
　　　statements
　　end
功能：从 initVal 至 endVal 按 step 递增，执行循环体 statements，直到 index 大于 endVal 时结束循环</td></tr>
<tr><td>while 循环结构</td><td>语法：while expression
　　　　statements
　　end
功能：当表达式 expression 为 true 时，执行循环体 statements，当表达式 expression 为 false 时，结束循环</td></tr>
<tr><td>if 条件转移结构</td><td>语法：if expression
　　　statements
　　elseif expression
　　　statements
　　else
　　　statements
　　end
功能：当表达式 expression 为 true 时，执行相应的语句段，若所有表达式为 false 时，执行 else 的语句段，if 结构中可以包含多个 elseif 块</td></tr>
<tr><td>switch 开关结构</td><td>语法：switch switch_expression
　　　case case_expression
　　　　statements
　　　case case_expression
　　　　statements
　　　...
　　　otherwise
　　　　statements
　　end
功能：按照顺序计算每个 case 中的表达式 case_expression，若为 true，则执行相应的语句段、跳出开关结构（不再执行其他 case 语句），如果不存在满足开关表达式的表达式，执行 otherwise 的语句段。otherwise 模块是可选的，仅当没有 case 为 true 时，才会执行这些语句</td></tr>
</table>

10. 注意事项

（1）函数只能被主程序调用，而不能被直接执行。函数名与文件名要一致。函数要与主程序放在一个文件夹。

（2）不建议在命令窗口中写程序，主要原因是不方便修改、保存。通常是在 m 文件中编写调试。

参考文献

[1] 樊昌信，曹丽娜. 通信原理[M]. 北京：国防工业出版社，2011.

[2] 周炯槃. 通信原理[M]. 北京：北京邮电大学出版社，2008.

[3] 杨学志. 通信之道——从微积分到 5G[M]. 北京：电子工业出版社，2016.

[4] 陈爱军. 深入浅出通信原理[M]. 北京：清华大学出版社，2018.

[5] 杨波等. 大话通信[M]. 2 版. 北京：人民邮电出版社，2019.

[6] 张力. 通信之美[M]. 北京：电子工业出版社，2016.

[7] 李晓峰，等. 通信原理[M]. 2 版. 北京：清华大学出版社，2014.

[8] 李斯伟. 数字通信系统原理[M]. 北京：人民邮电出版社，2012.

[9] 黄小虎. 现代通信原理[M]. 北京：北京理工大学出版社，2012.

[10] 张玉平. 通信原理与技术[M]. 北京：化学工业出版社，2013.

[11] 徐文燕. 通信原理[M]. 北京：北京邮电大学出版社，2009.

[12] 冯玉珉，郭宇春. 通信系统原理[M]. 北京：清华大学出版社，北京交通大学出版社，2012.

[13] 孙青华. 现代通信技术[M]. 北京：人民邮电出版社，2009.

[14] 陈后金，等. 信号与系统[M]. 3 版. 北京：北京交通大学出版社，2017.

[15] 陈后金. 数字信号处理[M]. 3 版. 北京：高等教育出版社，2018.

[16] 陶亚雄. 现代通信原理[M]. 北京：电子工业出版社，2003.

[17] 王兴亮. 通信系统原理教程[M]. 西安：西安电子科技大学出版社，2007.

[18] 黄载禄，等. 通信原理[M]. 北京：科学出版社，2005.

[19] 王福昌. 通信原理学习指导与题解[M]. 北京：清华大学出版社，2002.

[20] 孙学军. 通信原理[M]. 北京：电子工业出版社，2001.

[21] 杨心强. 数据通信与计算机网络[M]. 北京：电子工业出版社，1998.

[22] 强世锦，荣健. 数字通信原理[M]. 北京：清华大学出版社，2012.

[23] 沈瑞琴. 通信原理[M]. 北京：中国铁道出版社，2011.

[24] 朱志良. 通信概论[M]. 北京：高等教育出版社，2008.